建筑工程
关键工序
施工工艺

JIANZHU GONGCHENG
GUANJIAN GONGXU SHIGONG GONGYI

温州市建筑业联合会　编著

化学工业出版社
·北京·

内容简介

本书以"关键工序—工艺图示—操作规范"为主线，系统梳理建筑工程十大核心环节，涵盖桩基、混凝土结构、装配式结构、装饰装修、机电安装施工等全流程节点。书中通过工艺过程图片、节点大样图等可视化手段直观解析工艺步骤，量化关键参数确保操作标准化，并融入BIM、建筑机器人等智能技术。

本书是工程技术人员与监管机构的实用工具书，可以为施工企业提供技术交底范本和操作指南，也可为行业监管提供质量管控依据，还可作为建筑类院校开展施工工艺课程教学的参考用书。

图书在版编目（CIP）数据

建筑工程关键工序施工工艺 / 温州市建筑业联合会编著. --北京 ：化学工业出版社，2025. 7 -- ISBN 978-7-122-48355-3

Ⅰ. TU7

中国国家版本馆CIP数据核字第2025HM2348号

责任编辑：徐 娟　　　文字编辑：冯国庆　　　装帧设计：中海盛嘉
责任校对：李雨函　　　　　　　　　　　　　封面设计：王晓宇

出版发行：化学工业出版社（北京市东城区青年湖南街13号　邮政编码100011）
印　　装：北京宝隆世纪印刷有限公司
880mm×1230mm　1/16　印张16¹/₂　字数453千字　　　2025年9月北京第1版第1次印刷

购书咨询：010-64518888　　　　　　　　　售后服务：010-64518899
网　　址：http://www.cip.com.cn
凡购买本书，如有缺损质量问题，本社销售中心负责调换。

定　　价：138.00元

编委会名单

主　任： 朱　奎

副主任： 胡正华

编委（按姓氏笔画排序）： 王新华　叶振中　刘应武　杨恩建　陈　孟　陈　豪
张天山　林椿光　林蓓蕾　郑　华　高　全

参编人员名单

主要负责人： 林蓓蕾　陈　孟　许灵杰　闫相明　胡明大　朱　武　周星中
周凤中　汪庆中　宋君勇　温自伟　叶佐仁

各章参编人员：

桩基： 许灵杰　汪圣波　夏建新　尹振礼

现浇混凝土结构： 闫相明　金　瓯　郑胜春　赵佩秋

预制混凝土构件： 胡明大　刘振江　崔宇红　阮苏华

砌筑： 朱　武　段运华　唐保荣　黄园园

屋面与卫生间： 周星中　闫金锋　姚建新　张理飞

普装（湿作业）： 周凤中　宋金英　陆盛风　虞智涵

精装（干作业）： 汪庆中　周世星　吴升鸿　周晓龙

楼梯、坡道、管道封堵和设备基墩： 宋君勇　郑小飞　郑华财

建筑机器人： 温自伟　李　鑫　阮淑慧　陈　宸　林　珏

建筑安装： 叶佐仁　金建文　边建飞　孔祥宽　卢蔡永　董晓建
钱雄威　蒋幼华　王学府

参编单位

温州建设集团有限公司
温州城建集团股份有限公司
百盛联合集团有限公司
成龙建设集团有限公司
浙江正立高科建设有限公司
博地建设集团有限公司
温州浙南地质工程有限公司
三箭建设工程集团有限公司
浙江立鹏建设有限公司
浙江诚博建设工程有限公司
鸿厦建设有限公司
中厦建设有限公司
瑞安市建筑工程有限公司
展宇建设集团有限公司
泰昌建设有限公司
广城建设集团有限公司
温州市万丰建设工程有限公司
浙江华安泰工程集团有限公司
浙江恒鸿建设有限公司
温州正康建设有限公司
浙江长锦建设有限公司
浙江厦泰基础工程有限公司
温州中亿建设集团有限公司
浙江视野建设集团有限公司
温州市瓯海建筑工程公司
新世纪发展集团有限公司
方泰建设集团有限公司
浙江鸿创建设有限公司
浙江高翔工程有限公司
温州永立建筑工程有限公司
温州市中强建设工程有限公司
浙江中智建设有限公司
温州华睿建设有限公司
温州市设备安装公司
新宇建设有限公司
浙江新邦建设股份有限公司
首鼎控股集团有限公司
浙江省建工集团有限责任公司
温州理工学院
温州市城乡建设职工中等专业学校

前言

随着我国建筑行业高质量发展需求日益迫切，传统施工模式面临质量通病频发、工艺标准缺失、技术存在工艺标准碎片化、技术交底可视化不足、智能建造应用不深等痛点。本书立足工程实践，以"关键工序-工艺过程图示-做法说明"三位一体模式，系统梳理建筑工程全流程核心技术节点，深度融合BIM、机器人施工、装配式施工等创新成果，填补了标准化工艺可视化指导的空白。

本书共分11章，涵盖桩基、现浇混凝土结构、PC构件、砌筑、屋面与卫生间、普装（湿作业）、精装（干作业）、楼梯/坡道/管道封堵和设备基墩、建筑机器人、建筑安装核心施工环节，每部分均围绕关键工艺、工艺过程图示、做法说明三大维度展开。

其中关键工艺部分提炼各环节核心操作节点，确定技术重点与风险控制点。工艺过程图示部分采用三维模型、节点大样图、成果实物图等可视化表达方式，直观展示施工步骤及质量标准。做法说明部分细化工艺参数、操作规范，提供标准化解决方案。

本书的特色如下。

（1）图文并茂，直观指导。通过二维平面图、三维模型及实际成果照片，降低技术交底理解难度，确保施工人员快速掌握操作要点。

（2）工艺参数量化。关键操作步骤均标注量化指标，提升工艺可操作性与一致性。

（3）技术创新融合。融入建筑机器人、BIM技术、信息化、工业化等新工艺，推动行业智能化转型。

本书既可作为施工企业的标准化操作手册，也可为行业监管提供技术依据，助力实现以下目标。

（1）减少质量常见病。通过标准化工艺控制，显著降低常见问题发生率。

（2）提升施工效率。明确流程优化节点，缩短工期。

（3）推动技术升级。推广建筑机器人、绿色施工技术，促进建筑业向工业化、智能化方向发展。

（4）强化行业规范。建立施工工艺标杆，为打造精品工程提供技术保障。

温州建筑业联合会谨代表全体会员单位，衷心感谢参编企业在本书编写中的全力支持。各企业总工程师、技术骨干倾注大量心血，结合东南沿海特殊地域环境，深入总结浙南地区施工经验，提供真实案例与工艺参数；一线技术人员全程参与工艺验证，确保标准落地可行，在此一并感谢。特别鸣谢温州市住房和城乡建设局的大力支持。本书凝聚了温州建筑人的集体智慧与实践结晶，是政企协同心协作的典范成果。期待未来继续携手，以标准化、智能化赋能行业升级，共同打造更多精品工程！

编者

2025年6月

目录

第1章 总则

1.1 基本原则

（1）本书旨在统一房屋建筑工程关键施工工艺标准，规范施工过程管理，提高建筑工程质量，提升施工技术水平。

（2）本书适用范围包括各类民用与工业建筑的新建、改建及扩建工程。

（3）施工单位可将本书内容要求纳入施工组织设计和专项方案，作为施工质量控制和验收的依据。

（4）参考本书内容时，必须同时遵守现行国家标准、行业标准及地方标准。

1.2 基本要求

（1）施工前应编制详细的工艺实施方案，明确工艺流程、质量控制点和验收标准。

（2）关键工序施工前应进行技术交底，并留存书面记录。

（3）新材料、新工艺应用前必要时应进行工艺试验和评估。

1.3 工艺控制

（1）各分部分项工程应建立样板引路制度，经验收合格后方可大面积施工。

（2）施工过程应严格执行"三检制"［自检、互检（交接检）、专检］，确保工序质量可控。

（3）对易发质量通病的部位和环节应采取专项防治措施。

（4）对于软硬材料连接的传统湿作业工艺，需进行同环境、同条件工艺试做，所形成的产品满足设计规范规定的要求后，才予以大面积展开。软材料指保温层、保温板等；硬材料指混凝土、砂浆层等。

1.4 技术创新

（1）鼓励采用建筑工业化、数字化、智能化等先进建造技术。

（2）积极推广BIM（建筑信息模型）技术应用，实现施工全过程可视化管控。

（3）优先选用绿色施工工艺和节能环保材料。

1.5　附则

除参照本书要求外，尚应符合国家及地方现行有关规定。

第 2 章 桩基

2.1 钻孔灌注桩

2.1.1 关键工艺

钻孔灌注桩的关键工艺包括基桩定位、成孔、导管安装、清孔、混凝土灌注等。

2.1.2 工艺过程图示

工艺过程如图2.1-1～图2.1-6所示。

图2.1-1 回旋成孔

图2.1-2 冲击成孔

图2.1-3 旋挖成孔

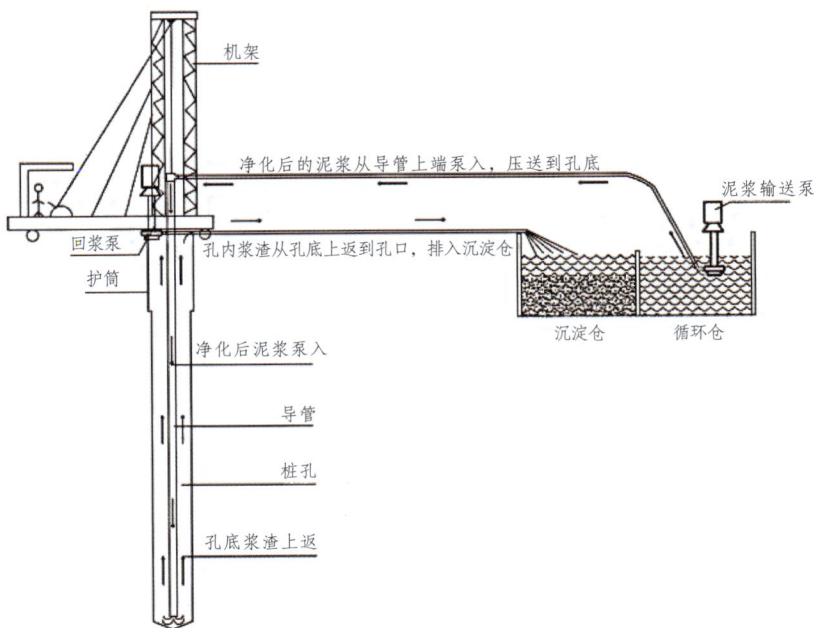

图2.1-4 正循环清孔工作原理图

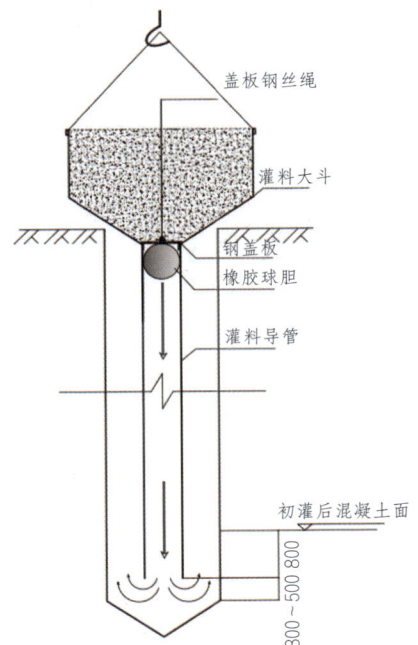

图2.1-5 导管安装及混凝土初灌

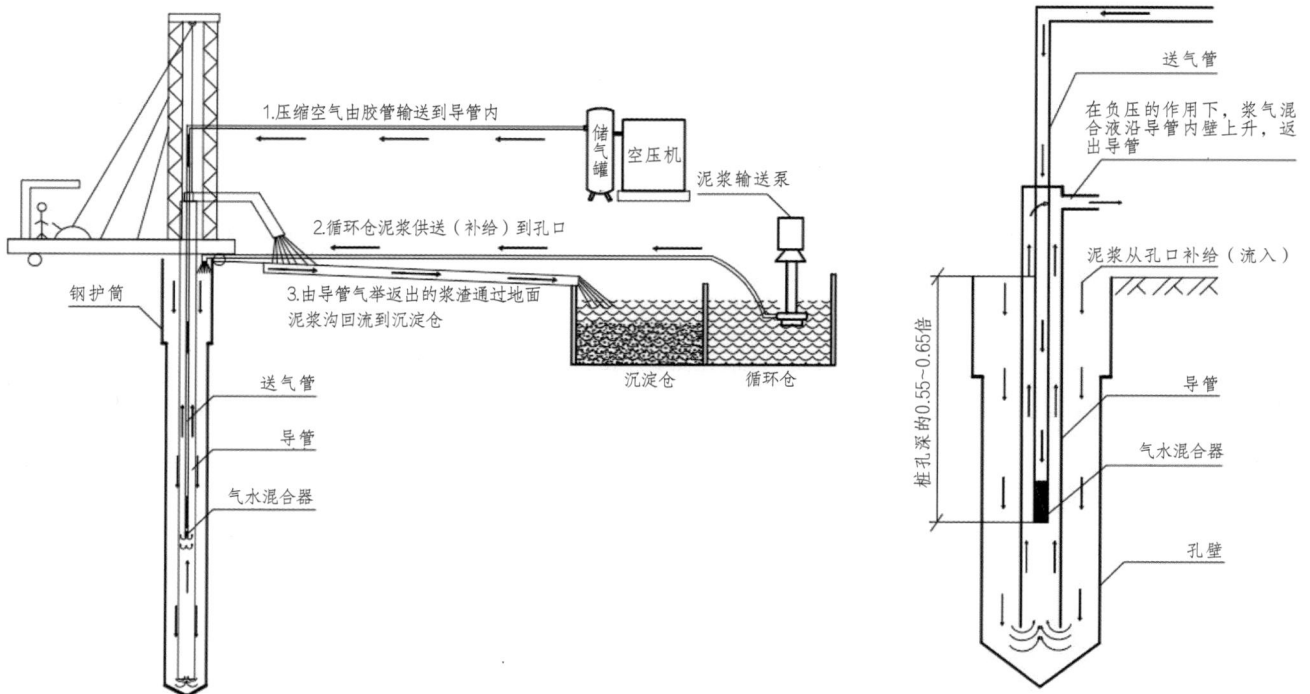

图2.1-6   反循环清孔工作原理

2.1.3   做法说明

» 2.1.3.1   材料及机具

（1）钢筋、混凝土、电焊条、造浆材料等。

（2）成孔机械、吊车、挖掘机、钢筋加工机械、电焊机、导管、钻头、护筒、水准仪、全站仪（或RTK测量仪）、泥浆性能检测设备等。

» 2.1.3.2   工艺流程

定位基桩→埋设护筒→制备泥浆→成孔→终孔判定→第一次清孔→制作、安装钢筋笼→安装导管→第二次清孔→混凝土灌注。

» 2.1.3.3   主要工艺方法

（1）定位基桩

①基桩轴线的控制点和水准点应设在不受施工影响的地方，经复核后应妥善保护，施工中经常复测。

②施工时宜对基桩逐个放样，群桩桩位放样允许偏差为20mm，单排桩桩位放样允许偏差为10mm。

（2）埋设护筒

①护筒可用4~8mm厚钢板制作，应有足够的强度和刚度。

②回旋成孔护筒内径应比钻头外径大100mm，冲击成孔和旋挖成孔的护筒内径应比钻头外径大200mm。

③埋设护筒应准确、稳固；护筒中心与桩位中心的偏差不得大于50mm；护筒顶部宜高出现场地坪200~300mm，上部宜设置溢流孔，下端外侧应采用黏土填实。

④受水位涨落或水下施工的钻孔灌注桩影响，护筒应加高加深，必要时应打入不透水层。

（3）制备泥浆

①泥浆可采用原土造浆，不适于采用原土造浆的土层应制备泥浆。

②制备泥浆应选用高塑性黏土或膨润土。泥浆应根据施工机械、工艺及穿透土层情况进行配合比设计。制备泥浆的性能指标应符合表2.1-1的规定。

表 2.1-1　制备泥浆的性能指标

项目	性能指标		检验设备或方法
密度	$1.10 \sim 1.15 \text{g/cm}^3$		泥浆比重计
黏度	黏性土	$18 \sim 25\text{s}$	漏斗法
含砂率	<6%		洗砂瓶
胶体率	>95%		量杯法
pH值	$7 \sim 9$		pH试纸

（4）成孔

①回旋成孔作业

a.回旋成孔工艺适用于地下水位以下的黏性土、粉土、砂土、填土、碎石土及风化岩层。

b.回旋成孔分为正循环、反循环两种成孔方式。对孔深较大的端承型桩和粗粒土层中的摩擦型桩宜采用反循环成孔，而对于孔深相对较浅、桩径相对较小、土层相对单一的细颗粒淤泥质软土宜采用正循环成孔。

c.钻进速度应根据不同地层、泥浆补给及排渣情况控制。对于复杂、坚硬的地层应低速慢进。

d.正循环成孔是指钻进时泥浆通过循环装置从钻杆顶端注入孔底，跟随钻头回转切土成浆，然后携带浆渣从孔口溢出，流向泥浆循环池，经过滤沉淀后循环工作。

e.反循环成孔常用泵吸反循环成孔。开钻时泥浆通过泥浆循环系统从孔口流入，然后连同渣土一起通过砂石泵从钻杆内腔吸出进入泥浆池，经过滤沉淀后循环工作。反循环成孔初始应先采用正循环钻进，轻压慢转，平稳进尺。钻进正常后，调整好钻进参数，转换为反循环钻进，快速排渣，提高钻进速度。在成孔过程中应根据工程地层情况、泥浆补给情况，正循环成孔和反循环成孔相互转换。

②冲击成孔作业

a.冲击成孔工艺除适用于黏性土、粉土、砂土、填土、碎石土及风化岩层外，还能穿透旧基础、建筑垃圾填土或大孤石等障碍物。

b.冲击成孔作业应根据设计要求与工程地质特点合理选用冲锤，配设浆渣循环过滤系统。

c.对于软弱土层，冲击成孔时应低锤密击。进入基岩后，应采用大冲程、低频率冲击，当发现成孔偏移时应及时回填片石至偏孔上方300～500mm处，然后重新冲孔。

d.在遇到孤石或坡面岩石成孔时，应向孔内投入黏土、块石，将孔底表面填平后低锤快击，形成紧密平台，再进行正常冲击。或者采取高低冲程交替冲击的手段破岩进尺。

e.成孔过程中排渣可采用优质泥浆循环或抽渣筒等方法，当采用抽渣筒排渣时，应及时补给泥浆。

f.冲击成孔达到设计孔深后，应根据工程土层、孔内浆渣含量合理安排清孔作业时间，调控泥浆指标，尽量排清孔内沉渣。

③旋挖成孔作业

a.旋挖成孔工艺宜用于黏性土、粉土、砂土、填土、碎石土及风化岩层。根据地质条件的不同，施工机械设备的选配应能适应于干式、湿式及破岩等多种成孔作业方式。

b.采用旋挖湿作业成孔时应保持泥浆面高于护筒底部500mm以上。干作业成孔过程如遇易塌孔土层，可投入干湿适宜的黏土，通过旋挖桩机加压反转将黏土挤入孔壁，增加孔壁的胶结性，保持孔壁稳定。

c.成孔过程应合理调控钻头在孔内的升降速度，以防浆液对孔壁过度冲刷或因提钻速度过快而产生负压，导致孔壁坍塌。根据钻进速度同步补充泥浆，保持所需的泥浆面高度不变。

（5）终孔判定

①摩擦型桩：摩擦型桩应以设计桩长控制成孔深度，端承摩擦型桩必须保证设计桩长及桩端进入持力层的深度。

②端承型桩：当采用钻（冲）、旋挖成孔时，必须保证桩端进入持力层的设计深度。

（6）第一次清孔。成孔达到设计深度时应进行第一次清孔，对于钻（冲）成孔方式，利用成孔钻具和泥浆循环系统进行清孔。对于旋挖成孔方式的清孔，采用刮底钻头刮去孔底沉渣。

（7）制作、安装钢筋笼

①制作钢筋笼

a.钢筋笼在专用台架上分段制作。加劲箍宜设在主筋外侧。

b.钢筋笼在专用台架上分段制作，分段长度应根据钢筋笼整体刚度、钢筋长度和吊装设备的有效高度等因素确定。加劲箍宜设在主筋外侧，因施工工艺有特殊要求时也可置于内侧。

c.搬运和吊装钢筋笼时应有临时加固措施，防止变形。

②安装钢筋笼

a.钢筋笼主筋宜采用电焊连接，当钢筋主筋直径22mm（或设计有具体要求）时必须采用机械连接，接头应相互错开。在同一截面内的钢筋接头不得超过主筋总数的50%，两个接头的竖向间距应大于等于35d（d为主筋直径）且不小于500mm。

b.安装钢筋笼时采用专用吊车安装或施工机架自行安装两种方式。

c.钢筋笼安装入孔时应保持垂直，对准孔位轻放，避免碰撞孔壁。安装入孔过程必须按规范要求设置钢筋笼保护层垫块。

d.钢筋笼全部安装入孔后应固定于孔口。

ⓐ钢筋笼安装入孔后期，应采用吊筋或刚性管件将钢筋笼固定于机架之上，以防灌注过程中桩身钢筋笼上浮。

ⓑ对于非全长配设钢筋笼的钻孔灌注桩，在安装最后一节（顶节）钢筋笼时，应选取两根对称主筋，顶端套上ϕ48mm无缝钢管，随同笼顶下沉到位后将钢管固定于机架之上，灌注过程中防止钢筋笼上浮。浇筑至底部钢筋时，放慢浇筑速度。

（8）安装导管

①使用导管之前，应进行外观检查、试拼装和试压，试水压力可取0.6~1.0MPa。导管壁厚不宜小于3mm，直径宜为200~250mm，其接头处外径应比钢筋笼的内径小100mm以上。导管的分节长度应根据工艺要求确定，底管长度不宜小于4m，标准节宜为2.5~3.0m，并可设置短导管。

②导管接头宜采用法兰和双螺纹方扣，安装过程中导管接头处必须加设橡胶密封圈，应保证导管连接可靠且具有良好的水密性。

（9）第二次清孔。钻孔灌注桩第二次清孔常用方式有：正循环第二次清孔、泵吸反循环第二次清孔以及气举反循环第二次清孔三种清孔方式，其工艺过程分别叙述如下。

①正循环第二次清孔

a.清孔前必须事先调配好循环池内泥浆的性能指标。

b.清孔时向导管内注入优质泥浆，通过泥浆循环作业过程将孔内细小泥渣、土屑携出孔外。

c.清孔过程应定时检测泥浆的性能指标并进行动态调控。

②泵吸反循环第二次清孔

a.清孔前必须事先调配好循环池内泥浆的性能指标。

b.清孔时输入孔内的泥浆量不应小于砂石泵的排量，并合理控制泵量，保持补量充足。

③气举反循环第二次清孔

a.在导管内下放进气管，下放深度为孔深的0.55~0.65倍。

b.在气举反循环清孔送风前应先向桩孔内送浆，以正循环方式清孔运行3~5min，然后关停正循环，切换为气举反循环清孔。

c.气举反循环清孔过程的送风量应由小到大，风压应稍大于孔底水头压力。当孔底沉渣较厚时，可适当加大送风量，以利排渣。

d.清孔过程出孔的循环泥浆流入沉淀池，经沉淀后通过循环沟或泥浆输送泵返回孔内，并确保供浆充足，保持孔内泥浆面高度，避免塌孔。

e.停止清孔时应先停止供气，然后停止供浆。

（10）灌注混凝土

①二清检验合格后30min内灌注桩身混凝土。桩身混凝土初灌时导管底部至孔底的距离宜为300~500mm，灌料斗内必须设置球胆或与桩身混凝土强度等级相同的细石混凝土隔水栓等隔水措施，球胆和隔水栓应有良好的隔水性能。

②灌料斗应有足够的混凝土储备量，初灌时导管一次埋入混凝土灌注面以下不应少于0.8m。

③灌注混凝土必须连续进行，灌注过程应做好导管反插工作，并由专人时常测量孔内混凝土面的上升高度，指导每次拔管长度，填写水下混凝土灌注记录。导管始终埋入混凝土内的深度宜为 2~6m，严禁将导管提出混凝土灌注面。

④灌注混凝土时应控制最后一次灌注量，超灌高度应高于设计桩顶标高1.0m以上，确保凿除泛浆高度后，暴露的桩顶混凝土强度达到设计强度等级。

⑤灌桩结束后，在桩顶混凝土终凝前拔出孔口护筒，做好孔口保护工作。

⑥废弃的浆、渣应按政府主管部门要求进行处置，不得污染环境。

2.2 钢筋混凝土预制桩

2.2.1 关键工艺

钢筋混凝土预制桩的关键工艺包括基桩定位、垂直度控制、桩身沉入、接桩、终止沉桩等。

2.2.2 工艺过程图示

工艺过程如图2.2-1~图2.2-6所示。

图2.2-1　吊桩对位

图2.2-2　锤击沉桩

图2.2-3　静压沉桩

图2.2-4　电焊连接

图2.2-5　机械连接

图2.2-6　桩顶截桩

2.2.3　做法说明

» 2.2.3.1　材料及机具

（1）管桩（方桩）、桩帽、电焊条等。

（2）打（压）桩机械、吊桩机械、送桩器、电焊机、切割机、测量仪器等。

» 2.2.3.2　工艺流程

定位基桩→吊桩对位→沉桩→接桩→终止沉桩。

» 2.2.3.3　主要工艺方法

（1）定位基桩

①基桩轴线的控制点和水准点应设在不受施工影响的地方，经复核后应妥善保护，施工中经常复测。

②根据施工安排放出每个桩位，放样偏差应小于10mm。考虑到沉桩挤土与桩机移位挤压的影响，预制桩桩位一次测放数量不宜过多。

（2）吊桩对位。第一节桩由吊车或桩机起吊，对准桩位中心或引孔中心沉桩入土。桩身入土1.0m之前应调整好桩体的中心位置与桩身垂直度。第一节桩入土时垂直度偏差应不大于0.5%。沉桩前应在桩机施工不受影响的范围，以正交90°方向各设一台经纬仪，对桩身垂直度进行两个方向校准。

（3）沉桩

①锤击沉桩

a.桩锤的选用应根据地质条件、桩型、桩的密集程度、单桩竖向承载力及现有施工条件等因素确定。

b.桩帽或送桩帽与桩顶周围留有5~10mm的间隙，桩锤与桩头之间应设置弹性桩垫。

c.沉桩顺序要求：应按先深后浅、先大后小、先长后短、先密后疏的次序进行。

对于密集桩群，应控制沉桩速率，宜自中间向两个方向或四周对称施打；当一侧毗邻建（构）筑物或设施时，应由该侧向远离该侧的方向施打。

d.沉桩施工应加强对已打基桩监测以及对邻近建（构）筑物、地下管线等的监测与保护。

②静压沉桩

a.压桩机型号和配重的选用应根据地质条件、桩型、桩的密集程度、单桩竖向承载力及现有施工条件等因素确定。设计压桩力不应大于机架和配重总量的0.9倍。边桩净空不能满足中置式压桩机施压时，宜选用前置式液压压桩机进行施工。

b.沉桩顺序要求：应按先深后浅、先大后小、先长后短、先密后疏的次序进行。

c.施压大面积密集桩群时，应采取减少挤土的措施，如控制沉桩速率、开挖防震沟、钻设应力释放孔、预钻孔沉桩等；应控制沉桩速率，宜自中间向两个方向或四周对称施打，当一侧毗邻建（构）筑物或设施时，应由该侧向远离该侧的方向施打。

（4）接桩

①桩的连接可采用焊接或机械连接。

②采用焊接连接时，应先将上下节接头端板表面清理干净，坡口处用铁刷刷至露出金属光泽，并清除油污和铁锈。上下节桩身应保持对中且顺直，错位偏差不宜大于2mm。焊接时宜先在坡口周围对称点焊4~6点，待桩节固定后再分层对称施焊。焊接可采用手工电弧焊或二氧化碳气体保护焊，焊接层数宜为3层，内层焊渣必须清理干净后方可施焊外一层，焊缝应饱满连接，不应有夹渣、气孔等缺陷。

③桩接头焊好后应进行外观检查，检查合格后必须自然冷却，方可继续沉桩。严禁浇水冷却或不冷却就开始沉桩。自然冷却时间宜符合表2.2-1规定。

表 2.2-1　自然冷却时间　　　　　　　　　　　　　　　　　　　　单位：min

锤击桩	静压桩	采用二氧化碳气体保护焊
≥8	≥6	≥3

④若采用啮合式机械连接，接桩时加压使上节桩下端的连接销插入下节桩顶端的连接槽口。

⑤在地下水有侵蚀性的地区或腐蚀性土层，接头连接作业完成后应按设计要求对接头部位和桩顶往下设计长度做防腐处理。

（5）终止沉桩

①锤击桩终止沉桩的控制标准：以设计有效桩长为主要控制指标的摩擦桩，终止沉桩应以桩端标高控制为主，贯入度控制为辅；桩端位于坚硬、硬塑的黏性土，中密以上的粉土、砂土、碎石类土及风化岩的摩擦端承桩或端承桩，应以贯入度控制为主，桩端标高控制为辅；贯入度已达到设计要求而桩端标高未达到时，应继续锤击3阵，并按每阵10击贯入度不大于设计规定的数值予以确认。

②静压桩终压的控制标准：静压桩施工应以标高为主，压桩力为辅；静压桩终压标准应结合现场试打桩结果确定；若沉桩桩端标高未达设计深度，其终压标准应以不小于设计规定的终压力稳压5~10s，稳定后方可终桩。

（6）其他。管桩（方桩）不宜截桩，如遇特殊情况确需截桩时，不应采用人工凿桩或电焊切割钢筋的方法，可采用混凝土切割器、液压紧箍式切断机或锯桩器等。

2.3　静钻根植桩

2.3.1　关键工艺

静钻根植桩的关键工艺包括钻孔、扩底、注浆、植桩等。

2.3.2　工艺过程图示

工艺过程如图2.3-1～图2.3-6所示。

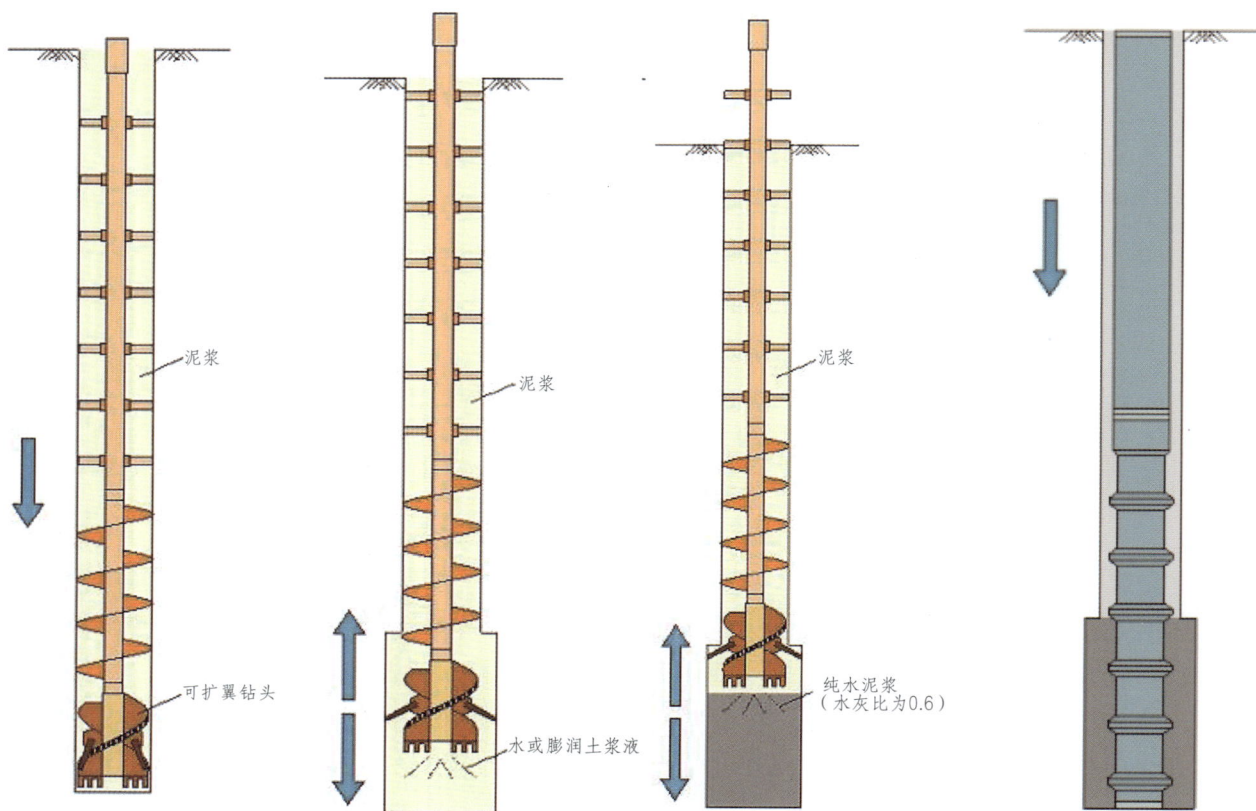

图2.3-1　钻孔　　　图2.3-2　扩底　　　图2.3-3　注浆　　　图2.3-4　植桩

图2.3-5　施工全过程智能监控

图2.3-6　关键工序影像留存

2.3.3　做法说明

» 2.3.3.1　材料及机具

预应力管桩（PHC）或复合配筋预应力管桩（PRHC）或预应力竹节管桩（PHDC）、水泥浆、专用钻机、植桩机、焊接设备、智能管控设备等。

» 2.3.3.2　工艺流程

钻孔→扩底→桩端注浆→桩周注浆→植桩→桩节间焊接→植桩完成。

» 2.3.3.3　主要工艺方法

（1）钻孔。钻杆垂直度允许偏差为0.5%，钻至设计深度后宜进行2～4次孔体的修整。

（2）扩底。扩底应根据地质情况，分3～5次逐步扩大至设计扩底直径。

（3）注浆

①桩端注浆。桩端水泥浆的水灰比宜取0.6～0.7，桩端注浆时应先在孔底处注入桩端水泥浆设计用量的1/3，然后反复提升、下降钻头，将剩余2/3水泥浆注入扩底部位，钻头提升、下降幅度为扩底部位的高度。

②桩周注浆。桩周水泥浆的水灰比宜取1.0～1.2，其体积不宜小于有效桩长的钻孔体积减去桩端水泥浆体积及预制桩桩身体积的30%，桩周水泥浆注入后应与土体搅拌均匀。

（4）植桩

植入桩的垂直度允许偏差为0.5%，植桩应和注浆保持连续，植桩应在桩端水泥浆初凝前完成。

（5）桩节间焊接

接桩应采用二氧化碳气体保护焊焊接，焊好后的桩接头应自然冷却后方可继续沉桩，自然冷却时间不应少于8min，严禁用水冷却或焊好即沉桩。

（6）施工智能化管理

①施工过程中应对钻孔深度、钻孔速度、钻机电流、扩底尺寸等进行监控并存储数据，数据应通过云端在输出端实时显示。

②施工过程中针对焊接接桩、水泥浆制拌等关键工序，应拍摄影像留存至存储数据库。

第3章　现浇混凝土结构

3.1　铝合金（镁合金）模板

3.1.1　关键工艺

铝合金（镁合金）模板的关键工艺包括铝合金（镁合金）模板安装、支撑体系安装、连接配件安装、拆除等。

3.1.2　工艺过程图示

工艺过程如图3.1-1～图3.1-6所示。

图3.1-1　梁底模安装

图3.1-2　梁侧模安装

图3.1-3　墙模板安装

图3.1-4　楼梯模板

图3.1-5　板模板安装

图3.1-6　拆模混凝土效果

3.1.3　做法说明

» 3.1.3.1　材料及机具

（1）墙模板：包括平面板、端板、压槽板、背楞、阳角铝条、阴角模、背楞连接器、斜支撑等。

（2）梁模板：包括平面标准板、阴角模、龙骨、早拆头、锁条、立杆支撑等。

（3）楼面板：包括平面标准板、阴角模、龙骨、早拆头、锁条、立杆支撑等。

（4）辅件：包括螺杆、PVC套管、三段式螺杆、模板销钉销片、拉片等。

（5）施工工具：包括铁锤、撬棍、扳手、拆模器、操作凳、电钻、开孔钻头等。

» 3.1.3.2　工艺流程

测量放线→墙柱钢筋绑扎→预留预埋→墙柱铝合金模板安装→梁板铝合金（镁合金）模板安装→铝合金（镁合金）模板校正加固→梁板钢筋绑扎→预留预埋→混凝土浇筑并养护→铝合金（镁合金）模板拆除→铝合金（镁合金）模板倒运。

» 3.1.3.3　主要工艺方法

（1）场地平整（硬化）、定位放线。需放设轴线、墙柱定位线、墙柱控制线，阳台、厨房、卫生间的梁放出定位线、外墙大角控制线。

（2）定位钢筋。采用 ϕ 16mm钢筋（端部平整），离地面高度80mm，水平距离800mm一个，焊接后端部与墙定位线平行，误差小于等于1mm。

（3）墙根找平。墙体根部采用感应式扫平仪做初找平，再用刮尺将墙根位置刮平，面层标高偏差控制在-5mm～0内。

（4）墙柱安装。从墙端开始逐块定位安装，销钉300mm一个，墙柱销钉必须满打。

（5）墙柱加固。采用PVC（聚氯乙烯）套管（壁厚2mm），切割尺寸统一，端部采用PVC扩大头套，防止加固螺杆过紧。原则上背楞必须在平面位置连接（墙阴角严禁断开），阳角采用45°对拉螺杆加固，平面背楞连接处采用槽钢连接成整体，螺杆间距小于800mm。

（6）墙模板斜撑。背楞采用内五道、外六道设置，斜拉杆间距不大于2m，上下支撑，墙模安装完后调整好标高、垂直度（斜向拉杆要受力），再进行梁底模和楼面板安装。

（7）梁模板安装。先底模，再侧模，最后阴角模板；支撑立杆必须垂直，支撑受力，水平销钉250mm一道，梁侧模竖向销钉，每张板不少于3个，当梁高大于600mm时，销钉间距不大于200mm。

（8）楼面板安装。根据楼面配模图和模板编号依次安装早拆龙骨、支撑、楼面模板；在安装楼面模板时必须清理干净模板水泥浆，防止楼板尺寸变大，安装完成后涂刷脱模剂；楼板模板受力端部，除应满足受力要求外，每孔均应用销钉锁紧，孔间距不宜大于150mm；不受力侧边，每侧销钉间距不宜大于300mm。

（9）水电预埋。根据预制墙板排版图进行管线定位（装修图必须在出正负零前完成），第一个铝模层楼面模板安装完成后做放线定位并进行有效标识。

（10）混凝土墙内水电精确定位。剪力墙、楼板内的线盒、结构内预埋的PVC线管在模板上的开孔、给水管穿梁孔都必须做精确定位（所有排水管必须采用止水环）。

（11）墙二次微调。在模板全部安装完成后再进行一次微调，先调楼板，再调墙柱；混凝土浇筑过程中还要进行复测。

（12）墙模拆除。斜支撑→螺杆背楞→墙端头板→墙板→阴角板，墙板拆除时采用专有Y形扳手，严禁暴力拆除。

（13）梁模拆除。先拆底模，再拆侧模，立杆保留。

（14）楼面模板拆除。早拆头→龙骨→楼板→阴角模→支撑；阴角板拆除时先拆带斜边的角模。

3.2　组合带肋塑料模板

3.2.1　关键工艺

组合带肋塑料模板的关键工艺包括连接配件安装、支撑体系安装、模板安装、模板拆除等。

3.2.2　工艺过程图示

工艺过程如图3.2-1～图3.2-6所示。

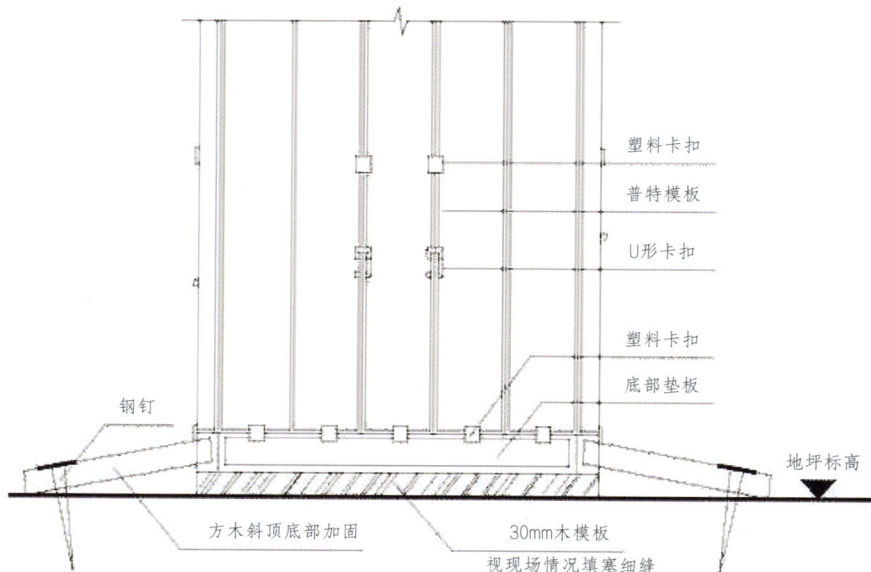

图3.2-1　墙柱底部垫板做法

图3.2-2　柱模板安装

图3.2-3　墙模板安装

图3.2-4　墙转角模板安装

图3.2-5　板模板安装

图3.2-6　柱模板拆

3.2.3　做法说明

» 3.2.3.1　材料及机具

（1）柱模板面板、梁模板面板、模板垫板、塑料卡扣、U形卡扣、计算确定或配套螺栓。

（2）撬棍、铁锤、扳手、操作凳、电钻、开孔钻头、红外水准仪、卷尺铁钉、钢钉。

» 3.2.3.2　工艺流程

模板配模规格确定→材料准备→定位放线→模板安装紧固扣件→加固→混凝土浇筑并养护→模板拆除。

» 3.2.3.3　主要工艺方法

（1）墙柱定位、墙柱预埋件安装

①对于超过标高的混凝土，调整所需的水平面。

②在墙柱底部80mm处，采用 ϕ 16mm钢筋（端部平整），水平距离800mm一根，与墙柱钢筋焊接后端部与墙定位线平行，误差小于等于1mm。

（2）墙柱模板安装

①内墙模板安装时从阴角处开始，按模板编号顺序向两边延伸，为防止模板倒落，须加以临时的固定斜撑。

②对于竖向模板，一般按每300mm设1个U形卡，模板接缝处无空隙即可。拼接缝上的U形卡与连接销不宜沿同一方向设置。横向拼接的模板端部连接销必须紧上，并且是从上而下插入，避免振捣混凝土时震落。

③安装外墙模板时，顶部最上一块承接板不拆，作为上层根部固定及限位，以防跑模、错台或漏浆。

④墙体模板下设置专用垫板，避免造成"烂根"现象。

⑤装好墙柱模板后安装背楞等斜撑，初调垂直度和水平度。

（3）梁板安装

①梁底模板安装

a.在楼面上按照配模图纸和编号号码顺序排列安装梁底模板。

b.将梁底模板整体安装到墙柱模板上，并加上梁底支撑。

c.调整梁底模板的水平度。对于跨度不小于4m的梁板起拱高度为跨度的（1/1000）～（3/1000），起拱不得减少构件的截面高度。

②梁侧模板安装

a.梁侧模板对准平整的梁底板按照图纸和编号顺序安装。

b.打销钉间隔小于等于300mm，对于高度超出900mm的梁，侧板要开槽，加装对拉片和方通。

c.梁侧都为孔洞的梁上需加梁顶拉片。

d.外梁要加对拉片。

（4）楼面模板安装

①安装楼面阴角，打上销钉，销钉间距小于等于300mm。

②安装龙骨，早拆头的位置不能随便改动，间距不大于1300mm。

③安装龙骨支撑，调整龙骨水平标高。

④安装楼面模板，与阴角、塑料梁相接单边打连接销数不小于2个，连接销间隔 $L \leqslant 100mm$。

（5）楼梯模板安装

安装楼梯间时，根据楼梯配模图纸按编号安装，同时在现场要增加相应的横向支撑，在施工时要求楼梯反三跑时，要保证反三跑的支撑加固。

（6）塑料模板的拆除

①拆除墙柱侧模。先拆除斜支撑及方管、方管钩，再拆除塑料模板连接销，并通过传料口搬运至上层结构。

②拆除顶模。根据塑料模板早拆体系，当混凝土浇筑完成后达到满足小跨度承载力强度时方可拆除顶模。顶模拆除先从梁、板支撑杆连接的位置开始。拆除顶模时确保支撑杆不得松动。

③拆除支撑杆。支撑杆的拆除应符合底模拆除时的混凝土强度要求，根据留置的拆模混凝土试块来确定支撑杆的拆除时间。

3.3   框架结构定型组合钢模板

3.3.1   关键工艺

框架结构定型组合钢模板的关键工艺包括墙柱模板安装、梁模板安装、板模板安装、模板拆除等。

3.3.2   工艺过程图示

工艺过程如图3.3-1~图3.3-4所示。

图3.3-1   定型组合钢模板

图3.3-2   柱模板支设

图3.3-3   剪力墙模板支撑

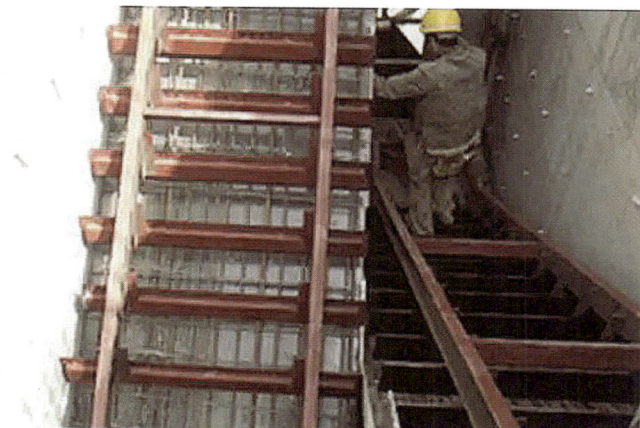

图3.3-4   楼梯模板安装

3.3.3   做法说明

» 3.3.3.1 材料及机具

钢模板、钢角模、连接件、支承件、锤子、扳手、打眼电钻、线坠、靠尺板、方尺、撬棍等。

» 3.3.3.2 工艺流程

场地平整（硬化）→弹柱、墙位置线→柱墙定位→钢筋绑扎→安装柱模板并加固、安装墙体洞口模板→安装剪力墙一侧模板→预留预埋、安装剪力墙另一侧模板→立梁、板模板支柱→调整固定。

» 3.3.3.3 主要工艺方法

（1）模板及其支架应编制施工方案，按规定审批通过后方可施工。

（2）其支承部分应有足够的支承面积。首层回填土需分层压实，宜做碎石矿渣、混凝土垫层处理。

（3）模板与混凝土接触表面清理干净。

（4）柱子模板拆除：先拆除柱斜拉杆或斜支撑，卸掉柱箍，再拆除柱模。

（5）墙模板拆除：先拆除穿墙螺栓等附件，拆除斜拉杆或斜撑，再拆墙面模板。

（6）对于梁板模板，应先拆梁侧模，再拆除楼板模板，然后拆除支柱，每根龙骨留1~2根支柱暂时不拆除。

3.4　现浇剪力墙结构钢木大模板

3.4.1　关键工艺

现浇剪力墙结构钢木大模板的关键工艺包括大模板预拼装、模板吊装、模板（调整）加固、模板拆除等。

3.4.2　工艺过程图示

工艺过程如图3.4-1~图3.4-6所示。

图3.4-1　钢木大模板

图3.4-2　钢木大模板临时固定

图3.4-3　钢木大模板安装

图3.4-4　钢木大模板（安装）吊装

图3.4-5　钢木模板加固

图3.4-6　模板安装完成

3.4.3　做法说明

» 3.4.3.1　材料及机具

面板、钢骨架、角模、斜撑、操作平台挑架、对拉螺栓、塔吊、吊车、扳手、线坠、靠尺板、撬棍等。

» 3.4.3.2　工艺流程

大模板预拼装→定位放线→安装模板的定位装置→安装门窗洞口模板→安装大模板→调整模板、紧固对拉螺栓→分层对称浇筑混凝土→拆模。

» 3.4.3.3　主要工艺方法

（1）模板及其支架应编制施工方案，按规定审批通过后方可施工。

（2）安装大模板时必须保证轴线和截面尺寸准确，垂直度和平整度符合规定要求。

（3）模板的拼缝要平整，堵缝措施要整齐牢固，不得漏浆。

（4）模板起吊要平稳，不得偏斜和大幅度摆动，操作人员必须站在安全可靠处，严禁人员随同大模板一同起吊。

（5）吊运大模板时必须采用卡环吊钩，当风力超过5级时应停止吊运作业。

（6）拆除模板时，在模板与墙体脱离后，经检查确认无误，方可起吊大模板。拆除无固定支架的大模板时，应对模板采取临时固定措施。

3.5　现浇框架结构模板

3.5.1　关键工艺

现浇框架结构模板的关键工艺包括梁模板支撑、柱/梁/板模板安装、安装拆除等。

3.5.2　工艺过程图示

工艺过程如图3.5-1～图3.5-6所示。

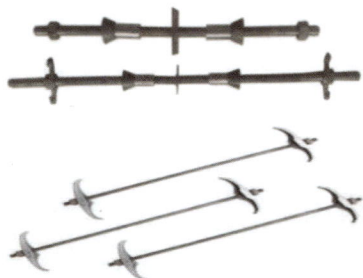

图3.5-1　普通螺杆（上）和止水螺杆（下）

图3.5-2　墙模板安装

图3.5-3　剪力墙模板加固

图3.5-4　柱模板加固

图3.5-5　模板支撑结构

图3.5-6　楼梯模板

3.5.3　做法说明

» 3.5.3.1　材料及机具

面板、木方、盘扣式支模架、柱箍、斜撑、钢管、扣件、对拉螺栓、塔吊、圆盘锯、木工刨、扳手、线坠、锤子等。

» 3.5.3.2　工艺流程

场地平整（硬化）→定位放线→墙柱钢筋焊接及绑扎→盘扣式支模架搭设→安装柱模板→安装门窗洞口模板→安装墙模板→安装梁模板、梁钢筋绑扎→安装板模板、板钢筋及安装预留预埋→调整加固模板→验收→浇筑混凝土→拆模。

» 3.5.3.3　主要工艺方法

（1）模板及其支架应编制施工方案，按规定审批通过后方可施工。

（2）安装模板时必须保证轴线和截面尺寸准确，垂直度和平整度符合规定要求。

（3）模板的拼缝要平整，堵缝措施要整齐牢固，不得漏浆。

（4）在浇筑混凝土前，木模应浇水湿润。

（5）对跨度不小于4m的现浇钢筋混凝土梁、板，其模板应按设计要求起拱;当设计无具体要求时，起拱高度宜为跨度的（1/1000）～（3/1000），起拱不得减少构件的截面高度。

（6）固定在模板上的预埋件、预留孔和预留洞均不得遗漏，且应安装牢固，其偏差应符合规范的规定。

3.6　钢筋制作

3.6.1　关键工艺

钢筋制作的关键工艺包括钢筋原材料检验、钢筋调直、钢筋切断、钢筋弯曲成型等。

3.6.2　工艺过程图示

工艺过程如图3.6-1～图3.6-6所示。

图3.6-1　钢筋原材料现场验收

图3.6-2　钢筋调直作业

图3.6-3　钢筋弯曲作业

图3.6-4　钢筋切断作业

图3.6-5　箍筋加工成型

图3.6-6　箍筋数控加工成型

3.6.3　做法说明

» 3.6.3.1　材料及机具

圆钢、螺纹钢原材（按施工需求型号进场）；钢筋冷拉机、调直机、切断机、弯曲成型机、弯箍机、点焊机、对焊机、电弧焊机及相应吊装设备等。

» 3.6.3.2　工艺流程

材料进场→按规范要求取样检验合格→盘圆钢筋调直除锈（此步骤一般在加工场完成）→钢筋配料→钢筋切断→弯曲成型→运输至现场备用。

» 3.6.3.3　主要工艺方法

钢筋弯折的弯弧内直径D应符合下列规定。

（1）光圆钢筋不应小于钢筋直径的2.5倍。光圆钢筋末端应做180°弯钩，弯钩的弯后平直部分长度不应小于钢筋直径的3倍。

（2）400MPa级带肋钢筋不应小于钢筋直径的4倍。钢筋末端应做90°弯钩，弯钩的弯后平直部分长度不应小于钢筋直径的12倍；钢筋末端应做135°弯钩，弯钩的弯后平直部分长度不应小于钢筋直径的5倍。

（3）500MPa级带肋钢筋，当直径$d \leqslant 25$mm时，不应小于钢筋直径的6倍；当直径$d > 25$mm时，不应小于钢筋直径的7倍。

（4）当纵向受拉钢筋末端采用弯钩时，包括弯钩在内的锚长度（投影长度）可取为基本锚固长度的60%。

（5）位于框架结构顶层端节点处的梁上部纵向钢筋和柱外侧纵向钢筋，在节点角部弯折处，当钢筋直径$d < 25$mm时，不应小于钢筋直径的12倍；当直径$d > 25$mm时，不应小于钢筋直径的16倍。

（6）各种类型钢筋半成品，应按规格、型号、品种堆放整齐，挂好标志牌，堆放场所应有遮盖，防止雨淋日晒。

3.7　基础钢筋

3.7.1　关键工艺

基础钢筋的关键工艺包括钢筋位置画线、底板钢筋铺设、钢筋绑扎、钢筋撑凳、保护层控制等。

3.7.2　工艺过程图示

工艺过程如图3.7-1～图3.7-6所示。

图3.7-1　基础钢筋弹线定位

图3.7-2　基础梁及承台底筋

图3.7-3　底板下层钢筋绑扎

图3.7-4　下层钢筋保护层垫块

图3.7-5　安装上层钢筋马凳筋

图3.7-6　底板上层钢筋

3.7.3　做法说明

» 3.7.3.1　材料及机具

基础钢筋、绑扎钢丝（20# ～ 22#）、绑扎工具（如钢筋钩、带扳口的小撬棍）、绑扎架等。

» 3.7.3.2　工艺流程

基础垫层→弹轴线控制线及底层钢筋位置线→绑扎地梁钢筋→摆放绑扎底层钢筋→支放垫块→安装预留预埋→绑扎马凳及上层钢筋→固定墙柱插筋。

» 3.7.3.3　主要工艺方法

（1）按弹出的钢筋位置线，先铺底板下层钢筋。根据设计要求和底板受力情况，确定哪个方向钢筋在下面，一般情况下先铺短向钢筋，再铺长向钢筋。

（2）四周两行钢筋交叉点应每点扎牢，中间部分交叉点可相隔交错扎牢，但必须保证受力钢筋不位移。对于双向主筋的钢筋网，则需将全部钢筋相交点扎牢。绑扎时应注意相邻绑扎点的钢丝扣要呈八字形，以免网片歪斜变形。

（3）摆放底板混凝土保护层垫块，垫块厚度等于保护层厚度，按每1m左右距离呈梅花形摆放。

（4）基础底板采用双层钢筋时，绑完下层钢筋后，再摆放钢筋马凳或钢筋支架（间距以1m左右一个为宜），在马凳上摆放纵横两个方向定位钢筋，钢筋上下次序及绑扣方法同底板下层钢筋。

（5）底板钢筋如有绑扎接头，钢筋搭接长度及搭接位置应符合设计和施工规范要求，钢筋搭接处应用铁丝在中心及两端扎牢。

（6）在任何情况下，纵向受拉钢筋绑扎搭接接头的搭接长度均不应小于300mm。

3.8　剪力墙钢筋

3.8.1　关键工艺

剪力墙钢筋的关键工艺包括钢筋位置画线、竖向钢筋定位、水平钢筋定位、钢筋绑扎、钢筋保护层设置等。

3.8.2　工艺过程图示

工艺过程如图3.8-1 ～ 图3.8-6所示。

图3.8-1　施工缝部位处理

图3.8-2　剪力墙钢筋弹线定位

图3.8-3　剪力墙水平定位筋

图3.8-4　门洞口预留

图3.8-5　剪力墙竖向定位筋

图3.8-6　剪力墙钢筋拉钩

3.8.3　做法说明

» 3.8.3.1　材料及机具

成型的剪力墙立筋、剪力墙水平筋、拉钩、定位筋、绑扎钢丝（20#～22#）、标准化压制砂浆垫块、塑料卡、绑扎工具（如钢筋钩、带扳口的小撬棍）、绑扎架等。

» 3.8.3.2　工艺流程

施工缝部位凿毛处理→弹出墙体位置线及200mm控制线、门窗洞口线→立筋搭接及钢筋焊接→绑扎剪力墙箍筋→墙体拉筋→水电安装预埋→钢筋保护层垫块。

» 3.8.3.3　主要工艺方法

（1）剪力墙的竖向钢筋及水平筋应按施工图纸预先加工成型。

（2）采用双层钢筋网片时，在两片钢筋间应绑拉筋和支撑筋，以便固定上下左右钢筋的间距。

（3）双排钢筋之间应设拉筋，拉筋直径不小于 ϕ6mm，剪力墙拉结筋的排布设置有梅花、矩形两种形式。当墙体钢筋间距 $a \leqslant 150$mm、$b \leqslant 150$mm时，拉结筋@$4a4b$梅花；当墙体钢筋间距 $a \leqslant 200$mm、$b \leqslant 200$mm时，拉结筋@$3a3b$矩形。

（4）拉结筋可采用两端均为90°的弯钩，也可采用一端135°、另一端90°的弯钩。当采用一端135°、另一端90°的弯钩的构造做法时，拉结筋需交错布置。

（5）拉结筋排布：竖直方向上层高范围由底部板顶向上第二排水平分布筋处开始设置，至顶部板底向下第一排水平分布筋处终止；水平方向上由距边缘构件边第一排墙身竖向分布筋处开始设置。

（6）为保持墙体内外两排钢筋的相对距离，宜采用绑扎定位支撑筋，间距1.0～1.2m。

（7）在安装模板时应在剪力墙主筋上安装保护层塑料卡。

（8）剪力墙洞口周围应绑扎补强钢筋，其锚固长度应符合设计要求。

3.9　现浇框架结构钢筋（含柱、梁、板、楼梯）

3.9.1　关键工艺

现浇框架结构钢筋（含柱、梁、板、楼梯）的关键工艺包括梁/柱主筋间距控制、箍筋间距控制、保护层设置等。

3.9.2　工艺过程图示

工艺过程如图3.9-1～图3.9-8所示。

图3.9-1　施工放线控制线

图3.9-2　柱子接头凿毛

图3.9-3　柱筋定位框

图3.9-4　剪力墙竖向定位筋

图3.9-5　框架钢筋拉钩

图3.9-6　梁柱核心区箍筋绑扎

图3.9-7　柱筋接头错开布置

图3.9-8　水电预埋及钢筋支凳

3.9.3　做法说明

» 3.9.3.1　材料及机具

各构件成型钢筋、拉钩、定位筋、绑扎钢丝（20#～22#）、标准化压制砂浆垫块、塑料卡、绑扎工具（如钢筋钩、带扳口的小撬棍）、绑扎架等。

» 3.9.3.2　工艺流程

接槎部位混凝土处理→弹出柱、梁、墙体位置线及200mm控制线、门窗洞口线→搭设满堂支模架→立筋搭接及钢筋焊接→绑扎柱、剪力墙箍筋→墙柱钢筋保护层设置→水电安装预埋→绑扎梁、板钢筋→水电安装预埋→梁板钢筋保护层垫块（卡子）。

» 3.9.3.3　主要工艺方法

（1）做好抄平放线工作，弹好水平标高线，柱、墙边框尺寸线。

（2）检查下层伸出搭接筋处的混凝土表面标高（柱顶、墙顶），松散不实之处，要剔除并清理干净。

（3）混凝土结构中受力钢筋的连接接头宜设置在受力较小处。在同一根受力钢筋上宜少设接头。抗震设计时应避开梁端、柱端箍筋加密区范围，如必须在该区域连接则应采用机械连接或焊接。

（4）绑扎接头的位置应相互错开。从任一绑扎接头中心到搭接长度的1.3倍区段范围内，有绑扎接头的受力钢筋截面积占受力钢筋总截面面积的比例：受拉区不得超过25%；受压区不得超过50%。

（5）当采用焊接接头时，从任一焊接接头中心至长度为钢筋直径35倍且不小于500mm的区段内，有接头钢筋面积占钢筋总面积的比例：受拉区不宜超过50%；受压区不限制。

（6）有抗震要求的地区，柱箍筋端头应弯成135°，平直部分长度取10d与75mm中较大值。

3.10　钢筋手工电弧焊

3.10.1　关键工艺

钢筋手工电弧焊的关键工艺包括双面焊、单面焊、接头预弯、焊接质量控制等。

3.10.2　工艺过程图示

工艺过程如图3.10-1～图3.10-4所示。

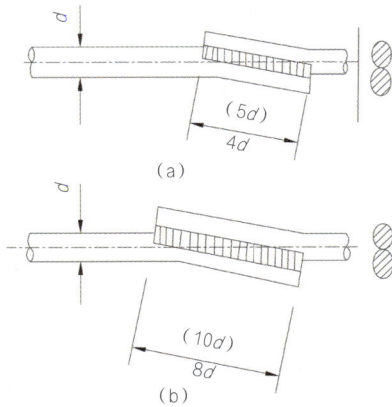

图3.10-1　双面（上）和单面（下）
搭接焊接头
d—钢筋直径

图3.10-2　双面搭接焊和单面搭接焊

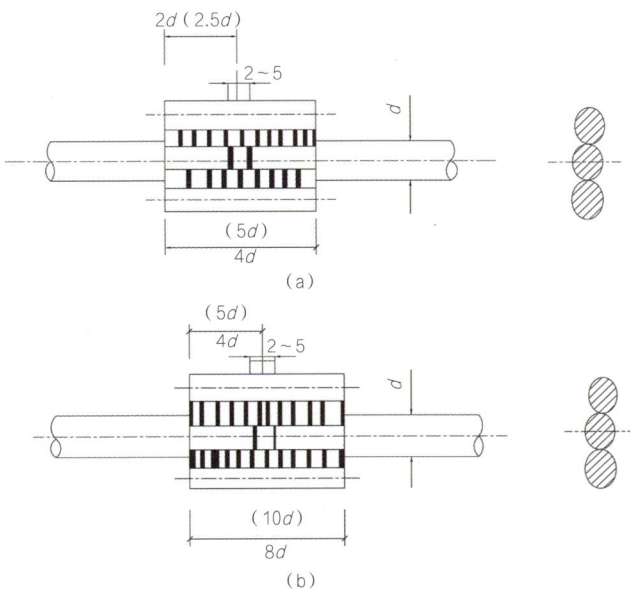

图3.10-3　双面（上）和单面（下）帮条焊接头
d—钢筋直径

图3.10-4　双面和单面帮条焊接头

3.10.3　做法说明

» 3.10.3.1　材料及机具

钢筋、焊条、弧焊机、焊接电缆、电焊钳、面罩、錾子、钢丝刷、锉刀、榔头等。

» 3.10.3.2　工艺流程

检查设备、电源→选择焊接参数、焊接接头形式→试焊模拟试件→送检→确定焊接参数→施焊。

» 3.10.3.3　主要工艺方法

（1）焊工必须持有特种作业人员培训合格证。

（2）在每批钢筋正式焊接前，应焊接3个模拟试件做工艺试验，经试验合格后，方可按确定的焊接参数成批加工。

（3）搭接接头钢筋的端部应预先折向一侧，搭接钢筋的轴线应位于同一直线上。

（4）焊条的牌号应符合设计规定，设计无要求时，应满足《钢筋焊接及验收规程》要求。

（5）施焊中，不得使钢筋咬边和烧伤，焊接过程中应及时清渣，焊缝表面应光滑，帮条焊接头或搭接焊接头的焊缝有效厚度不应小于主筋直径的30%；焊缝宽度不应小于主筋直径的80%。平缓过渡至钢筋表面，弧坑应填满。

（6）帮条尺寸、坡口角度、钢筋端头间隙、接头位置以及钢筋轴线应符合规定；帮条和被焊钢筋的轴线应在同一平面上。

（7）帮条焊适用于HPB300、HRB335、HRB400、HRB500、HRBF335、HRBF400、HRBF500、RRB400W钢筋，分双面焊和单面焊两种。若采用双面焊，接头中应力传递对称、平衡，施工中应尽可能采用双面焊，而只有在受施工条件限制不能进行双面焊时，可采用单面焊。

3.11 钢筋电渣压力焊

3.11.1 关键工艺

钢筋电渣压力焊的关键工艺包括焊接参数选定、接头加工质量控制等。

3.11.2 工艺过程图示

工艺过程如图3.11-1~图3.11-6所示。

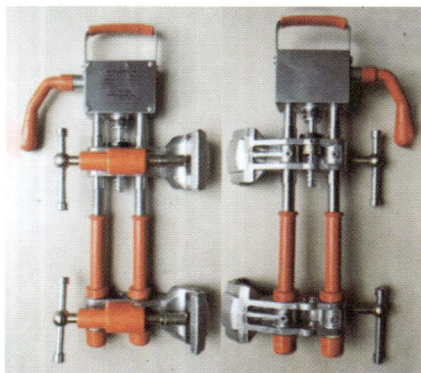

图3.11-1 电渣焊机

图3.11-2 焊剂盒

图3.11-3 焊接作业

图3.11-4 焊接接头

图3.11-5 焊接接头（合格）

图3.11-6 焊包不饱满（不合格）

3.11.3 做法说明

» 3.11.3.1 材料及机具

钢筋、焊剂、焊接电源、控制箱、操作箱、焊接机头（手动焊机采用焊接夹具、焊剂罐）等。

» 3.11.3.2 工艺流程

检查设备、电源→钢筋端头制备→选择焊接参数→安装焊接夹具和钢筋→安放焊剂灌、填装焊剂→试焊、做试件→确定焊接参数→施焊→回收焊剂→卸下夹具→质量检查。

　　» 3.11.3.3 主要工艺方法

　　（1）本工艺适用于现浇钢筋混凝土结构中竖向或斜向（倾斜度不大于10°）、直径不大于22mm钢筋的连接。

　　（2）焊剂的性能应符合《埋弧焊用非合金钢及细晶粒钢实心焊丝、药芯焊丝和焊丝焊剂组合分类要求》中碳素钢埋弧焊用焊剂的规定。焊剂型号为HJ401，常用的为熔炼型高锰高硅低氟焊剂或中锰高硅低氟焊剂。

　　（3）焊接钢筋时，用焊接夹具分别钳固上下的待焊接的钢筋，上下钢筋安装时，中心线要一致。

　　（4）不同直径钢筋焊接时，按较小直径钢筋选择参数，焊接通电时间延长约10%。

　　（5）焊包较均匀，四周焊包凸出钢筋表面的高度，当钢筋直径$d \leqslant 25$mm时不得小于4mm，当钢筋直径$d \geqslant 28$mm时不得小于6mm。

　　（6）接头处的轴线偏移应不超过1mm，接头处的弯折角不大于2°。

　　（7）操作要点

　　①闭合回路、引弧：通过操纵杆或操纵盒上的开关，先后接通焊机的焊接电流回路和电源的输入回路，在钢筋端面之间引燃电弧，开始焊接。

　　②电弧过程：引燃电弧后，应控制电压值。借助操纵杆使上下钢筋端面之间保持一定的间距，进行电弧过程的延时，使焊剂不断熔化而形成必要深度的渣池。

　　③电渣过程：随后逐渐下送钢筋，使上钢筋端都插入渣池，电弧熄灭，进入电渣过程的延时，使钢筋全断面加速熔化。

　　④挤压断电：电渣过程结束，迅速下送上钢筋，使其端面与下钢筋端面相互接触，趁热排除熔渣和熔化金属，同时切断焊接电源。

　　⑤接头焊毕，应停歇20～30s后，才可回收焊剂和卸下焊接夹具。

3.12　钢筋滚轧直螺纹套筒

3.12.1　关键工艺

　　钢筋滚轧直螺纹套筒的关键工艺包括钢筋端头平头备制、剥肋、连接等。

3.12.2　工艺过程图示

　　工艺过程如图3.12-1～图3.12-8所示。

图3.12-1　套筒

图3.12-2　滚轧螺纹接头及套筒

图3.12-3　标准型、正反丝型、异径型套筒

图3.12-4 标准型接头

图3.12-5 正反丝扣型

图3.12-6 异径型接头

图3.12-7 加工完成戴保护套

图3.12-8 直螺纹连接接头

3.12.3　做法说明

» 3.12.3.1　材料及机具

钢筋、钢套筒、钢筋直接滚丝机或钢筋剥肋滚丝机、限位挡铁、螺纹环规（通规、止规）、塞规、力矩扳手及普通扳手、砂轮切割机、卡具、钢丝刷等。

» 3.12.3.2　工艺流程

钢筋端面平头、就位→剥肋滚轧螺纹→套丝→戴保护套→套筒就位、钢筋就位→拿下保护套→接头拧紧→做标记。

» 3.12.3.3　主要工艺方法

（1）平头的目的是让钢筋端面与母材轴线方向垂直，宜采用砂轮切割机或其他专用切断设备。平头前先调直钢筋，平头后钢筋端面要与轴线垂直，端头无弯曲、马蹄状异形等。

（2）若采用直接滚轧直螺纹工艺，应使用钢筋直接滚丝机。

（3）若采用剥肋滚轧直螺纹工艺，应使用钢筋剥肋滚丝机，先剥肋，后滚丝。

（4）每加工完一个丝头，检查牙型是否饱满，无断牙、秃牙缺陷。

（5）钢筋的剥肋滚轧过程只允许进行一次，不允许对已加工的丝头进行二次剥肋滚轧。

（6）对于异径型接头，通常先将粗钢筋与套筒连接拧紧，再将细钢筋与套筒连接拧紧。通常粗细钢筋径差不能超过1个等级。

（7）采用标准型或异径型套筒连接钢筋时，逐一取下丝头保护帽，将连接套筒对正一端钢筋中线旋入，用手拧至拧不动为止，再采用扳手或管钳旋拧套筒；接着对正套筒中线旋入另一侧钢筋，用手拧至拧不动时，再采用扳手或管钳对钢筋旋拧。

（8）采用正反丝扣型套筒连接时，应先对正两侧钢筋中线旋入套筒，使钢筋丝头同时进入套筒1~2

丝扣，再采用扳手或管钳对套筒进行旋拧，使两根钢筋丝头在套筒中间位置顶紧。

3.13 框架结构混凝土

3.13.1 关键工艺

框架结构混凝土的关键工艺包括混凝土配合比、施工缝留置、浇筑及振捣要求、养护、质量控制等。

3.13.2 工艺过程图示

工艺过程如图3.13-1～图3.13-8所示。

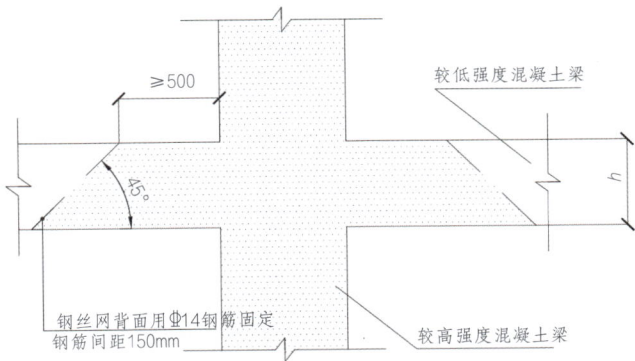

图3.13-1 柱头四周不同混凝土强度交接处做法

h—梁高

图3.13-2 模板润湿

图3.13-3 柱混凝土浇筑

图3.13-4 剪力墙混凝土浇筑

图3.13-5 梁板混凝土浇筑

图3.13-6 楼面浇筑

图3.13-7　抹压抹平

图3.13-8　覆膜养护

3.13.3　做法说明

» 3.13.3.1　材料及机具

商品混凝土、混凝土泵车、冲洗机、布料机、插入式振动棒、平板振动器、铁锹、铁抹、木抹、手推车、串筒、溜槽等。

» 3.13.3.2　工艺流程

作业准备→商品混凝土运输到位→柱、剪力墙混凝土分层浇筑、振捣密实→梁板混凝土浇筑、振捣→板面振捣密实收平→覆盖养护。

» 3.13.3.3　主要工艺方法

（1）浇筑前应将模板内的垃圾、泥土等杂物及钢筋上的油污清除干净，并检查钢筋的保护层垫块是否垫好。浇水湿润模板。

（2）在运输过程中，混凝土搅拌筒应始终不停慢速旋转，防止混凝土运到浇筑地点有离析现象，混凝土出搅拌筒前，应快速转动搅拌筒，使混凝土在搅拌筒内进行二次拌和。

（3）浇筑混凝土应连续进行，如必须间歇，其间歇时间应尽量缩短，并应在前层混凝土初凝之前，将次层混凝土浇筑完毕。混凝土浇筑间歇时间超过初凝时间时，应待其硬化后按施工缝技术措施处理。

（4）浇筑混凝土时应分段分层连续进行，浇筑段的宽度、混凝土分层高度应根据结构特点、混凝土供应速度、气温等因素确定。

（5）梁、板应同时浇筑，浇筑方法应由一端开始用"赶浆法"，即先浇筑梁，根据梁高分层浇筑成阶梯形，当达到板底位置时再与板的混凝土一起浇筑，随着阶梯形不断延伸，梁板混凝土浇筑连续向前进行。

（6）柱、墙水平施工缝水泥砂浆接浆层厚度不应大于30mm，接浆层水泥砂浆应与混凝土浆液成分相同。

（7）施工缝位置：宜沿次梁方向浇筑楼板，施工缝应留置在次梁跨度的中间1/3范围内。施工缝的表面应与梁轴线或板面垂直，不得留斜缝。施工缝处理必须符合规范规定和设计要求。

（8）当梁板与柱混凝土强度等级不同时，节点核心区（柱头）应采用较高强度等级的混凝土浇筑，并在梁柱交界处设置快易收缩网分隔；柱混凝土浇筑完成后，应在初凝前浇筑梁板混凝土。

3.14　大体积混凝土

3.14.1　关键工艺

大体积混凝土的关键工艺包括混凝土配合比、分层浇筑、养护、温度控制等。

3.14.2　工艺过程图示

工艺过程如图3.14-1～图3.14-6所示。

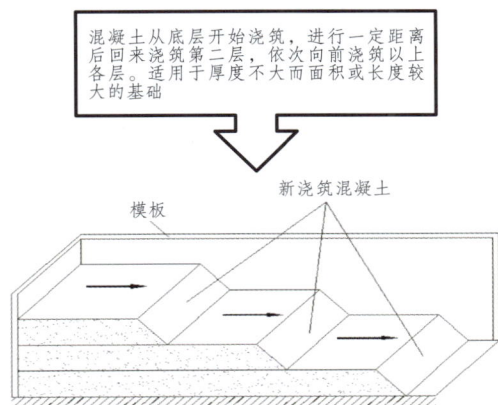

混凝土从底层开始浇筑，进行一定距离后回来浇筑第二层，依次向前浇筑以上各层。适用于厚度不大而面积或长度较大的基础

第一层全面浇筑完毕，在初凝前回来浇筑第二层，施工时从短边开始，延长边逐层进行，适用于平面尺寸不大的基础

模板　新浇筑混凝土

模板　新浇筑混凝土

图3.14-1　分段分层法

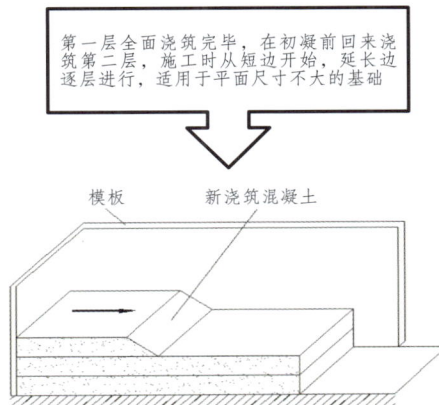

图3.14-2　全面分层法

图3.14-3　埋设测温传感器

图3.14-4　混凝土浇筑

图3.14-5　混凝土抹平

图3.14-6　薄膜上覆盖湿润草（麻）包保湿保温养护

3.14.3　做法说明

» 3.14.3.1　材料及机具

商品混凝土、混凝土泵车、布料机、插入式振动棒、平板振动器、铁锹、铁抹、木抹、手推车、串筒、溜槽等。

» 3.14.3.2　工艺流程

作业准备（埋设好测温装置）→商品混凝土运输到位→混凝土分层浇筑、振捣密实→收平、覆盖塑料薄膜和湿润草（麻）袋→测温及温度控制→覆盖养护。

» 3.14.3.3 主要工艺方法

（1）在配合比设计时，混凝土中掺入适量磨细的粉煤灰和减水剂，以减少水泥用量。也可掺加缓凝剂，推迟水化热的峰值期。其外加剂掺量由实验室配置确定，并满足混凝土设计强度。

（2）大体积混凝土的浇筑采用斜面分层赶浆法施工，每层浇筑厚度为500mm，当已浇筑的下层混凝土尚未凝结时，即开始浇筑第二层，如此逐层进行直至浇筑完成。

（3）为了防止在早期由于干缩而产生裂缝，大体积混凝土浇筑完毕后，立即覆盖薄膜和草（麻）袋保温保湿养护，以达到减少混凝土内外温差的目的。在覆盖养护或带模养护阶段，混凝土浇筑体表面以内40～100mm位置处的温度与混凝土浇筑体表面温度差值不应大于25℃；结束覆盖养护或拆模后，混凝土浇筑体表面以内40～100mm位置处的温度与环境温度差值不应大于25℃；混凝土浇筑体内部相邻两个测温点的温度差值不应大于25℃；混凝土降温速率不宜大于2.0℃／d。养护时间应根据水泥性能确定；采用缓凝型外加剂、大掺量矿物掺和料配制的混凝土，不应少于14d。

（4）在运输过程中，混凝土搅拌筒应始终不停慢速旋转，防止混凝土运到浇筑地点有离析现象。混凝土出搅拌筒前，应快速转动搅拌筒，使混凝土在搅拌筒内进行二次拌和。

（5）为了掌握大体积混凝土的温度变化以及各种材料在各种条件下的温度影响，需对混凝土专门进行温度监测控制。

3.15 现浇混凝土结构后浇带

3.15.1 关键工艺

现浇混凝土结构后浇带的关键工艺包括独立支撑、后浇带保护、施工缝处理、混凝土等级选定、养护时间确定等。

3.15.2 工艺过程图示

工艺过程如图3.15-1～图3.15-8所示。

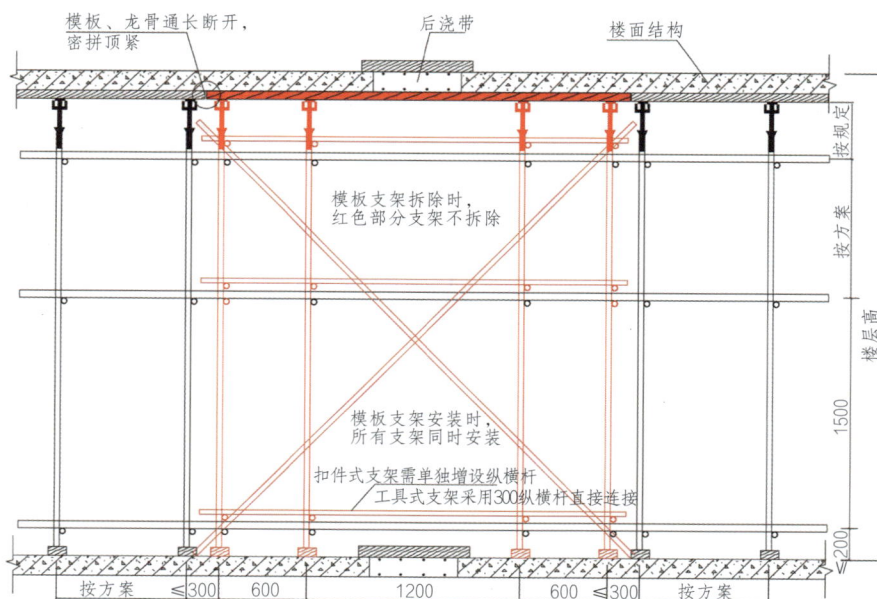

图3.15-1 后浇带支撑独立设计

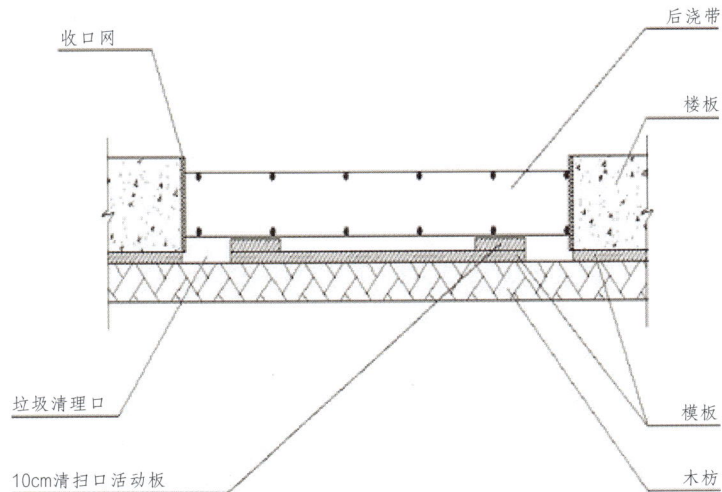

图3.15-2　后浇带两侧封堵

图3.15-3　后浇带支撑独立搭设

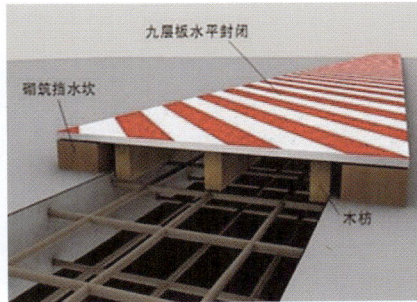

图3.15-4　后浇带保护

图3.15-5　后浇带部位保护

图3.15-6　后浇带凿毛清理

图3.15-7　后浇带浇筑

图3.15-8　后浇带养护

3.15.3　做法说明

» 3.15.3.1　材料及机具

模板、木方、加固件、钢管、顶托、钢筋、混凝土、钢丝网、混凝土输送泵车、鼓风机、扳手、圆盘锯、振动棒等。

» 3.15.3.2　工艺流程

后浇带独立架体搭设→后浇带底模安装（带清扫口活动板）→钢筋绑扎→后浇带两侧结构混凝土浇筑→后浇带清理并封闭防护→时间满足设计或规范要求后剔除两侧钢丝网并凿毛处理→重新调直绑扎钢筋并除锈→清理后浇带并浇水湿润→后浇带混凝土浇筑。

» 3.15.3.3　主要工艺方法

（1）后浇带宜留设在结构受剪力较小且便于施工的位置。受力复杂的结构构件或有防水抗渗要求的结构构件，留设位置应经设计单位确认。

（2）后浇带留设界面，应垂直于结构构件和纵向受力钢筋。结构构件厚度或高度较大时，施工缝或后浇带界面宜采用专用材料封挡。

（3）后浇带模板支设必须采用独立设计系统。

（4）后浇带两侧设置宽度100mm的活动板条作为清扫口，两侧混凝土必须凿毛并清洗干净。底板处外侧做集水坑，便于排水和冲洗。

（5）后浇带两侧浇筑完成后，必须对后浇带进行保护。

（6）采用比两侧混凝土强度等级高一级强度的混凝土浇筑。

（7）混凝土养护时间不应少于14d。

3.16　泵送混凝土

3.16.1　关键工艺

泵送混凝土的关键工艺包括输送泵类型确定、加固、润管、泵送混凝土、清洗等。

3.16.2　工艺过程图示

工艺过程如图3.16-1～图3.16-6所示。

图3.16-1　移动输送泵

图3.16-2　固定输送泵

图3.16-3　混凝土运输车

图3.16-4　泵管安装和加固

图3.16-5　现场坍落度检查

图3.16-6　固定泵结合布料机泵送

3.16.3　做法说明

» 3.16.3.1　材料及机具

混凝土泵车、混凝土运输罐车、混凝土输送管及配件、布料机、钢管扣件、振动棒、振动平板、对讲机、整平工具等。

》3.16.3.2　工艺流程

输送泵类型选择→输送泵位置选定（泵管安装、加固、布料机布置）→输送泵设置→混凝土开盘验收
→泵管润管→泵送混凝土→移位→泵送混凝土→浇筑部位浇筑完成→清洗泵管。

》3.16.3.3　主要工艺方法

（1）泵送前应办理好验收手续，模板已清理干净，并浇水湿润。

（2）使用场外预拌站供应的混凝土，其生产能力和运输能力必须等于或大于泵送能力。

（3）模板及其支撑设计除按正常计算外，还应考虑水平推力和输送混凝土速度快所引起过载及侧压
力和布料器重量的支承以确保模板支撑系统有足够强度、刚度和稳定性。

（4）泵送混凝土分层分段浇筑，按照施工方案循环浇筑。

（5）泵送前应采用同配比的水泥砂浆进行润滑泵管，润管砂浆严禁用于浇筑部位。

（6）混凝土浇筑前不得超过初凝时间。

（7）混凝土严禁随意加水使用。

（8）润管砂浆、清洗泵管应有专用收集处理措施，不得随意往建筑外排放。

（9）施工过程必须按照规范要求现场留置相关混凝土试块。

（10）混凝土浇筑完成12h内应及时进行养护。

（11）当混凝土强度大于1.2MPa时才允许上人进行下道工艺施工。

3.17　预应力后张法张拉

3.17.1　关键工艺

预应力后张法张拉的关键工艺包括材料设备检验、孔道留设、安装锚具、张拉、孔道灌浆、封
锚等。

3.17.2　工艺过程图示

工艺过程如图3.17-1～图3.17-8所示。

图3.17-1　预应力钢绞线

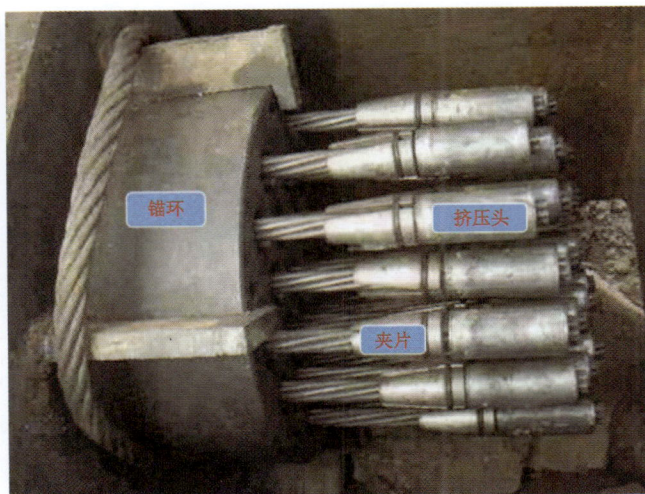

图3.17-2　锚环、挤压头、夹片

图3.17-3　挤压头加工

图3.17-4　预留孔道

图3.17-5　张拉

图3.17-6　张拉完毕切割钢绞线

图3.17-7　孔道灌浆

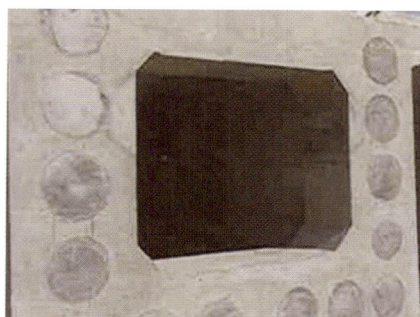

图3.17-8　封锚

3.17.3　做法说明

» 3.17.3.1　材料及机具

预应力筋、锚具、夹具和连接器、灌浆水泥、液压拉伸机、电动高压油泵、灌浆机具、试模等。

» 3.17.3.2　工艺流程

构件模板安装→构件钢筋安装→孔道安装→构件混凝土浇筑→侧模拆除→孔道疏通→构件养护→预应力筋制作→穿预应力筋→安装锚具、张拉设备→张拉→孔道灌浆→封锚。

» 3.17.3.3　主要工艺方法

（1）孔道安装时，要按图纸要求设置好高度控制支架。

（2）孔道安装后要采取保护措施，避免孔道被堵塞。

（3）穿筋前，应检查钢筋（或束）的规格和总长是否符合要求。

（4）采用应力控制法张拉时，应校核预应力筋的伸长值。

（5）多根预应力筋同时张拉时，必须事先调整初应力，使相互间的应力一致。张拉要遵循对称均匀原则。

（6）先张法中的预应力筋不允许出现断裂或滑脱。在浇筑混凝土前发生断裂或滑脱的预应力筋必须予以更换。

（7）锚固时，张拉端预应力筋的回缩量应符合设计要求，设计无要求时不得大于施工规范规定。

（8）预应力筋张拉完后应尽早进行孔道灌浆。灌浆施工前，应采用0.5～0.7MPa压力对孔道进行冲洗，并检查灌浆孔和出气孔是否与预应力筋孔道连通。

3.18　无黏结预应力

3.18.1　关键工艺

无黏结预应力的关键工艺包括无黏结预应力筋铺设、锚垫板、张拉、封锚等。

3.18.2　工艺过程图示

工艺过程如图3.18-1～图3.18-6所示。

图3.18-1　无黏结预应力筋

图3.18-2　挤压锚

图3.18-3　清理张拉端

图3.18-4　预应力张拉

图3.18-5　切除钢绞线

图3.18-6　封锚施工

3.18.3　做法说明

» 3.18.3.1　材料及机具

无黏结预应力钢绞线、固定端挤压锚、锚具、锚垫板、螺旋筋、张拉设备和工具、切割机等。

» 3.18.3.2　工艺流程

支板底模→绑扎暗梁及板底非预应力筋→铺放板预应力筋→安装锚垫板、螺旋筋→预应力筋绑扎、固定→预应力筋矢高、数量检查→铺放板顶非预应力筋→梁侧模及预应力筋张拉端模板封模→浇筑混凝土→预应力筋张拉→切断多余预应力筋→张拉端封锚。

» 3.18.3.3　主要工艺方法

（1）铺放预应力筋前，钢筋定位应准确，保证预应力筋顺利穿过。

（2）预应力筋铺设应保持平行走向准确，不扭绞在一起，不得在楼板上拖行，防止预应力筋外包塑料皮拖破裂和磨损。

（3）根据控制点位置，预应力筋用马凳钢筋定位。

（4）无黏结预应力筋曲线段的起始点至张拉锚固点有不小于300mm的直线段。

（5）张拉时以应力控制为主，用伸长值进行校核。

（6）张拉人员必须站在千斤顶两侧位置操作，不得在千斤顶正面操作。

（7）切割后预应力筋外露长度不少于30mm，切割采用手持角磨机或液压切割设备（不得采用电弧切割）。

（8）预应力筋切割完毕后，应套上内涂防腐油脂的塑料封端罩以保护张拉端锚具，并用细石混凝土或微膨胀砂浆封堵。

3.19　型钢混凝土结构

3.19.1　关键工艺

型钢混凝土结构的关键工艺包括型钢骨架加工、节点构造安装、混凝土浇筑等。

3.19.2　工艺过程图示

工艺过程如图3.19-1～图3.19-6所示。

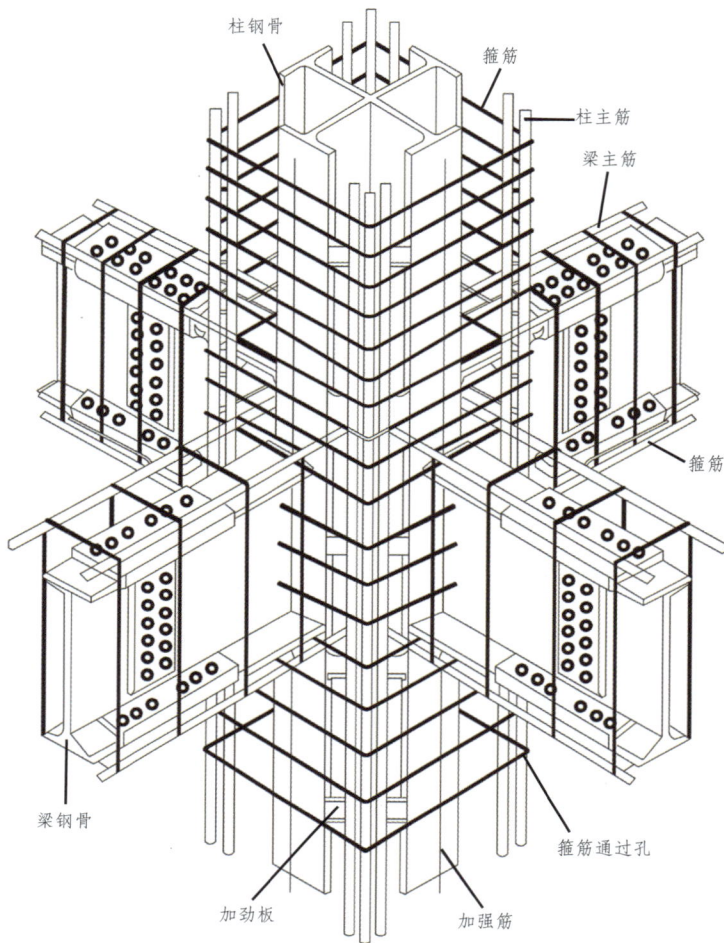

图3.19-1　型钢混凝土节点构造

图3.19-2　型钢柱竖向钢筋及栓钉

图3.19-3　型钢骨架吊装

图3.19-4　型钢柱和梁接头

图3.19-5　节点处理

图3.19-6　梁箍筋绑扎

3.19.3　做法说明

» 3.19.3.1　材料及机具

型钢柱/梁、汽车吊或者塔吊、商品混凝土、混凝土泵车、冲洗机、布料机、插入式振动棒、平板振动器、串筒、溜槽等。

» 3.19.3.2　工艺流程

材料检验→型钢加工→定位放样→安装预埋螺栓→型钢柱安装→型钢梁安装→模板支架搭设及支模→钢筋绑扎→混凝土浇筑及养护。

» 3.19.3.3　主要工艺方法

（1）预埋螺栓安装。采用定型模具将钢骨混凝土柱位置固定，在模具上定位型钢柱地脚螺栓的位置，确定标高和垂直度后进行螺栓加固。最后利用经纬仪和水准仪进行螺栓位置及标高的检查验收，合格后进行混凝土浇筑。

（2）劲性混凝土型钢柱安装。为确保钢骨混凝土柱和柱内型钢位置准确，型钢柱根牢固，在型钢下部用钢板支垫，调整型钢柱的垂直度，灌筑早强微膨胀二次灌浆料。钢骨柱内型钢的标高、位置和垂直度调整完毕，在型钢的加宽翼缘两边加钢夹板，用螺栓连接固定上下两节型钢，在四个角处点焊，再校核一遍垂直度，确认无误后正式焊接。

（3）型钢梁的安装及固定。型钢梁与型钢柱牛腿采用焊接，与高强螺栓组合连接，先焊后栓。安装钢梁时，需要反复观测并纠正其轴线、标高、垂直度偏差值，直至符合规范要求后，方可进行对接焊。钢梁焊接完毕后，对钢梁的垂直度标高进行复验。标高和轴线尺寸无误后，按照设计及施工规范要求进行高强螺栓施扭和终拧作业。

（4）钢筋安装。施工前应完成型钢深化设计并出具施工图，重点解决梁柱节点构造及钢筋穿孔工艺。逐一进行混凝土梁柱编号。节点设计时必须考虑到钢筋数量、规格、位置和主次梁钢筋标高，梁上下排钢筋间距等，以便型钢开孔和设置钢垫块等。

（5）混凝土浇筑及养护。型钢结构混凝土的浇捣，应严格遵守混凝土的施工规范和规程，在梁柱接头处和梁型钢翼缘下部等混凝土不易充分填满处，需要仔细浇捣。带模板浇水养护。

第4章　预制混凝土构件

4.1　预制柱

4.1.1　关键工艺

预制柱的关键工艺包括测量定位、预留钢筋校正、柱起吊、柱就位、斜支撑、封缝等。

4.1.2　工艺过程图示

工艺过程如图4.1-1～图4.1-6所示。

图4.1-1　预留钢筋校正

图4.1-2　柱起吊

图4.1-3　镜子观察柱对孔

图4.1-4　预制柱就位

图4.1-5　封缝

图4.1-6　柱吊装完成

4.1.3　做法说明

» **4.1.3.1　材料及机具**

预制柱、起重设备、全站仪、经纬仪、水准仪、塔尺、墨斗、卷尺、钢筋扳手、电钻、钢筋定位框、钢垫片、观察镜、千斤顶、斜支撑、膨胀螺栓、螺栓、螺栓扳手等。

» **4.1.3.2　工艺流程**

弹出构件安装控制线→标高测量及找平→竖向预留钢筋校正→预制柱安装→预制柱垂直度调整、固定。

» **4.1.3.3　主要工艺方法**

（1）测量定位。楼面混凝土上强度后，清理结合面，测量放出定位控制轴线、预制柱定位边线及200mm控制线，并做好标识。

（2）竖向预留钢筋校正。浇筑楼面混凝土时，预制框架柱与预制剪力墙上部外伸钢筋应采用套板固定。套板中部应开孔，套板宜为钢套板。

检查预留钢筋位置、垂直度、钢筋预留长度是否准确，对不符合要求的钢筋进行矫正，对偏位的钢筋及时进行调整。

（3）垫片找平。预制柱安装施工前，通过激光扫平仪和钢尺检查楼板面标高，用垫片使楼层平整度控制在允许偏差范围内。

（4）预制柱起吊。预制柱单个吊点位于柱顶中央，现场采用单腿锁具吊住预制柱单个吊点；采用单点慢速起吊，逐步移向拟订位置，柱顶拴绑绳，人工辅助柱就位。

（5）预制柱就位。预制柱吊运至施工楼层距离楼面200mm时，略作停顿，安装工人对着楼地面上已经弹好的预制柱定位线扶稳预制柱，并通过小镜子检查预制柱下口套筒与连接钢筋位置是否对准，检查合格后缓慢落钩，使预制柱落至找平垫片上就位放稳。

（6）安装斜支撑。装配体系预制柱就位，水平调整、竖向校正后采用长短两条斜向支撑将预制柱临时固定。预制柱安装就位后，应在两个相邻方向各采用不少于一道斜撑做临时固定，斜撑与水平面的夹角宜为45°～60°。预制柱上部斜撑，其支撑点至底面距离宜为预制构件高度的2/3，不应小于构件高度的1/2。

（7）预制柱校正及预留插筋保护。采用定位调节工具对预制柱进行微调。经检查预制柱水平定位、标高及垂直度调整准确无误后紧固斜向支撑，卸去吊索卡环。

4.2　预制剪力墙板

4.2.1　关键工艺

预制剪力墙板的关键工艺包括连接钢筋定位、钢筋校正、吊装、墙板定位等。

4.2.2　工艺过程图示

工艺过程如图4.2-1～图4.2-4所示。

图4.2-1　钢筋定位控制钢套板

图4.2-2　墙板起吊

图4.2-3　镜子观察墙板钢筋对孔情况

图4.2-4　安装斜支撑和墙板校正

4.2.3　做法说明

» 4.2.3.1　材料及机具

预制剪力墙板、钢丝绳、卡环、螺栓、平衡钢梁、自动扳手、起重设备、千斤顶、对讲机、吊线锤、经纬仪、激光扫平仪、可调斜支撑、铁制垫片、钢筋限位框、梁柱定型钢板等。

» 4.2.3.2　工艺流程

测量定位→预留钢筋校正→垫片找平→粘贴弹性防水密封胶条→安装斜支撑→墙体垂直度核正定位。

» 4.3.3.3　主要工艺方法

（1）在楼层上放出预制墙体定位边线及200mm控制线，在预制墙体上弹出1000mm水平控制线。

（2）对板面预留竖向钢筋进行复核。

（3）预制墙板下口与楼板间设计有约20mm宽的缝隙（灌浆用），每块墙板下部四个角部根据实测数值放置相应高度的垫片进行标高找平，并防止垫片移位，墙体底部宜设置两点。

（4）外墙板因设计有企口而无法封缝，为防止灌浆时浆料外侧渗漏，墙板吊装前在预制墙板保温层部位粘贴弹性防水密封胶条。

（5）吊装施工前核对墙板型号和尺寸后，由专人负责挂钩，确认无误后进行试吊，指挥缓慢起吊。

（6）预制墙板吊运至施工楼层距离楼面200mm时，略作停顿，安装工人对着楼地面上弹好的预制墙板定位线扶稳墙板，并通过小镜子检查墙板下口套筒与连接钢筋位置是否对准，检查合格后缓慢落钩，使墙板落至找平垫片上就位放稳。

（7）墙体吊装之前可在室内架设激光扫平仪，扫平标高设置为1000mm，装配体系预制墙板（内墙板、外墙板）就位后，采用斜向支撑将预制墙板临时固定，墙板下部临时固定可使用另加短斜撑或钢板连接等形式。通过短支撑调整墙板水平位置，通过长支撑调整墙板垂直度，并随时用检测尺进行检查。校正无误后，进行支撑加固。斜撑可靠连接后方可脱去墙板上部吊具。预制墙的上部斜撑，其支撑点至底面距离宜为预制构件高度的2/3，不应小于构件高度的1/2。

（8）墙体定位。完成缓慢降落过程中通过激光线与墙体1000mm控制线进行校核，墙体下部通过调节钢垫片进行标高调节，直至激光线与墙体1000mm控制线重合。采用定位调节工具对预制墙板进行微调。

经检查预制墙板水平定位、标高及垂直度调整准确无误后紧固斜向支撑，卸去吊索卡环。

4.3　预制叠合剪力墙板

4.3.1　关键工艺

预制叠合剪力墙板的关键工艺包括墙板吊装、斜支撑、钢筋绑扎、现浇部位支模、墙板底部及拼缝处理等。

4.3.2　工艺过程图示

工艺过程如图4.3-1～图4.3-5所示。

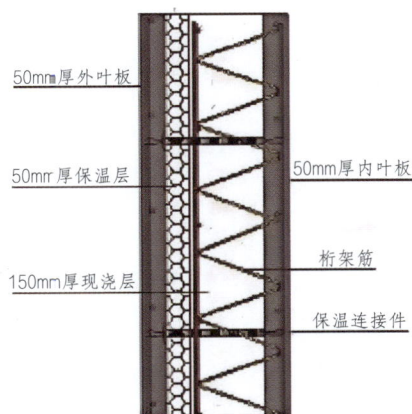

图4.3-1　夹芯保温叠合剪力墙板

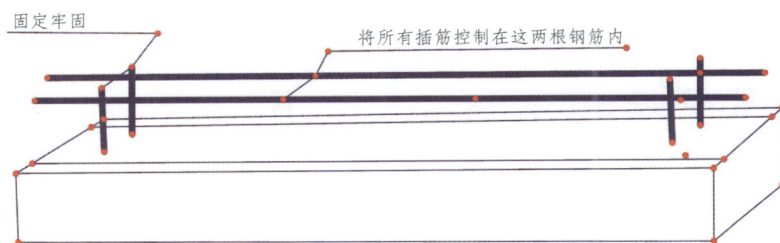

图4.3-2　夹芯保温叠合剪力墙板

图4.3-3　夹芯保温叠合剪力墙板

图4.3-4　吊装

图4.3-5　叠合剪力墙板斜撑

4.3.3 做法说明

» 4.3.3.1 材料及机具

叠合预制剪力墙板、混凝土、钢筋、起重设备、水准仪、经纬仪、塔尺、水平尺、冲击钻、橡胶垫、专用吊钩、铁锤、撬棍、扳手等。

» 4.3.3.2 工艺流程

测量放线→检查调整墙体竖向预留钢筋→测量放置水平标高控制垫块→墙板吊装就位→安装固定墙板斜支撑→现浇加强部位钢筋绑扎→现浇部位支模→墙板水平、竖向缝处理→穿插进行水电管线连接或铺设→墙板混凝土浇筑。

» 4.3.3.3 主要工艺方法

（1）依据图纸在底板（楼板）面放出每块预制墙板的具体位置线。

（2）检查墙体竖向钢筋预留位置。

（3）根据已放出的每块预制墙板的具体位置线，固定墙板位置控制方木。

（4）预制墙板下口留有40mm左右的空隙，放置垫块确保垫块顶处于同一标高。

（5）墙板采用两点起吊，吊具绳与水平面夹角不宜小于60°。

（6）每块预制墙板通常应设置两个斜支撑来固定，固定斜撑时应确保墙板垂直度及就位准确。

（7）根据设计图纸（或构造节点）要求设置的现浇约束边缘构件，可先进行预制墙板安装，再进行现浇约束边缘构件的钢筋绑扎；也可先绑扎约束边缘构件的钢筋，再安装预制墙板，后绑扎连接钢筋。锚筋及插筋确保有效锚入或连接，附加钢筋应与现浇段钢筋网交叉点全部绑扎牢固。

（8）叠合式预制墙板安装就位后，穿插进行水电管线连接或铺设，完成后进行叠合式预制墙板拼缝处附加钢筋安装。

（9）现浇边缘约束构件部位的模板宜采用配制好的整体定型钢模或木模。

（10）叠合式预制墙板与地面（楼面）间预留的水平缝，用50mm×50mm的木方进行封堵，并用射钉将其固定在地面上；预制墙板之间的竖向缝隙可以用直木方（板）来封堵。

（11）叠合式预制墙板浇筑混凝土。混凝土浇筑前，叠合式预制墙体构件内部空腔必须清理干净。混凝土强度等级应符合设计要求，当墙体厚度小于250mm时，墙体内现浇混凝土宜采用细石自密实混凝土施工。

每层墙体混凝土应浇灌至该层楼板底面以下300～450mm并满足插筋的锚固长度要求。

4.4 预制叠合梁

4.4.1 关键工艺

预制叠合梁的关键工艺包括支撑体系搭设、叠合梁起吊、叠合梁就位、叠合梁校正等。

4.4.2 工艺过程图示

工艺过程如图4.4-1～图4.4-6所示。

图4.4-1　叠合梁起吊

图4.4-2　叠合梁下落

图4.4-3　叠合梁就位

图4.4-4　调节螺母校核调整叠合梁标高

图4.4-5　叠合梁吊装完成

图4.4-6　梁柱封缝

4.4.3　做法说明

» 4.4.3.1　材料及机具

叠合梁、钢丝绳、卡环、螺栓、平衡钢梁、自动扳手、起重设备、千斤顶、经纬仪、水准仪、激光扫平仪、吊线锤、绳索、独立钢支撑、盘扣架等。

» 4.4.3.2　工艺流程

预制梁进场验收→按图放线（梁搁柱头边线）→梁底支撑系统→叠合梁吊装→吊梁校正及检查→节点钢筋连接→浇筑节点处混凝土。

» 4.4.3.3　主要工艺方法

（1）放出定位轴线及叠合梁定位控制边线，做好控制线标识。

（2）搭设支撑体系宜采用可调式独立钢支撑体系。

（3）调整支撑体系顶部架体高度。

（4）装配式结构施工前，宜选择有代表性的单元进行预制构件试安装，并应根据试安装结果及时调整完善施工方案和施工工艺，再进行预制叠合梁吊装作业。将叠合梁从运输构件车辆上或预制构件堆放场地挂钩起吊至操作面，起吊时应做到慢起慢落，防止和其他构件相撞。吊点数量、位置应经计算确定，应保证吊具连接可靠，应采取保证起重设备的主钩位置、吊具及构件重心在竖直方向上重合的措施。吊索水平夹角不宜小于60°，不应小于45°。

（5）叠合梁吊装至楼面500mm时，停止降落，操作人员稳住叠合梁，参照柱、墙顶垂直控制线和下层板面上的控制线，引导叠合梁缓慢降落至柱头支点上方。

（6）吊装摘钩后，根据预制墙体上弹出的水平控制线及竖向楼板定位控制线，校核叠合梁水平位置及竖向标高。

（7）叠合梁在连接处应设置后浇段，后浇段的长度满足梁下部纵向钢筋连接作业的空间，而梁下部纵向钢筋在后浇段内宜采用机械连接或焊接连接。

4.5　预制叠合楼板

4.5.1　关键工艺

预制叠合楼板的关键工艺包括支撑搭设、标高调整、吊装、就位校正等。

4.5.2　工艺过程图示

工艺过程如图4.5-1～图4.5-6所示。

图4.5-1　测量定位和支架标高控制

图4.5-2　支撑架就位

图4.5-3　起吊

图4.5-4　叠合板吊装

图4.5-5　叠合板就位

图4.5-6　叠合板完成吊装及板底支撑

4.5.3　做法说明

» 4.5.3.1　材料及机具

叠合板、钢丝绳、卡环、螺栓、平衡钢梁、自动扳手、起重设备、对讲机、吊线锤、经纬仪、激光扫平仪、索具、撬棍、可调钢支撑、工字钢、电焊机等。

» 4.5.3.2　工艺流程

测量定位→搭设支撑体系→调整支撑体系架体顶部标高→叠合楼板吊装→叠合楼板就位→叠合楼板校正。

» 4.5.3.3　主要工艺方法

（1）清理楼面，放出定位轴线及叠合板定位控制边线。

（2）装配式预制叠合板支撑体系宜采用可调式独立钢支撑体系、盘扣支撑体系等，但使用该体系时必须有完善的确保安全措施。根据结构施工支撑体系专项施工方案及支撑平面布置图，在楼面放出支撑点位置。

（3）支撑安装把可调钢支顶移至工作位置，搭设支架上部工字钢梁，旋转调节螺母，调节支撑使工字钢梁上口标高至叠合梁底标高。

（4）支撑体系搭设完毕后，将叠合楼板从运输构件车辆上或预制构件堆放场地挂钩起吊至操作面，起吊时应做到慢起慢落，防止和其他构件相撞。吊点数量、位置应经计算确定，保证吊具连接可靠，采取保证起重设备的主钩位置、吊具及构件重心在竖直方向上重合的措施。吊索水平夹角不宜小于60°，不应小于45°。

（5）叠合楼板吊装至楼面500mm时，停止降落，操作人员稳住叠合楼板，参照墙顶垂直控制线和下层板面上的控制线，引导叠合楼板缓慢降落至支撑上方，调整叠合楼板位置，根据板底标高控制线检查标高。待构件稳定后，校正合格后方可摘钩。

（6）吊装前摘钩后，根据预制墙体上弹出的水平控制线及竖向楼板定位控制线，校核叠合楼板水平位置及竖向标高情况。

4.6　预制楼梯

4.6.1　关键工艺

预制楼梯的关键工艺包括放线、安装面清理、垫片安装、铺设砂浆、吊装、校核安装位置、两端固定、灌浆连接等。

4.6.2　工艺过程图示

工艺过程如图4.6-1～图4.6-4所示。

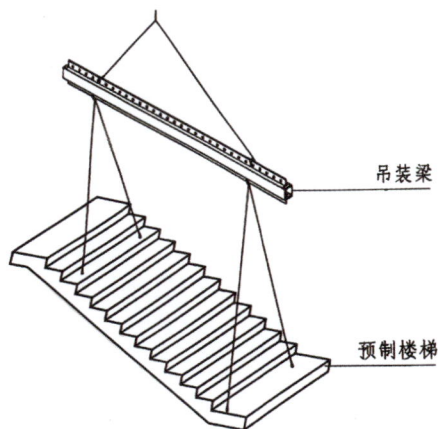

图4.6-1　楼梯吊装

图4.6-2　楼梯吊装示意

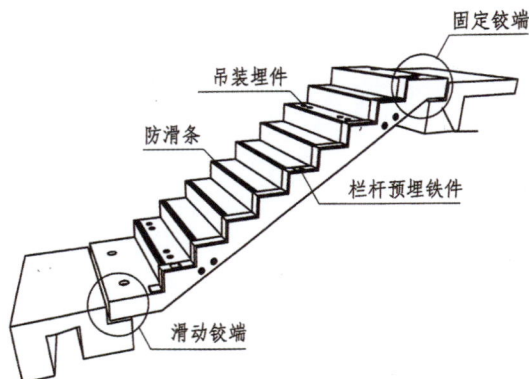

图4.6-3　楼梯上下端连接方式

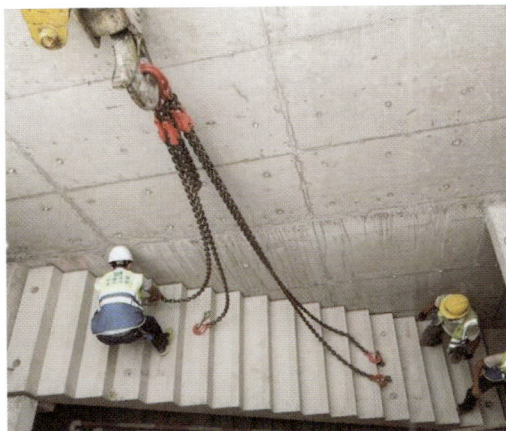

图4.6-4　楼梯就位

4.6.3　做法说明

» 4.6.3.1　材料及机具

预制楼梯、钢丝绳、吊具、卡环、螺栓、手拉葫芦、平衡钢梁、自动扳手、起重设备、对讲机、吊线锤、经纬仪、水准仪、全站仪、索具、撬棍等。

» 4.6.3.2　工艺流程

构件编号→预制楼梯位置放线→清理安装面、设置垫片并铺设砂浆→构件吊装→缓慢放置于安装面、校核安装位置→固定端焊接固定或灌浆连接→滑移端固定及灌浆连接→楼梯段安装防护面、成品保护。

» 4.6.3.3　主要工艺方法

（1）清理楼梯段安装位置的梁板施工面，检查预制楼梯构件规格及编号。

（2）定位放线。进行预制楼梯安装的位置测量定位，并标记梯段上、下安装部位的水平位置与垂直位置的控制线，调正上、下支承面标高。

（3）调节梯段位置调整垫片，在梯梁支撑部位预铺设水泥砂浆找平层。

（4）吊装板式楼梯。先试吊，高度在500mm内，吊件平衡后，将预制梯段吊至预留位置，进行位置校正。

（5）在楼梯销件预留孔封闭前对楼梯梯段板进行验收。

（6）按照设计要求，先进行楼梯段上部固定铰端施工，再进行楼梯段下部滑动铰端施工。

4.7　预制飘窗

4.7.1　关键工艺

预制飘窗的关键工艺包括定位线放线、标高调节、吊装就位、斜支撑、墙体定位等。

4.7.2　工艺过程图示

工艺过程如图4.7-1～图4.7-4所示。

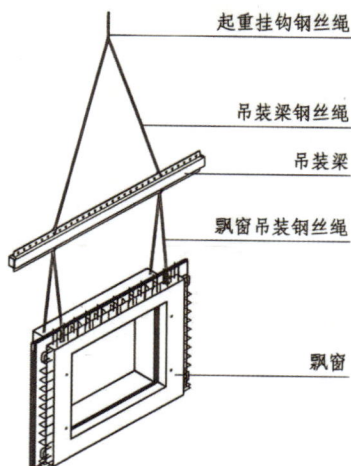

图4.7-1　飘窗吊装

图4.7-2　飘窗精确就位及斜撑就位

图4.7-3 飘窗底部注浆

图4.7-4 飘窗底部注浆（使用溢浆管）

4.7.3 做法说明

» 4.7.3.1 材料及机具

预制飘窗、钢丝绳、卡环、螺栓、平衡钢梁、自动扳手、起重设备、千斤顶、对讲机、吊线锤、经纬仪、水准仪、全站仪、索具、撬棍、钢支撑等。

» 4.7.3.2 工艺流程

预制飘窗工作安装准备 → 放出预制飘窗定位线 →调节预制飘窗标高调节螺栓→放置内侧PE（聚乙烯）棒并贴好（防止漏浆）→上部预制飘窗吊装就位→安装斜支撑、调整墙体内外定位以及垂直度，直至符合设计要求→校正墙体定位及垂直度→解除吊具→继续按顺序安装其他的外墙→预制飘窗吊装的同时穿插现浇部分钢筋绑扎→模板安装→浇筑混凝土→拆除模板，将标高调节螺栓拧入，使螺栓与上层外墙脱离→外侧PE棒布置及打胶。

» 4.7.3.3 主要工艺方法

（1）斜支撑底部预埋件埋设在下一层板面钢筋绑扎完成后，按照斜支撑平面定位图，在板面底筋处固定斜支撑底部预埋件。

（2）测量放线。楼面清理完成后，放出预制墙体定位边线及控制线，同时在预制墙体上放出墙体水平控制线用于墙体标高的控制。

（3）调平标高。飘窗下设置调平标高垫块，或将螺栓拧入预埋套筒内，并将标高调整至设计标高线。

（4）构件起吊。预制飘窗吊装采用扁担吊梁，构件吊离地面后略作停顿，通过手拉葫芦调平构件，在构件根部系好缆风绳，并检查索具连接状况及构件是否平稳，确认安全后，由信号员指挥将构件起吊到楼层就位。

（5）构件到位调整并放置。飘窗就位时，由吊装工牵引缆风绳，调整构件方位，避免与外架相撞，将飘窗缓慢下降，靠近安装位置时由吊装工手扶引导，按定位线全方位吻合后方可落到安装位置上。

（6）临时固定及粗调。构件吊装安放完后，使用斜撑及一字码对构件进行固定，固定过程中通过斜撑杆及一字码进行粗调，使构件外立面观感上平整垂直。

（7）平面定位精调。平面的定位调整主要根据楼层放设的控制线，根据构件最外侧边至控制线的距离来控制，精度达到设计及规范要求。

（8）标高精调。标高的调整主要根据楼层放设的1m标高控制线以及构件上的1m标高线是否一致进行。

（9）垂直度精调。垂直度调整主要通过吊线锤或水平尺和转动斜撑来控制垂直度，精度达到设计及规范要求。构件位置、标高、垂直度复核满足精度要求后，锁紧临时固定件，以保证安全及精度。临时固定件锁紧牢固后方可卸钩。

（10）接缝塞PE棒。飘窗全部安装完成后，使用PE棒对飘窗与现浇交接处的缝隙进行塞缝，以保证浇筑混凝土不漏浆。

（11）斜支撑拆除及预埋件割除。完成套筒灌浆及周边现浇混凝土约束构件浇筑完成后且强度达到1.2MPa以上，方可拆除斜支撑，并及时割除板面预埋件。

4.8　预制外挂墙板

4.8.1　关键工艺

预制外挂墙板的关键工艺包括吊运及就位、安装及校正、节点连接、拼缝防水、拆除临时支撑等。

4.8.2　工艺过程图示

工艺过程如图4.8-1～图4.8-4所示。

图4.8-1　墙板定位弹线

图4.8-2　外挂墙板起吊

图4.8-3　外挂墙板斜撑固定及调整垂直度

图4.8-4　外挂墙板精确定位

4.8.3 做法说明

» 4.8.3.1 材料及机具

预制外挂墙板、钢丝绳、卡环、螺栓、自动扳手、起重设备、千斤顶、对讲机、吊线锤、经纬仪、水准仪、全站仪、紧固件、索具、撬棍、临时固定支撑、交流电焊机以及圆钢等。

» 4.8.3.2 工艺流程

结构标高复核及定位弹线→外挂墙板起吊→安装临时承重铁件及斜撑→调整外挂墙板位置、标高、垂直度→安装永久连接件→吊钩解钩→预制外挂墙板间拼缝防水→拆除外挂墙板临时支撑。

» 4.8.3.3 主要工艺方法

（1）结构标高复核及定位弹线。外挂墙板起吊前，复核结构标高，弹出预埋件相应的安装控制线，由控制线来定位预制外挂墙板预埋件。

（2）外挂墙板起吊。构件起吊时要先将预制外挂板吊起距离地面300mm的位置后停稳30s，相关人员应确认构件是否水平、吊具连接是否牢靠、钢丝绳有无交错等，确认无误后方可起吊，所有人员应距离构件3m以上。

构件吊至预定位置附近后，缓缓下放，在距离作业层上方50mm处停止。吊装人员用手扶预制外挂墙板，配合起吊设备将构件水平移动至构件吊装位置。就位后缓慢下放，吊装人员通过地面上的控制线，将构件尽量控制在边线上。

（3）安装临时承重件。外挂板吊装就位后，需要通过临时承重铁件进行临时支撑。

（4）调整外挂墙板位置、标高、垂直度。当外挂墙板吊运至安装位置时，将预制外挂墙板缓缓下降就位，预制外挂墙板就位时，应以外墙边线为准，做到外墙面顺直，墙身垂直，缝隙一致，企口缝不得错位，防止挤压偏腔。通过调节斜撑来控制预制外挂墙板垂直度。

（5）安装永久连接件。预制外挂板通过预埋铁件与下层结构连接起来，连接形式为焊接及螺栓连接。

（6）预制外挂墙板间的拼缝防水处理。预制外挂墙板间拼缝防水处理前，应将侧壁清理干净，保持干燥。防水施工中应先嵌塞填充高分子材料，然后打胶密封，填充高分子材料时不得堵塞防水空腔，应均匀、顺直、饱和、密实，表面光滑，不得有裂缝现象。

（7）拆除临时支撑。拆除预制外挂墙板的紧固件和斜撑等临时支撑工具。

4.9 后浇混凝土模板

4.9.1 关键工艺

后浇混凝土模板的关键工艺包括定型模板定位、临时固定、定型模板安装、定型模板加固等。

4.9.2 工艺过程图示

工艺过程如图4.9-1～图4.9-6所示。

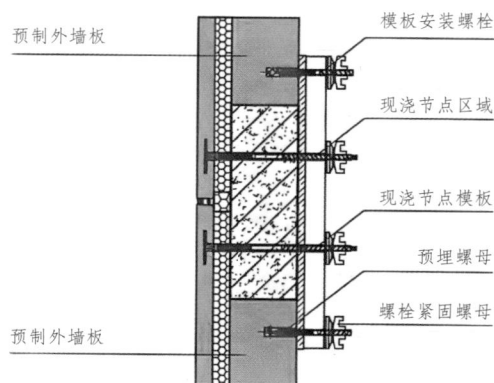

图4.9-1　一字形现浇节点模板（一）

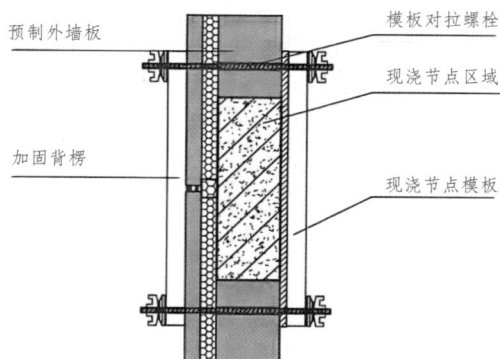

图4.9-2　一字形现浇节点模板（二）

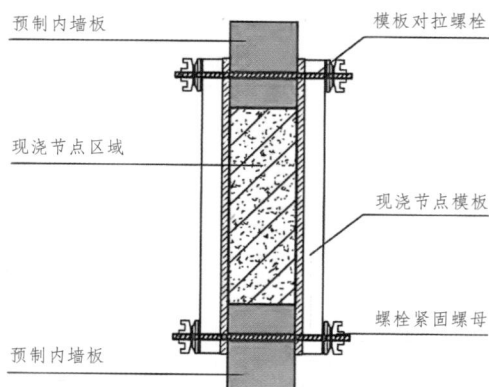

图4.9-3　一字形现浇节点模板（三）

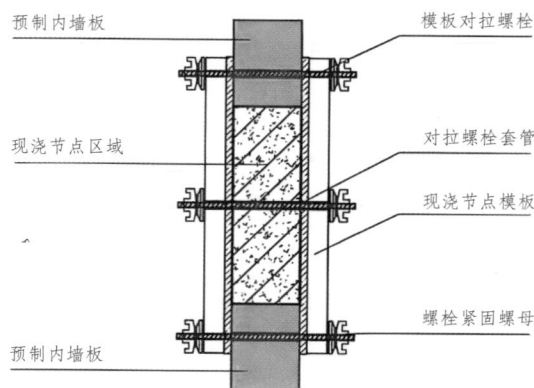

图4.9-4　一字形现浇节点模板（四）

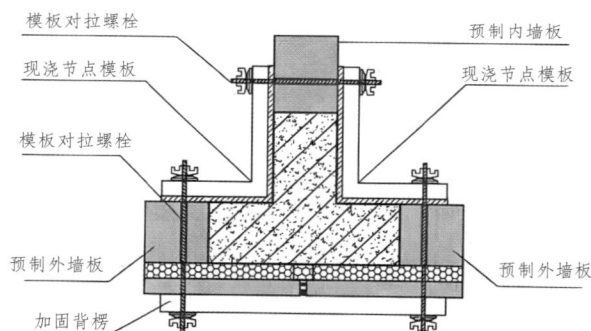

图4.9-5　T形现浇节点模板

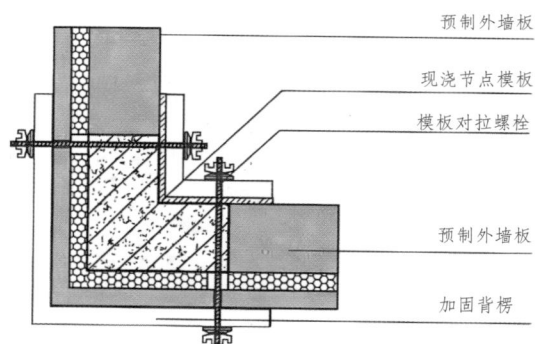

图4.9-6　L形现浇节点模板

4.9.3　做法说明

» 4.9.3.1　材料及机具

模板（或定型化）、模板支撑体系、加固体系、顶托、对拉螺栓、经纬仪、水准仪、全站仪等。

» 4.9.3.2　工艺流程

施工准备→测量、放线→安装、定位临时固定→墙体及节点区钢筋绑扎→预埋件留设→后浇节点区定型模板安装→定型模板加固→模板检查校验→混凝土浇筑。

» 4.9.3.3　主要工艺方法

（1）宜采用模板块间拼缝严密、不易漏浆的定型化模板及配件；可采用胶合板模板和工具式背楞系统及配件。

（2）预制墙板间后浇混凝土的节点模板应在钢筋绑扎完成后进行安装。

（3）固定在模板上的预埋件、预留孔和预留洞，均不得遗漏，且应安装牢固、位置准确。

（4）在浇筑混凝土前应洒水润湿结合面，混凝土应振捣密实。

4.10　构件接缝构造连接

4.10.1　关键工艺

构件接缝构造连接的关键工艺包括底涂基层处理、背衬、施打密封胶等。

4.10.2　工艺过程图示

工艺过程如图4.10-1和图4.10-2所示。

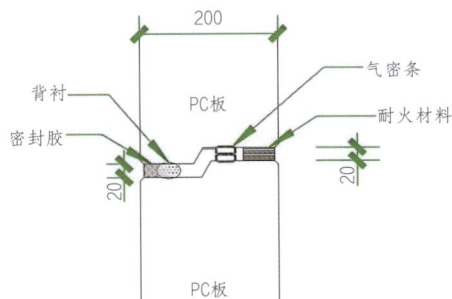

图4.10-1　预制外墙水平板缝两道防水构造

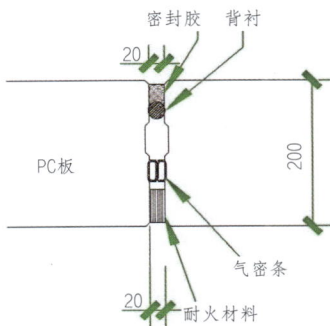

图4.10-2　预制外墙垂直板缝两道防水构造

4.10.3　做法说明

» 4.10.3.1　材料及机具

底涂料、背衬、密封胶、胶枪、圆形刮刀等。

» 4.10.3.2　工艺流程

表面清洁处理→底涂基层处理→背衬材料施工（气密条施工）→胶枪施打密封胶（耐火材料施工）→密封胶整平处理→板缝两侧外观清理→成品保护。

» 4.10.3.3　主要工艺方法

（1）将外墙板缝表面清洁至无尘、无污染或其他污染物的状态。

（2）施打密封胶前先用专用的配套底涂料涂刷一道处理。

（3）密封胶施打前应事先用背衬材料填充过深的板缝。

（4）密封胶采用专用的手动挤压胶枪施打。密封胶应与预制构件粘接牢固，不得漏嵌和虚粘。

（5）密封胶施打完成后立即进行整平处理。密封胶嵌填应饱满密实、均匀顺直、表面光滑连续。

4.11　灌浆

4.11.1　关键工艺

灌浆的关键工艺包括封堵、灌浆料搅拌、浆料流动性检测、灌浆等。

4.11.2　工艺过程图示

工艺过程如图4.11-1 ~ 图4.11-6所示。

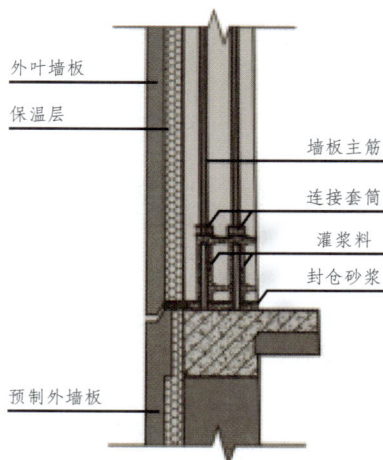

图4.11-1　灌浆做法

图4.11-2　预制构件周边区域封堵

图4.11-3　拌制灌浆料

图中标注：
外叶墙板
保温层
墙板主筋
连接套筒
灌浆料
封仓砂浆
预制外墙板

图4.11-4　浆料流动度（扩展度）检测

图4.11-5　剪力墙板灌浆

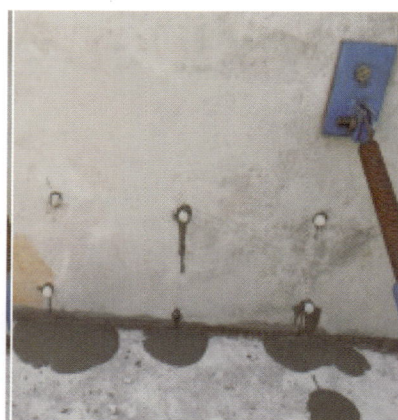

图4.11-6　灌浆后的竖向构件

4.11.3　做法说明

» 4.11.3.1　材料及机具

预制柱或预制剪力墙、灌浆料、灌浆套筒、灌浆料搅拌机、灌浆机、胶塞、卷尺等。

» 4.11.3.2　工艺流程

灌浆孔清理→分仓判断→构件灌浆区域周边封堵→灌浆料搅拌→浆料流动度检测→灌浆施工→灌浆饱满，出浆确认并塞孔→场地清洁。

» 4.11.3.3　主要工艺方法

（1）灌注孔应在灌浆前清理。

（2）四周封堵时，可采用专用封堵砂浆密封，避免漏浆。竖向构件采用连通腔灌浆时，应合理划分连通灌浆区域，连通灌浆区域内任意两个灌浆套筒间距不宜超过1.5m，连通腔内构件底部与下方现浇结构上表面的最小间隙不得小于10mm。

（3）灌浆时由底部注入，由顶部流出至圆柱状，确保灌浆饱满后方能以胶塞塞住。

（4）灌浆完成后必须将工作面和施工机具清洁干净。

（5）每块预制墙板套筒连接灌浆时，应合理划分连通灌浆区域；每个区域除预留灌浆孔、出浆孔与排气孔外，应形成密闭空腔，不应漏浆。

（6）灌浆作业应从灌浆套筒下灌浆孔注入灌浆料拌和物，当灌浆料拌和物从构件其他灌浆孔、出浆孔流出并确认后应及时封堵。

（7）对于首次施工，宜选择有代表性的单元或部位进行试制作、试安装、试灌浆。

第 5 章　砌筑

5.1　墙体底部挡坎

5.1.1　关键工艺

墙体底部挡坎的关键工艺包括清理、凿毛、模板安装、混凝土浇筑或砌筑等。

5.1.2　工艺过程图示

工艺过程如图5.1-1～图5.1-8所示。

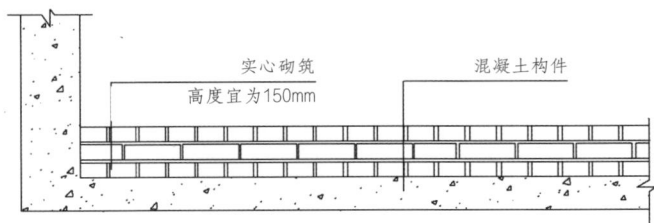

图5.1-1　无防水要求的墙体底部

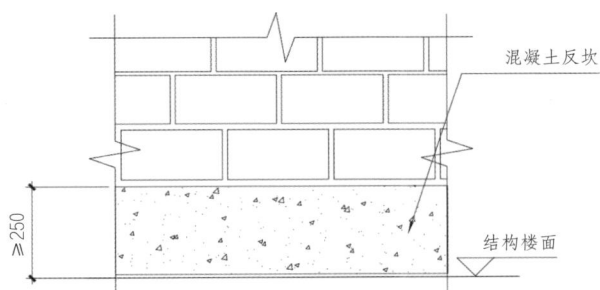

图5.1-2　有防水要求的墙体底部

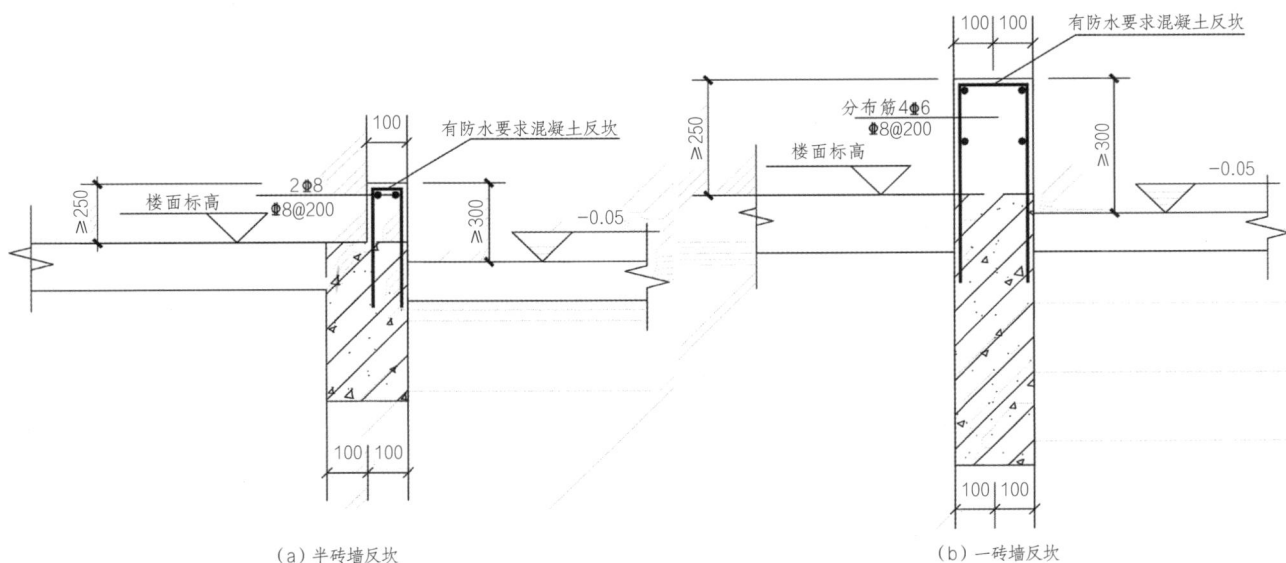

（a）半砖墙反坎

（b）一砖墙反坎

图5.1-3　反坎做法及配筋

图5.1-4　清理

图5.1-5　反坎基础凿毛及配筋（有防水要求）

图5.1-6　模板安装（有防水要求）

图5.1-7　三皮水泥砖（150mm）完成

图5.1-8　混凝土浇筑完成
（有防水要求）

5.1.3　做法说明

» 5.1.3.1　材料及机具

（1）砖的产品龄期不应小于28d，棱角方正、强度符合设计要求。

（2）混凝土强度等级应符合设计要求，模板材料应具备足够强度、刚度、稳定性。

（3）砂浆搅拌机、投料计量设备、灰桶、铁锹、瓦刀、线锤、钢卷尺、红外线水平仪、小推车、振动棒、水管等。

» 5.1.3.2　工艺流程

无防水要求：墙体底部清理及湿润→弹线→立皮数杆或在混凝土柱子上标线→底部冲平及摆砖→砌筑→勾缝→落手清理。

有防水要求：墙体底部清理及湿润→弹线→凿毛→支模→浇筑混凝土→养护及拆模→落手清理。

» 5.1.3.3　主要工艺方法

（1）砌筑前，应将底部垃圾、浮浆等清理干净并浇水湿润。

（2）根据图纸弹出标高及砌体定位线，有防水要求时应进行凿毛处理。

（3）第一皮砖施工前应用红外线检查底部平整度，如果底部灰缝厚度超过20mm，应采用细石混凝土进行找平后方可开始第一皮砖施工。

（4）砌体灰缝饱满度大于等于80%，灰缝厚度控制在8~12mm。

（5）采用普通砂浆砌筑施工挡坎，砖砌筑前应提前1~2d浇（喷）水湿润，不得采用干砖或吸水饱和状态的砖砌筑。

（6）有防水要求的挡坎，楼面标高支模高度应不小于250mm，加固螺杆不得穿过翻坎，安装管线位置正确且无堵塞，加固需牢固可靠。浇筑混凝土，应用振动棒振捣密实，拆模后养护应不少于14d。

5.2　墙体拉结筋

5.2.1　关键工艺

墙体拉结筋的关键工艺包括定位准确、钻孔深度控制、植筋伸入长度控制等。

5.2.2　工艺过程图示

工艺过程如图5.2-1～图5.2-8所示。

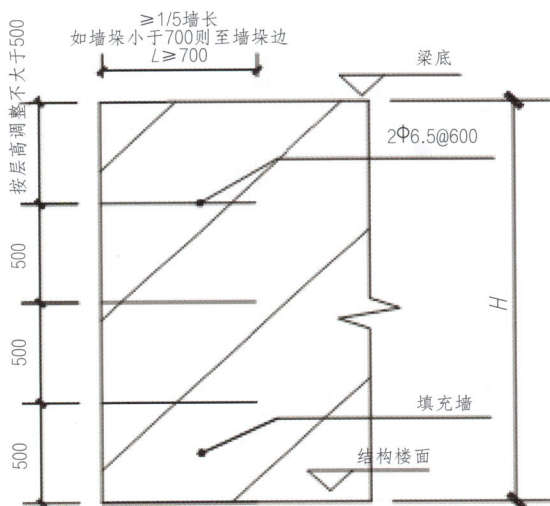

图5.2-1　拉结筋节点做法

L—拉结筋伸入墙体长度；*H*—楼层净高

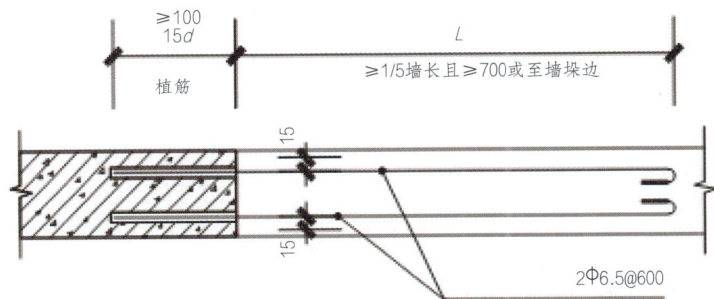

图5.2-2　拉结筋植筋要求

L—拉结筋伸入墙体长度；*d*—钢筋直径

图5.2-3　定位拉结筋位置

图5.2-4　按位置取孔和清孔

图5.2-5   插入钢筋

图5.2-6   拉结筋压入槽内

图5.2-7   细石混凝土板带做法（一）

图5.2-8   细石混凝土板带做法（二）

5.2.3   做法说明

» 5.2.3.1   材料及机具

（1）钢筋等应有质量证明书、检测报告、复检报告等；植筋胶应有出厂合格证、检测报告等。

（2）电钻、钢筋调直机、弯曲机、切断机、灰桶、铁锹、瓦刀、线锤、钢卷尺、红外线水平仪、小推车、小型振动棒、水管等。

» 5.2.3.2   工艺流程

根据墙体排版图划线→钻孔→清理→放入植筋胶，插入钢筋→拉拔试验验收→拉结筋部位施工。

» 5.2.3.3   主要工艺方法

（1）砌筑前，应根据标高及砌体定位线、砌体排版图皮数杆，划出植筋位置。

（2）植筋孔壁应完整，不得有裂缝和局部损伤，植筋孔深符合设计和《混凝土结构加固设计规范》（GB 50367—2013）规定。

（3）钢筋植入后，在胶黏剂未达到产品使用说明书规定的固化时间前，不得扰动所植钢筋。

（4）拉结筋伸入墙体应满足设计要求，若设计无要求，伸入墙体不应小于700mm，竖向间距不应大于500mm。

（5）每120mm墙厚应设置1Φ6拉结钢筋；当墙厚为120mm时，应设置2Φ6拉结钢筋；间距沿墙高不应超过500mm，且竖向间距偏差不应超过100mm；埋入长度从留槎处算起每边均不应小于500mm；对抗震设防烈度6度、7度的地区，不应小于1m；末端应设90°弯钩。

（6）标准砖或多孔砖拉结筋可以放入灰缝内，灰缝厚度应大于钢筋直径6mm以上，也可以设置细石混凝土板带60～100mm。

（7）对于蒸压混凝土加气块，如采用薄层专用砂浆施工，应预先在相应位置的砌块上表面开设凹槽，可开V形槽和U形槽，槽深为50～80mm，钢筋应在砂浆内居中放置，也可以设置细石混凝土板带60～100mm。

5.3　墙体门窗洞口

5.3.1　关键工艺

墙体门窗洞口的关键工艺包括组砌方式、门过梁搁置、窗台压顶搁置等。

5.3.2　工艺过程图示

工艺过程如图5.3-1～图5.3-6所示。

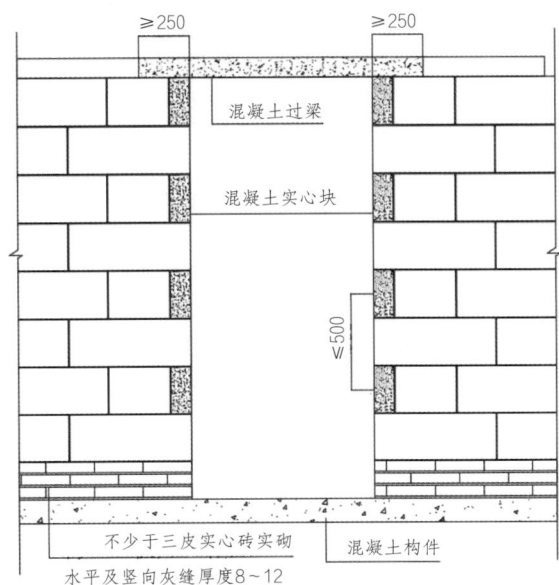

图5.3-1　蒸压混凝土加气块砌体门过梁节点

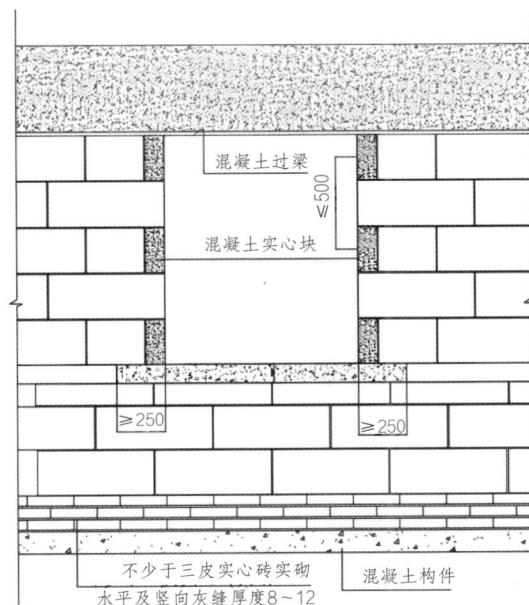

图5.3-2　蒸压混凝土加气块砌体窗台压顶节点

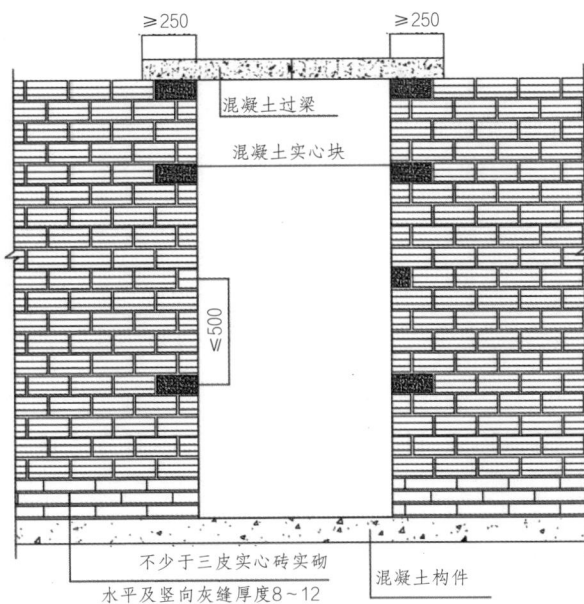

图5.3-3　多孔砖砌体门过梁节点

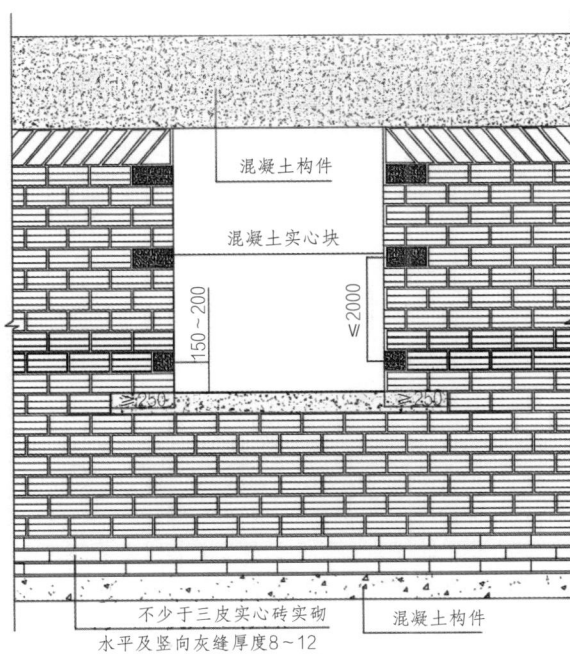

图5.3-4　多孔砖砌体窗台压顶节点

图5.3-5　蒸压混凝土加气块砌体窗台压顶

图5.3-6　蒸压混凝土加气块砌体门过梁

5.3.3　做法说明

» 5.3.3.1　材料及机具

（1）砌块的产品龄期不应小于28d。

（2）砂浆搅拌机、投料计量设备、灰桶、铁锹、瓦刀、线锤、钢卷尺、红外线水平仪、小推车、锯刀等。

» 5.3.3.2　工艺流程

根据设计图纸放出门窗位置→砌筑→勾缝。

» 5.3.3.3　主要工艺方法

（1）砌筑前应根据图纸弹出标高及门窗定位线。

（2）门窗两侧实心砖留置。保证门窗上下口150～200mm部位有实心砖砌筑，其他部位至少三处一块实心预制块（C20及以上）组砌，以固定门窗框。

（3）加气块采用厚层专用砂浆时，灰缝厚度应为10～15mm，其水平缝和垂直缝的厚度均不宜大于15mm。当采用精确砌块和专用砂浆薄层砌筑方法时，其灰缝不宜大于3～4mm。水平灰缝饱满度不应小于80%，竖向灰缝饱满度≥90%。

（4）窗台压顶梁，应内高外低，高差为15～20mm，每边伸入墙体不少于250mm，厚度根据设计要求确定，设计无要求时不应小于100mm。

（5）门窗过梁每边伸入墙体不少于250mm，厚度根据设计要求确定，设计无要求时不应小于100mm。

（6）当采用砌筑砂浆或普通砌筑砂浆砌筑时，应在砌筑当天对砌块砌筑面喷水湿润，相对含水率为40%～50%。

（7）采用运输方式时严禁抛掷和倾倒，堆置高度不宜超过2m，运输与堆放过程中防止雨淋。

5.4 墙体顶部

5.4.1 关键工艺

墙体顶部的关键工艺包括顶砖施工、柔性材料连接等。

5.4.2 工艺过程图示

工艺过程如图5.4-1～图5.4-8所示。

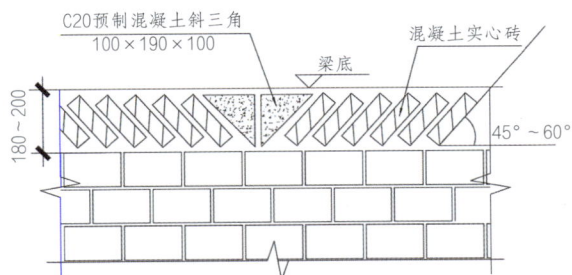

图5.4-1 墙体顶砖做法节点

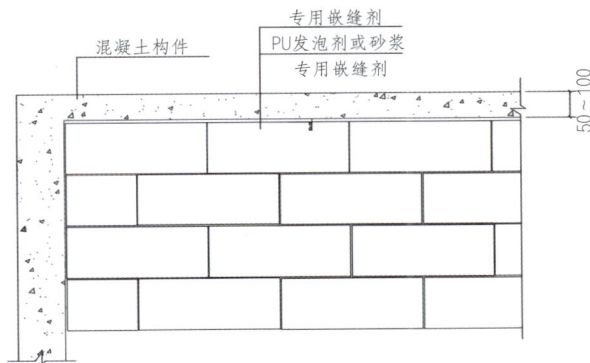

图5.4-2 加气块砌体墙体顶部柔性连接节点（一）

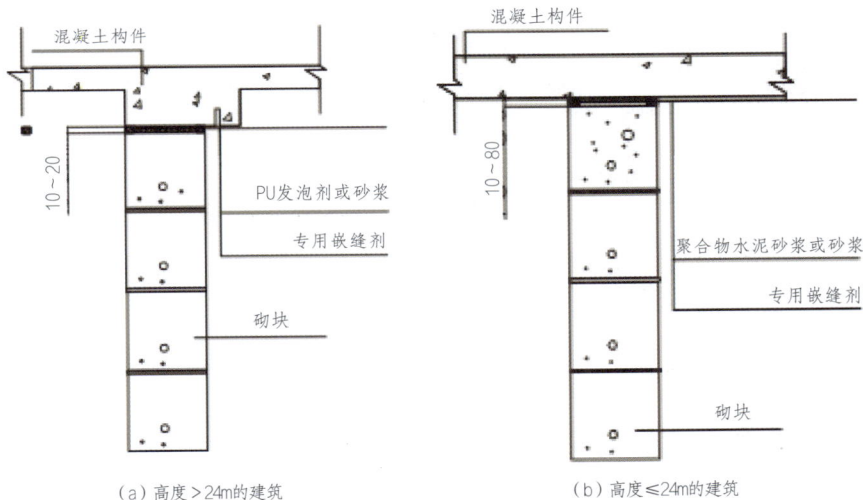

（a）高度＞24m的建筑　　（b）高度≤24m的建筑

图5.4-3 加气块砌体墙体顶部柔性连接节点（二）

图5.4-4 多孔砖顶砖做法

图5.4-5 蒸压加气块砌体顶砖做法

图5.4-6 砂浆封堵一侧

图5.4-7 填充发泡剂

图5.4-8 砂浆封堵另一侧

5.4.3   做法说明

» 5.4.3.1 材料及机具

细石混凝土、砂、砂浆搅拌机、投料计量设备、灰桶、铁锹、瓦刀、线锤、钢卷尺、红外线水平仪、小推车等。

» 5.4.3.2 工艺流程

（1）顶砖。材料准备→核查顶砖高度→砌筑→勾缝→落手清理。

（2）柔性材料连接。材料准备→核查留缝厚度→一侧专用填缝剂→打PU发泡剂或砂浆→另一侧专用填缝剂。

» 5.4.3.3 主要工艺方法

（1）砌筑前，核查墙体完成时间应满足14d以上。

（2）采用顶砖砌筑时，倾斜角度为45°～60°；"倒八字"砌筑，采用三角形混凝土预制块收口，保证顶砖砂浆饱满，以防止梁底通长裂缝的出现。采用普通砂浆砌筑施工，砖砌筑前应提前1～2d浇（喷）水湿润，不得采用干砖或吸水饱和状态的砖砌筑。

（3）采用柔性连接时，施工前应核查墙体留缝厚度，间缝厚度超过30mm的，间缝下部应采用细石混凝土填充，控制间缝10～20mm厚。然后将缝隙的一侧专用填缝剂封堵好，待达到强度，再从另一侧打满PU发泡剂或聚合物水泥砂浆、专用砂浆，待泡沫剂、砂浆达到强度，将凸出墙面的部分割除，然后用专用填缝剂封堵严密。

5.5   墙体构造柱

5.5.1   关键工艺

墙体构造柱的关键工艺包括先退后进、组砌、浇捣密实等。

5.5.2   工艺过程图示

工艺过程如图5.5-1～图5.5-8所示。

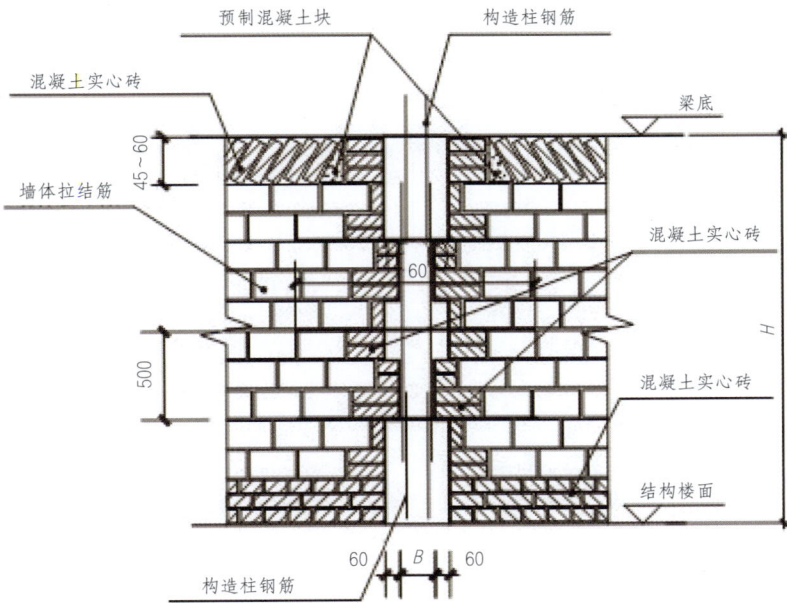

图5.5-1　多孔砖构造柱节点（一）
B—构造柱宽；H—墙高

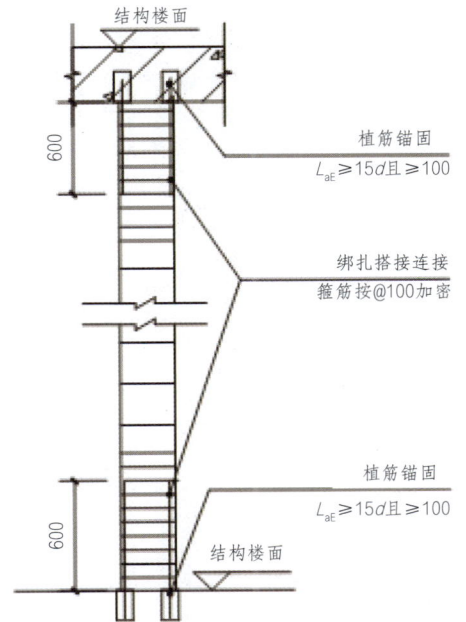

预制混凝土块　构造柱钢筋
混凝土实心砖
墙体拉结筋
45~60
60
500
梁底
混凝土实心砖
混凝土实心砖
结构楼面
H
60 B 60
构造柱钢筋

图5.5-2　多孔砖构造柱节点（二）
L_{aE}—植筋植入长度；d—钢筋直径

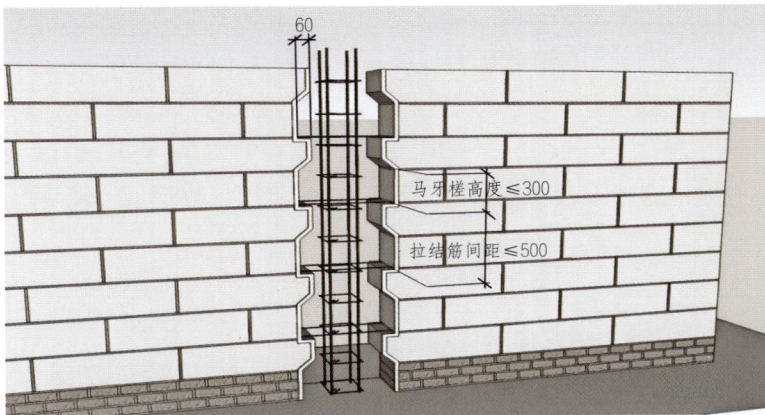

结构楼面
600
植筋锚固
$L_{aE} \geqslant 15d$且$\geqslant 100$
绑扎搭接连接
箍筋按@100加密
植筋锚固
$L_{aE} \geqslant 15d$且$\geqslant 100$
600
结构楼面

图5.5-3　蒸压混凝土加气块砌体构造柱节点
60
马牙槎高度≤300
拉结筋间距≤500

图5.5-4　绑扎钢筋

图5.5-5　留置马牙槎

图5.5-6　安装模板及上料斗

图5.5-7　多孔砖砌体构造柱

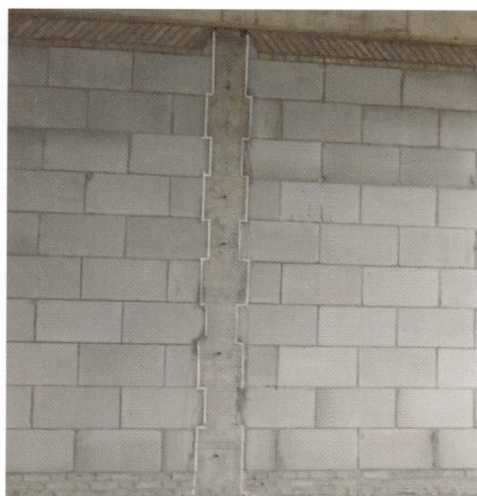

图5.5-8　蒸压混凝土加气块砌体构造柱

5.5.3　做法说明

» 5.5.3.1　材料及机具

（1）混凝土、砌块强度等级符合设计要求，混凝土设计无要求时强度不得低于C25。模板、钢筋、植筋胶。

（2）砂浆搅拌机、投料计量设备、灰桶、铁锹、瓦刀、线锤、钢卷尺、红外线水平仪、小推车、锯刀、模板、木枋、钢管、扣件、螺杆等。

» 5.5.3.2　工艺流程

底部清理及湿润→弹线→上下主筋植筋（有预留钢筋除外）→钢筋绑扎→验收→砌筑→勾缝→支模→浇筑混凝土→落手清理。

» 5.5.3.3　主要工艺方法

（1）砌筑前，将底部垃圾、浮浆等清理干净并浇水湿润。

（2）根据图纸弹出标高及构造柱定位线。

（3）构造柱与墙体交接处留出马牙槎，马牙槎先退后进，凹凸尺寸不宜小于60mm，高度不应超过300mm，马牙槎凹凸处宜做成坡口。

（4）沿砌体马牙槎凹凸边缘贴上双面胶。

（5）顶部模板装成喇叭式进料口，进料口应比构造柱高出梁底至少50mm。

（6）浇筑混凝土时应把进料口也满浇，拆模后将凸出的混凝土凿除。

（7）构造柱模板的对拉螺杆宜设置于构造柱中，不应在砖墙上开洞加固。

5.6　墙体开槽及箱体留置

5.6.1　关键工艺

墙体开槽及箱体留置的关键工艺包括准确定位、开槽深度控制、修补等。

5.6.2　工艺过程图示

工艺过程如图5.6-1～图5.6-4所示。

图5.6-1　线盒开槽

图5.6-2　补槽

图5.6-3　安装箱体

图5.6-4　开槽处粉刷前挂网

5.6.3　做法说明

» 5.6.3.1　材料及机具

（1）材料应有合格证明文件、检测报告、复检报告（部分材料）等。

（2）切槽机、砖刀、铁抹子、锤子、凿刀、灰桶、推车等。

» 5.6.3.2　工艺流程

弹线→切槽→安装管线箱盒→清理及浇水湿润→验收→补槽→挂网→落手清理。

» 5.6.3.3　主要工艺方法

（1）未经设计同意，不得打凿墙体和在墙体上开凿水平沟槽。在有条件的情况下，砖墙砌筑时与水电预埋同步施工，以保证砖墙的稳定、牢固与美观，保护预埋管线，避免开槽处抹灰开裂。

（2）墙体开槽前，应先根据控制线在墙面上将部位、尺寸标注清楚，然后用专用工具进行施工。

（3）开槽。应使用轻型电动切割机并辅以手工镂槽器，开槽深度宜不大于1/4墙厚，管线开槽距门窗洞口应不小于300mm。

（4）铺设管线。应采用管卡件将管线固定在墙上。

（5）填槽。铺设管线后应专用砂浆分层填实，宜比墙面凹2mm，再用专用修补材料补平，沿槽长两侧铺设宽度不小于200mm的耐碱玻纤网格布（单位面积质量不小于160g/m²）或热镀锌钢丝网（丝径不小于0.7mm），压入聚合物水泥砂浆增强层中，砂浆分层涂抹至与基层平齐，后续按设计装修做法施工。

第6章 屋面与卫生间

6.1 找坡、找平层

6.1.1 关键工艺

找坡、找平层的关键工艺包括基层清理、洒水湿润、做找坡找平标高墩、铺设拌和料、切缝等。

6.1.2 工艺过程图示

工艺过程如图6.1-1～图6.1-6所示。

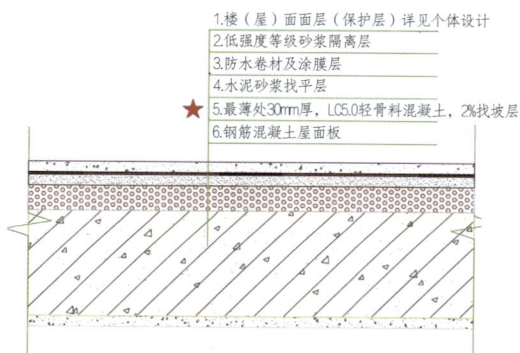

图6.1-1 无保温屋面做法

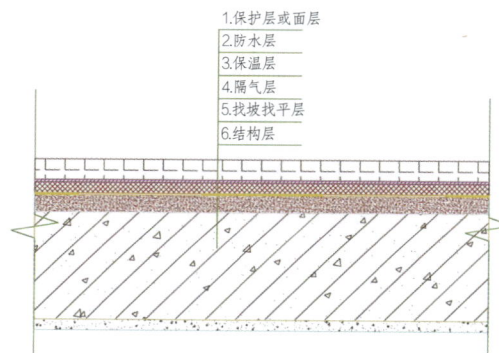

图6.1-2 有保温屋面做法

图6.2-3 做标高墩

图6.1-4 铺设拌和料

图6.1-5 振捣或滚压

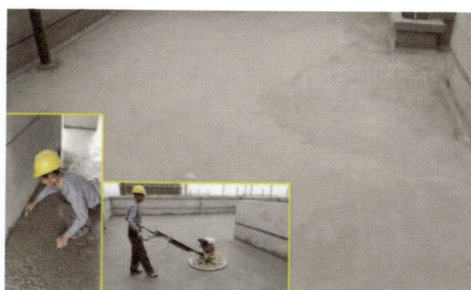

图6.1-6 铺设拌和料

6.1.3　做法说明

» 6.1.3.1　材料及机具

水泥、水泥砂浆、细石混凝土、平板振捣器、平锹、拍板、铁滚筒、铁锤、錾子、钢丝刷、扫帚、小水壶、小水桶、半截大桶、胶皮水管、木抹子、毛刷子、2～3m木杠、5mm和30mm筛子、铁质水平尺、小线、工具袋等。

» 6.1.3.2　工艺流程

匹周弹线找坡→基层处理→做标高墩找坡→铺设陶粒混凝土或炉渣混凝土，或水泥砂浆，或细石混凝→振捣或滚压密实→拍边修整收光→养护。

» 6.1.3.3　主要工艺方法

（1）四周弹线找坡。按照设计要求的坡度，向雨水口找坡，当设计无要求时，可按2%～3%找坡，天沟汇水区及水落口周边500mm直径范围内应设置不宜小于5%排水坡度。在女儿墙和其他凸出屋面的墙体、管道上弹出找坡层上平标高线和控制线（施工屋面找平层和刚性防水层时，在女儿墙交接处200～250mm应留30mm的分格缝，大面上分格缝不大于4m，缝中嵌填柔性密封膏）。

（2）基层处理。在结构层上做找坡和找平时，应事先进行基层处理，主要把基层上黏结的松动混凝土、砂浆、灰浆等用錾子剔除，油漆、油污等用火碱水清刷干净，其余杂物清扫干净后，在施工前一天洒水湿润。

（3）做标高墩找坡。根据水落口的位置和坡度，找出最高点和最低点的标高，结合找坡层各点的上平标高，拉好线做好找平墩，一般找平墩间距约2m，以便控制找平层的上表面标高。按设计要求，在基层上弹线标出分格缝的位置，分格缝尽量沿钢筋网断开的位置预留好固定泡沫条。

（4）铺设拌和料。标高墩的高度用铁锹铺灰，粗略找坡、找平，虚铺和压实厚度比一般是1.3∶1，厚度超过120mm的地方要分层铺设，压实后的厚度不应大于虚铺厚度的3/4，找坡层最薄处厚度不宜小于20mm。

（5）振捣或滚压密实。分段或全部铺设好后用平板振捣器振捣或用铁滚筒滚压，随即用大杠细找坡、找平，在振捣和滚压过程中，不宜局部调整坡度和平整度，应通过材料配比优化、机械摊铺精度控制及全过程坡度监测实现一次成优。

（6）拍边修整收光。对墙根、边角、管根周围不易滚压处，应采用木拍板或木抹子拍打平实，并根据需要做出圆弧。天沟和水落口周边处坡度变化较大，应用木抹子修整成型，做到坡面衔接通顺、平滑、美观。

6.2　隔气层

6.2.1　关键工艺

隔气层的关键工艺包括清理结构基层、隔离层铺设、搭接处理等。

6.2.2　工艺过程图示

工艺过程如图6.2-1～图6.2-4所示。

图6.2-1　基层处理

图6.2-2　节点处理

图6.2-3　铺贴隔气层

图6.2-4　节点检查及验收

6.2.3　做法说明

» 6.2.3.1　材料及机具

油毡纸、无纺聚酯布、聚乙烯丙纶（涤纶）改性沥青防水卷材、油溶性防水涂料、美工刀、剪刀、沥青油膏、油桶、刷子、滚筒、刮板、水泥黏结剂、喷涂机、液化气、喷火枪、转运斗车等。

» 6.2.3.2　工艺流程

基层处理→节点处理→铺贴隔气层→搭接密封→节点检查及验收。

» 6.2.3.3　主要工艺方法

（1）结构基层面处理。先对混凝土基层面进行处理，主要是把基层上黏结的凹凸不平的砂浆用錾子剔除，用水将灰浆清刷干净。

（2）用铺贴卷材或无纺布的方式做隔气层时，要注意铺贴顺直，长短边搭接不得少于100mm，四周上翻口要与防水层相连接，高出保温层上表面不得小于150mm，所有搭接部位都要黏结密实。

（3）用防水涂料喷涂的方式做隔气层时，喷涂时薄厚应均匀，涂层不得有堆积、起泡和露底现象，四周及所有凸出楼地面的上翻口应与防水层连接密实。

6.3　隔离层

6.3.1　关键工艺

隔离层的关键工艺包括防水层基面处理、隔离材料摊铺平齐、搭接缝粘牢等。

6.3.2　工艺过程图示

工艺过程如图6.3-1～图6.3-4所示。

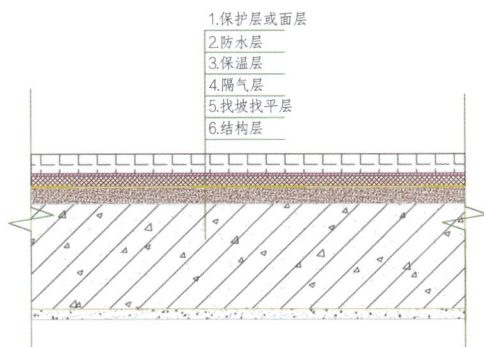

图6.3-1　隔离层做法

图6.3-2　铺贴卷材

图6.3-3　搭接及边沿密封

图6.3-4　节点检查及验收

6.3.3　做法说明

» 6.3.3.1　材料及机具

油毡纸、无纺聚酯布、聚乙烯丙纶（或涤纶）改性沥青防水卷材、低强度水泥砂浆、美工刀、剪刀、沥青油膏、油桶、刷子、滚筒、刮板、水泥黏结剂、喷涂机、液化气、喷火枪、转运斗车等。

» 6.3.3.2　工艺流程

基面处理→铺贴卷材或摊抹低强度混合砂浆→搭接及边沿密封→节点检查及验收。

» 6.3.3.3　主要工艺方法

（1）基面处理。先对防水层基面进行处理，主要是把基面上的杂物清理干净。

（2）用卷材或无纺布铺贴的方式做隔离层时，要注意铺贴顺直，长短边搭接不得少于100mm，所有搭接部位都要黏结。

（3）用纸筋灰或低强度混合砂浆做隔离层，摊平时薄厚应均匀。

6.4　保温层

6.4.1　关键工艺

保温层的关键工艺包括清理基层、块材贴紧基面、铺平等。

6.4.2　工艺过程图示

工艺过程如图6.4-1～图6.4-6所示。

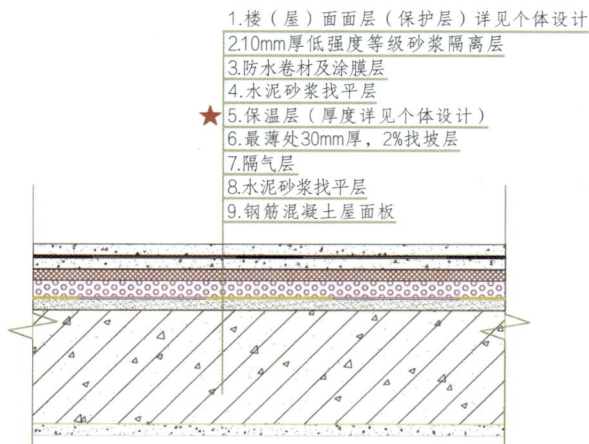

图6.4-1 有纤维状材料保温层

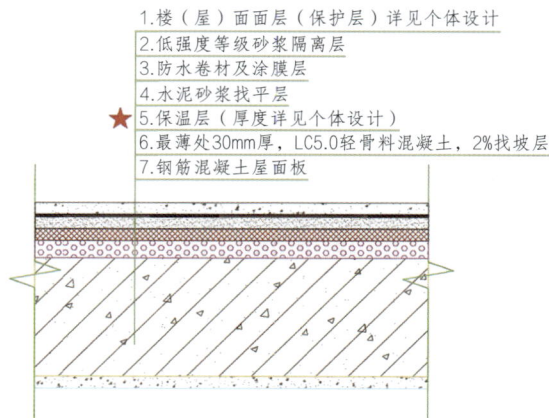

1.楼（屋）面面层（保护层）详见个体设计
2.10mm厚低强度等级砂浆隔离层
3.防水卷材及涂膜层
4.水泥砂浆找平层
★5.保温层（厚度详见个体设计）
6.最薄处30mm厚，2%找坡层
7.隔气层
8.水泥砂浆找平层
9.钢筋混凝土屋面板

图6.4-2 有板状材料保温层

1.楼（屋）面面层（保护层）详见个体设计
2.低强度等级砂浆隔离层
3.防水卷材及涂膜层
4.水泥砂浆找平层
★5.保温层（厚度详见个体设计）
6.最薄处30mm厚，LC5.0轻骨料混凝土，2%找坡层
7.钢筋混凝土屋面板

图6.4-3 基层处理　　图6.4-4 铺贴保温板　　图6.4-5 块状材料铺设保温层　　图6.4-6 现浇保湿材料施工

6.4.3 做法说明

» 6.4.3.1 材料及机具

浮石、陶粒、炉渣、泡沫混凝土发泡剂、磅秤、窄手推车、附加剂稀释容器、平板振捣器、平锹、拍板、铁滚筒、铁锤、錾子、钢丝刷、扫帚、小水壶、小水桶、半截大桶、胶皮水管、木抹子、毛刷子、铁质水平尺、小线、工具袋等。

» 6.4.3.2 工艺流程

四周弹线找坡→基层处理→搅拌→做标高墩找坡→块状材料或铺设陶粒混凝土，或炉渣混凝土，或低强度混凝土。

» 6.4.3.3 主要工艺方法

（1）做标高墩找坡。根据水落口的位置和坡度，找出最高点和最低点的标高，结合找坡层各点的上平标高，拉小线做好找平墩，一般找平墩间距约2m，以便控制保温层的上表面标高。

（2）铺设保温材料。铺设前按施工顺序布置运输路线，即先远后近、先里后外的施工顺序。板块材料应错缝拼接，分层铺设的板块上下层接缝应相互错开，板间缝隙应采用同类材料嵌填密实；纤维保温材料铺设时，平面拼接缝应贴紧，上下层拼接缝应相互错开；喷涂硬泡聚氨酯时，一个作业面应分遍喷涂完成，每遍喷涂厚度不宜大于15mm，硬泡聚氨酯喷涂后20min内严禁上人。

（3）振捣或滚压。现浇泡沫混凝土应分段或全部铺设好后用平板振捣器振捣或用铁滚筒滚压，随即用大杠细找坡、找平。在振捣和滚压过程中，不宜局部调整坡度和平整度，应通过材料配比优化、机械摊铺精度控制及全过程坡度监测实现一次成优。此项工作要一次完成，要一次浇够厚度。全部操作过程应在2h内完成。

（4）拍边修整。对墙根、边角、管根周围，根据需要做出圆弧。天沟和水落口周边处坡度变化较大，应用木抹子修整成型，做到坡面衔接通顺、平滑、美观。

（5）泡沫混凝土应分层浇筑，一次浇筑厚度不宜超过200mm，终凝后应进行保湿养护，养护时间不得少于7d。

6.5　种植屋面隔热层

6.5.1　关键工艺

种植屋面隔热层的关键工艺包括底部耐根穿刺处理、挡墙施工、排水板铺设、土工布铺贴、覆土、种植等。

6.5.2　工艺过程图示

工艺过程如图6.5-1~图6.5-4所示。

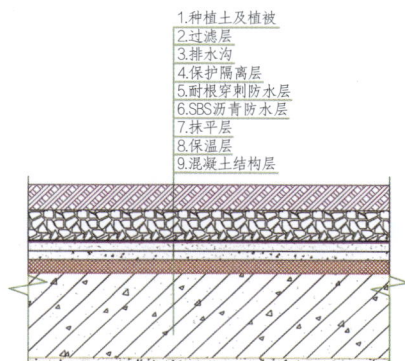

图6.5-1　种植屋面做法

1.种植土及植被
2.过滤层
3.排水沟
4.保护隔离层
5.耐根穿刺防水层
6.SBS沥青防水层
7.抹平层
8.保温层
9.混凝土结构层

图6.5-2　防水层施工

图6.5-3　铺贴土工布

图6.5-4　覆种植土

6.5.3　做法说明

» 6.5.3.1　材料及机具

耐根穿刺卷材、细石混凝土、排水板、陶粒或碎石、土工布、种植土、种植物、溢水管、泄水管、运输小车、木抹子、直尺、坡度尺、锤子、剪刀、硬方木、铁锹等。

» 6.5.3.2　工艺流程

底部阻根面施工→安装挡墙→施工过滤层墩→铺装排水板→铺贴土工布→覆种植土→种植物。

» 6.5.3.3　主要工艺方法

（1）施工种植屋面前先对其结构承载力进行检测鉴定，根据结构承载力确定种植形式和构造层次。

（2）在种植结构底面及四周挡墙施工耐根穿刺防水层，并在底部浇筑40mm细石混凝土做保护层。

（3）在保护层上放置排水板或陶粒及碎石，上面铺土工布做过滤层。

（4）根据种植物需要覆种植土，种植土表面应低于挡墙高度500mm。挡墙应做耐根穿刺及防水处理。

6.6　复合防水层

6.6.1　关键工艺

复合防水层的关键工艺包括高分子防水涂料喷涂、卷材铺贴等。

6.6.2　工艺过程图示

工艺过程如图6.6-1～图6.6-8所示。

1.楼（屋）面面层（保护层）详见个体设计
2.配套专用防水卷材
3.RM反应型高分子弹性防水涂料
4.专用基层处理剂
5.防水基面

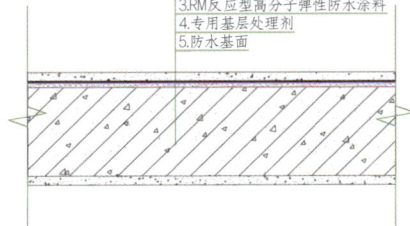

图6.6-1　复合防水层做法

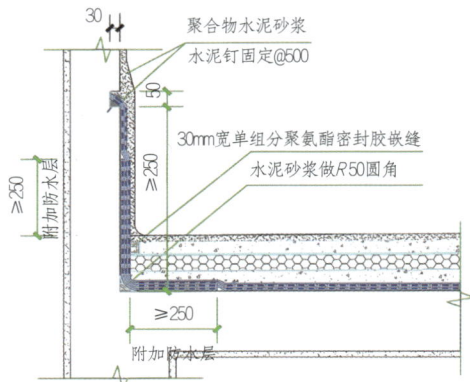

（a）抹灰防水收口处理

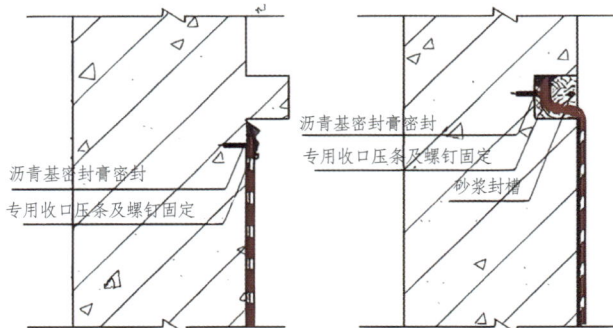

图6.6-3　防水涂层施工

（b）不抹灰收口处理

图6.6-2　卷材防水层做法

图6.6-4　保护层施工

图6.6-5　涂刷基层处理剂　　图6.6-6　铺贴附加层　　图6.6-7　铺贴大面　　图6.6-8　闭水实验

6.6.3　做法说明

» 6.6.3.1　材料及机具

防水卷材、防水涂料、锤子、凿子、抹灰刀、吹尘机、扫帚、喷涂机、卷尺、美工刀、刮板、压条、铜钉、压辊、喷灯、热熔器、热风焊枪等。

» 6.6.3.2　工艺流程

基层处理→聚氨酯防水层施工→闭水试验→保护层施工→炉渣找坡层→找平层施工→喷（涂）基层处理剂→特殊部位加强处理附加层→基层弹分条铺贴线→底层卷材铺贴→卷材上弹上层分条铺贴线→卷材铺贴。

» 6.6.3.3　主要工艺方法

（1）基层表面应平整坚实，转角处应做成圆弧形，局部孔洞、蜂窝、裂缝应修补严密，表面应清洁，无起砂、脱皮现象，应保持表面干燥，并涂刷基层处理剂。

（2）对出屋面结构与基层一级结构转角部位用无纺布做胎体，涂刷聚氨酯。分格缝应先清理干净，做好背衬后，用聚氨酯多遍灌缝，局部加强层做完后，方可进行大面积施工。

（3）每次涂刷应均匀但不宜过厚，要求既刷开，又不流淌，聚氨酯涂膜应进入落水口不少于50mm。

（4）涂膜完成后应闭水24h，检查防水质量，并做好相关隐蔽验收记录。如出现漏水，应修补后方可隐蔽。

（5）在处理后的基层面上，对于特殊部位附加层，按卷材的铺贴方向，弹出每幅卷材的铺贴线，保证不歪斜，上层卷材铺贴时，同样要在已铺贴的卷材上弹线。

（6）对于冷粘法粘贴卷材施工封缝，要选与卷材性能相匹配的胶黏剂。若为双组分，应按配合比准确计量、搅拌均匀，在规定的可操作时间内涂刷完毕。胶结料涂刷应均匀，不漏涂、不堆积。

（7）铺贴好的卷材应平整顺直，搭接和错缝均需符合要求；平行屋脊的搭接缝应顺流水方向，同一层相邻两幅卷材短边搭接缝错开不应小于500mm；上下层卷材长边搭接缝应错开，且不应小于幅宽的1/3；粘贴牢固，无空鼓、翘边、褶皱等情况。

（8）搭接及封胶。搭接宽度不得小于100mm。接缝为中心线挤涂搭接密封膏，并用带有凹槽的专厇刮板沿接缝中心线以45°刮涂、压实外密封膏，使之定型。搭接密封膏应在搭接完成2h后施加，并应当日完成。

6.7　涂膜防水层

6.7.1　关键工艺

涂膜防水层的关键工艺包括特殊部位加强处理、涂布、收头等。

6.7.2　工艺过程图示

工艺过程如图6.7-1～图6.7-6所示。

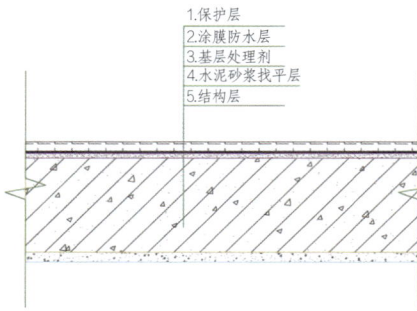

图6.7-1 无保温层涂膜屋面

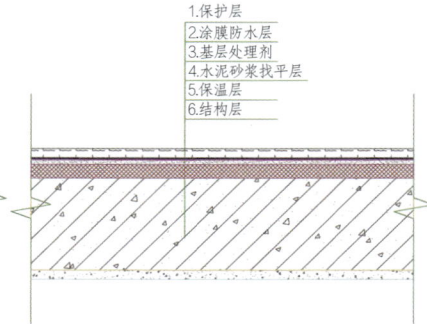

图6.7-2 有保温层涂膜屋面

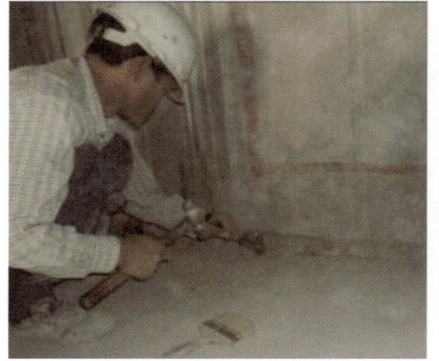

图6.7-3 基层处理

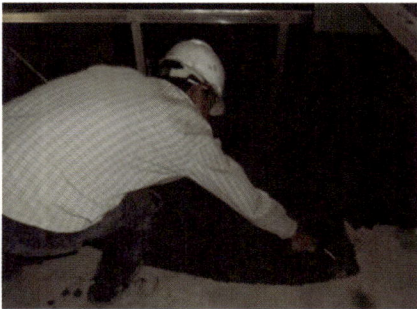

图6.7-4 涂刷底胶

图6.7-5 大面积涂布

图6.7-6 施工完成

6.7.3 做法说明

» 6.7.3.1 材料及机具

防水涂料、滚刷、刮刷、刷子、台秤、搅拌器、材料筒、锤子、凿子、铲子、钢丝刷、扫帚等。

» 6.7.3.2 工艺流程

基层处理→涂刷底胶→特殊部位加强处理附加层→第一遍涂布→第二遍涂布→第三遍涂布→收头密封处理→检查清理验收。

» 6.7.3.3 主要工艺方法

（1）涂刷防水层施工前，先将基层表面的杂物、砂浆硬块等清扫干净，经检查基层无不平、空裂、起砂等缺陷，方可进行下道工序。

（2）底胶涂刷。将配制好的底胶料，用长把滚刷均匀涂刷在基层表面，底胶干燥不粘手时，即可做下道工序。

（3）穿过墙、顶、地的管根部，地漏、排水口、阴阳角、变形缝等薄弱部位，应在涂膜层大面积施工前，先做好上述部位的增强涂层。

（4）涂膜间夹铺胎体增强材料时，宜边涂布边铺胎体。胎体应铺贴平整，应排除气泡，并应与涂料黏结牢固。在胎体上涂布涂料时，应使涂料浸透胎体，并应覆盖完全，不得有胎体外露现象。

（5）在前一道涂膜加固层的材料固化并干燥后，应先检查其附加层部位有无残留的气孔或气泡，如没有，即可涂刷第一层涂膜；如有气孔或气泡，则应用橡胶刮板将混合料用力压入气孔，局部再刷涂膜，然后进行第一层涂膜施工。

（6）第一道涂膜固化后，即可在其上均匀地涂刮第二道涂膜，涂刮方向应与第一道的涂刮方向相垂直，涂刮第二道与第一道相间隔的时间一般不小于24h，且不大于72h。

（7）涂刮第三道涂膜的方法与第二道涂膜相同，但涂刮方向应与其垂直。

（8）所有涂膜收头均应采用防水涂料多遍涂刷密实或用密封材料压边封固，压边宽度不得小于10mm；收头处的胎体增强材料应裁剪整齐，如有凹槽应压入凹槽，不得有翘边、褶皱、露白等缺陷。

6.8　挂瓦

6.8.1　关键工艺

挂瓦的关键工艺包括挂瓦条安装、瓦铺装等。

6.8.2　工艺过程图示

工艺过程如图6.8-1～图6.8-6所示。

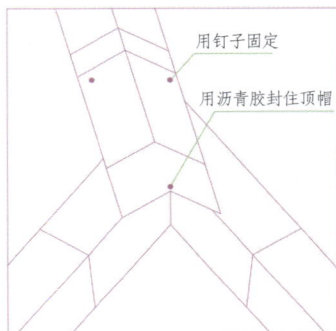

图6.8-1　瓦固定做法

图6.8-2　基层防水施工

图6.8-3　木顺条安装

图6.8-4　挂屋面瓦

图6.8-5　挂斜沟和斜背

图6.8-6　挂瓦完成

6.8.3　做法说明

» 6.8.3.1　材料及机具

瓦材料、水泥、砂、挂瓦条、砂浆搅拌机、淋灰机、切割机、机动翻斗车、垂直提升设备、手推车、铁锹、瓦刀、灰斗、钉锤、铁抹子、手锯、皮数杆、尼龙线、靠尺、线坠等。

» 6.8.3.2　工艺流程

屋面基层清理→挂屋面瓦→挂斜沟、斜背→做平、斜屋脊→验收。

» 6.8.3.3　主要工艺方法

（1）做脊时，一般先在靠近屋脊两边的坡屋面上铺筑5～6张仰瓦或俯瓦作为分垄的标准，采用草泥垫铺固定，再覆盖脊瓦并压实。草泥应嵌填于脊瓦底部与基层之间的空隙，确保黏结密实。屋脊筑完后用混合砂浆或纸筋灰将脊背及瓦垄的缝堵塞密实、压紧抹光。

（2）要挑选外形整齐、质量好的檐口瓦进行铺挂。檐口第一根挂瓦条的瓦头应出檐口50～70mm；屋脊两坡最上面的一根挂瓦条，脊瓦在坡面瓦上的搭盖宽度不小于40mm；钉檐口条或封檐板时，均应高出挂瓦条20～30mm。檐口瓦垅必须与屋脊瓦垅上下对直，以利排水。檐口仰瓦相邻的空隙要用砂浆和碎瓦片填塞，稳定后再盖2～3张俯瓦。檐口处第一张仰瓦应抬高20～30mm，以防俯瓦下滑。

（3）分垅线弹好并检查无误后，按照分垅线位置严格跟线铺瓦，从檐口开始，自下往上一垅一垅地铺挂，要求铺瓦瓦面上下搭接2/3。当屋面坡度小于30°，屋面瓦仅作为装饰用时，瓦片搭接长度可适当加长。相邻两垅俯瓦和仰瓦的边之间要搭接40mm，且要搭盖均匀，瓦的疏密应保持一致，每张瓦都要卧坐牢固，无下滑现象。

6.9 金属板

6.9.1 关键工艺

金属板的关键工艺包括衬板吊装安装、保温层安装、金属板铺装等。

6.9.2 工艺过程图示

工艺过程如图6.9-1～图6.9-4所示。

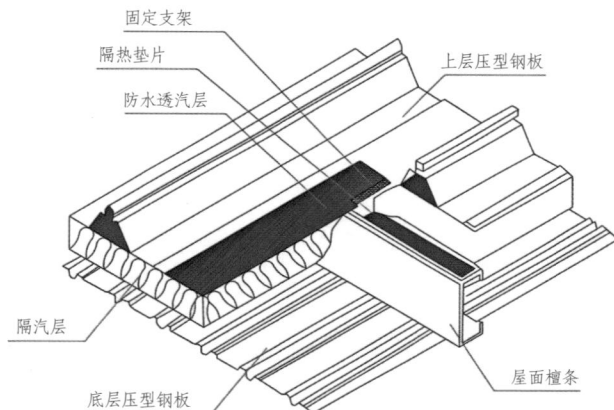

固定支架
隔热垫片
防水透汽层
上层压型钢板
隔汽层
底层压型钢板
屋面檩条

图6.9-1 金属板做法

图6.9-2 屋面衬板吊装

图6.9-3 外檐沟安装

图6.9-4 屋脊盖沿、封檐压型钢板安装

6.9.3 做法说明

» 6.9.3.1 材料及机具

金属钢板、保温隔热材料、檩条及系杆、紧固件、手动切机、电动锁边机、电动扳手、定位扳手、电焊机、手提电钻、拉铆枪、钳子、胶锤、钢丝线、紧线器、钢丝绳及吊装设备等。

» 6.9.3.2　工艺流程

测量放线→内天沟吊装→屋面衬板吊装→檩条吊装、安装→屋面衬板安装→滑动支座→安装保温棉→屋面面板吊装、安装→外檐沟安装→屋脊盖沿、封檐压型钢板安装。

» 6.9.3.3　主要工艺方法

（1）天沟安装时，首先铺设保温棉，将保温棉带铝箔的一面朝下，即朝向屋内。

（2）屋面衬板吊装。确定吊装方法，根据吊装方法安排吊装机械、吊装顺序、机械位置和行驶路线，按柱间、同一坡向内，分次吊装，每次6～7块衬板。

（3）檩条吊装、安装。使用吊装设备按柱间、同一坡向内、分次吊装檩条。每次成捆吊至相应屋面梁上，每捆8～9根檩条。

（4）屋面衬板安装。衬板安装前，预先在板面上弹出铆钉的位置控制线。压型板的横向搭接不小于一个波，纵向搭接不小于120mm。安装时4～6人一组配合安装。使用自攻螺钉进行屋面衬板的固定。

（5）滑动支架安装。滑动支架按设计间距，采用自攻螺钉与檩条连接。位置必须准确，固定牢固。保温棉顺着坡度方向依照排版图铺设，相互间用订书针钉住。安装保温棉时，要填塞饱满，不留空隙。

（6）屋面板的搭接。屋面板长度方向的搭接均采用螺栓连接，连接处压密封胶条及打密封胶，防止渗漏，其接缝咬合严密、顺直。

（7）外檐沟安装。檐沟安装时，压型钢板应伸入檐沟内，其长度不应小于150mm。

6.10　玻璃采光顶

6.10.1　关键工艺

玻璃采光顶的关键工艺包括铝合金板包边安装、玻璃采光顶铺装等。

6.10.2　工艺过程图示

工艺过程如图6.10-1～图6.10-6所示。

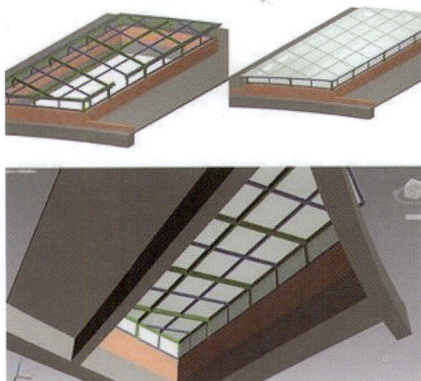
图6.10-1　采光顶做法

图6.10-2　铝合金板包边安装

图6.10-3　玻璃安装（一）

图6.10-4 玻璃安装（二）

图6.10-5 打胶

图6.10-6 清理

6.10.3　做法说明

» 6.10.3.1　材料及机具

钢材、铝合金材料、紧固件、密封材料、玻璃、现场塔吊、吊车、玻璃吸盘安装机、手电钻、改锥、电动改锥、玻璃吸盘、电焊机、手动攻丝机、胶枪、电锤、导链、水平仪、经纬仪、激光仪、靠尺、直角尺、钢卷尺等。

» 6.10.3.2　工艺流程

测量放线→夹胶玻璃加工制作→安装铝合金板包边→调整检验→玻璃安装及上面打胶→修补检验→清理现场→竣工验收。

» 6.10.3.3　主要工艺方法

（1）测量放线。根据图纸坐标，放出钢结构的轴线和边线。根据线坐标，在钢板面弹上准确的柱位中轴线，以便下一道工序施工。根据土建标高基准线测后埋件标高中心线。安装铝合金板包边，底座铺设软垫。

（2）夹胶玻璃加工制作安装。按设计要求，结合实际放样确定玻璃尺寸，进行厂家加工制作。在隐框构件水平调整中，主要以垫片进行高度调节，玻璃临时固定后进行调整。调整标准为横平、竖直、面平，不得超过规定偏差。

（3）打胶。充分清洁玻璃间的缝隙，不应有水、油渍、涂料、铁锈、灰尘等。充分清洁黏结面，加以干燥。为调整缝的深度，避免三边粘胶。在缝两侧贴保护胶纸，保护玻璃不被污染。注胶后将胶缝表面抹平，去掉多余的胶。注胶完毕，将保护纸撕掉，必要时用溶剂擦拭玻璃。胶在未完全硬化前，不要沾染灰尘和划伤。

6.11　女儿墙泛水及排水沟

6.11.1　关键工艺

女儿墙泛水及排水沟的关键工艺包括泛水收口封闭、排水沟坡度控制、排水口汇水区设置等。

6.11.2　工艺过程图示

工艺过程如图6.11-1～图6.11-4所示。

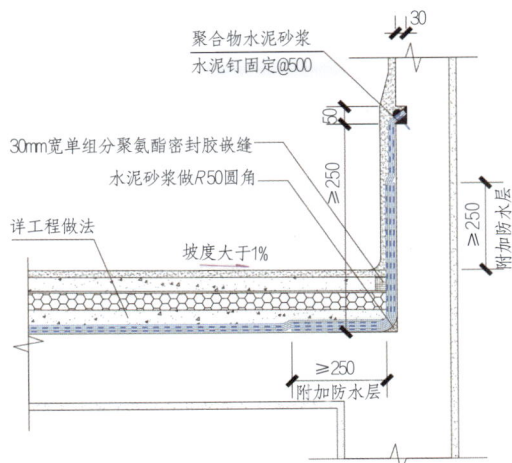

图6.11-1　泛水及排水沟做法

图6.11-2　排水沟施工

图6.11-3　防水施工

图6.11-4　线条成型

6.11.3　做法说明

» 6.11.3.1　材料及机具

水泥砂浆、细石混凝土、防水卷材和封堵胶、压条、打磨机、灰刀、弧形模具、钢卷尺等。

» 6.11.3.2　工艺流程

防水施工→压条→密封材料→内侧抹灰→线条成型→放样、弹线定位→排水沟→伸缩缝密封胶封堵。

» 6.11.3.3　主要工艺方法

（1）女儿墙反坎与屋面结构同时浇筑。内侧预留防水材料收口槽，应考虑标高和宽度。

（2）女儿墙与屋面相交的阴角处用水泥砂浆抹成半径不小于50mm的圆角。

（3）女儿墙内侧外抹20mm厚1∶2水泥砂浆，应根据屋面分仓缝位置对应设置竖向线条。

（4）抹灰面平整密实，线条平顺，无开裂，无色差。

（5）弧形排水沟坡向落水口，坡度不小于1%，弧形坡口与女儿墙平行且距离一致。

（6）屋面刚性保护层、饰面层与女儿墙间设置20mm宽伸缩缝，并用密封胶密封，以防顶推女儿墙。

6.12　横式落水口

6.12.1　关键工艺

横式落水口的关键工艺包括汇水区、出水口标高、活动算子等。

6.12.2　工艺过程图示

工艺过程如图6.12-1～图6.12-6所示。

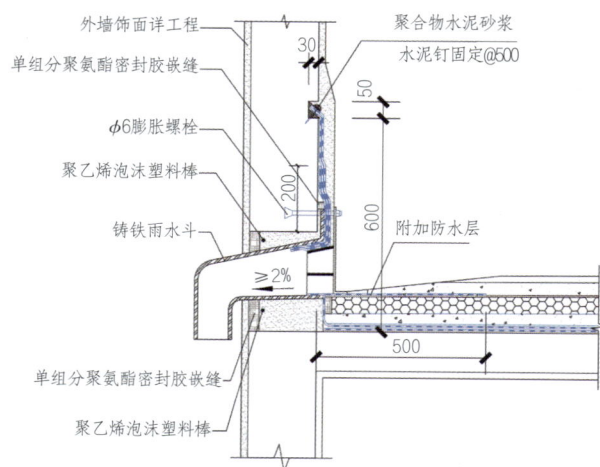

外墙饰面详工程
单组分聚氨酯密封胶嵌缝
φ6膨胀螺栓
聚乙烯泡沫塑料棒
铸铁雨水斗
单组分聚氨酯密封胶嵌缝
聚乙烯泡沫塑料棒

30
50
200
600
500

聚合物水泥砂浆
水泥钉固定@500
附加防水层
≥2%

图6.12-1　落水口做法（一）

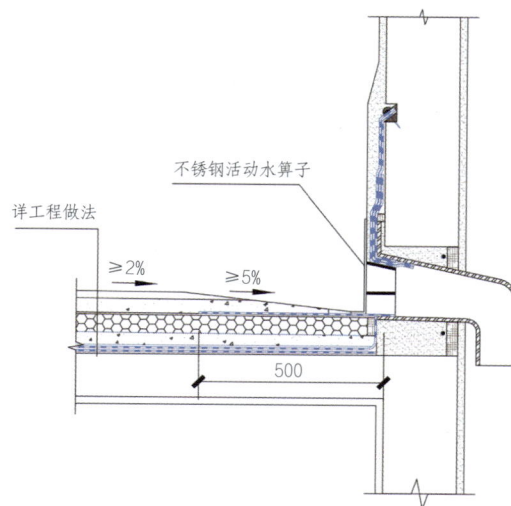

详工程做法
不锈钢活动水箅子
≥2%
≥5%
500

图6.12-2　落水口做法（二）

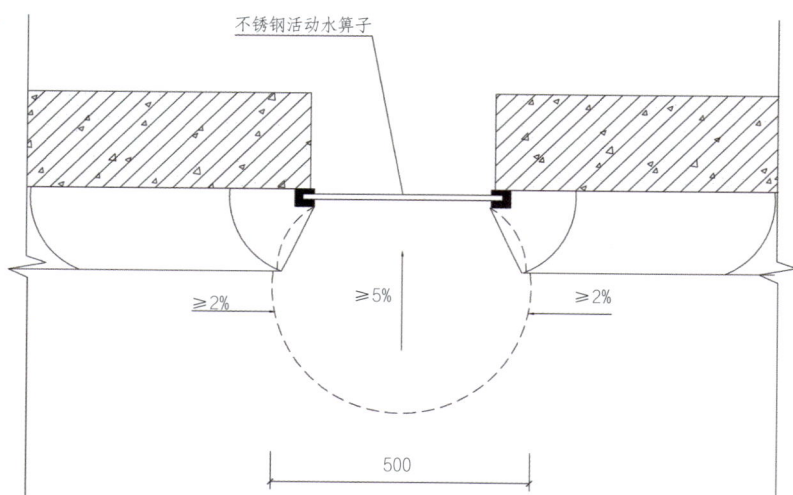

不锈钢活动水箅子
≥2%
≥5%
≥2%
500

图6.12-3　汇水区做法

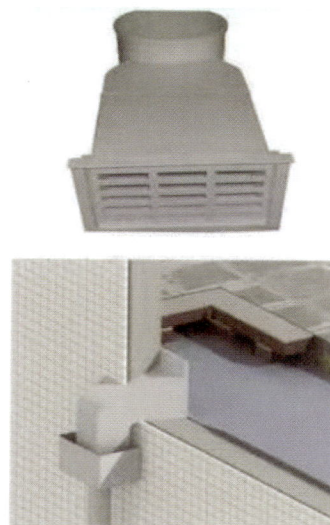

图6.12-4　洞口预留洞修整

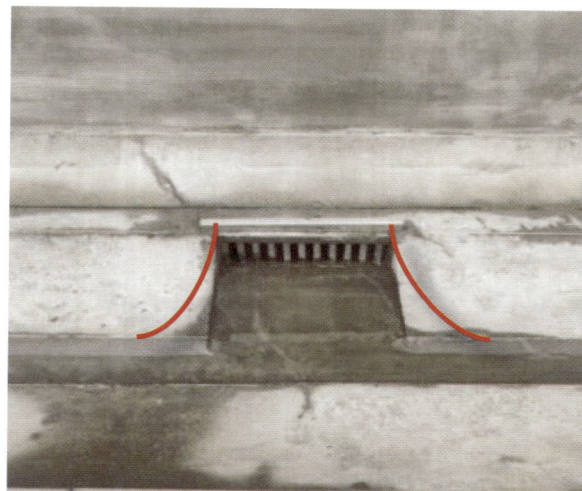

图6.12-5　出水管安装

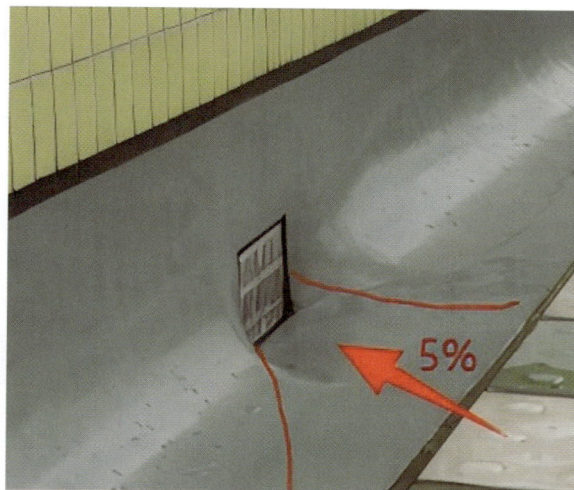

5%

图6.12-6　不锈钢水箅子安装

6.12.3　做法说明

» 6.12.3.1　材料及机具

不锈钢方形出水管、水泥砂浆、细石混凝土、防水卷材和封堵胶、不锈钢箅子、焊接设备、切割机、打磨机、钢卷尺等。

» 6.12.3.2　工艺流程

放样、弹线定位→洞口预留洞修整及加工材料选型→出水管安装→防水收头及封胶→不锈钢箅子安装。

» 6.12.3.3　主要工艺方法

（1）女儿墙施工时预留落水洞口，应考虑屋面保温及防水层等各层厚度和出水标高。

（2）穿墙出水管安装应居洞口中心且位于防水层下，出水管下部及周边用1：2水泥砂浆或细石混凝土座灰和封堵。

（3）防水层进入出水口应不小于50mm，并粘贴牢固、严密，管口四周防水材料密封。

（4）水落口周围直径500mm范围内增大坡度为不小于5%。

（5）不锈钢箅子两侧槽形不锈钢框应固定在女儿墙面层上，不锈钢箅子插入槽形框内。

6.13　竖式落水口

6.13.1　关键工艺

竖式落水口的关键工艺包括汇水区坡度控制、出水口标高控制、活动箅子安装等。

6.13.2　工艺过程图示

工艺过程如图6.13-1～图6.13-4所示。

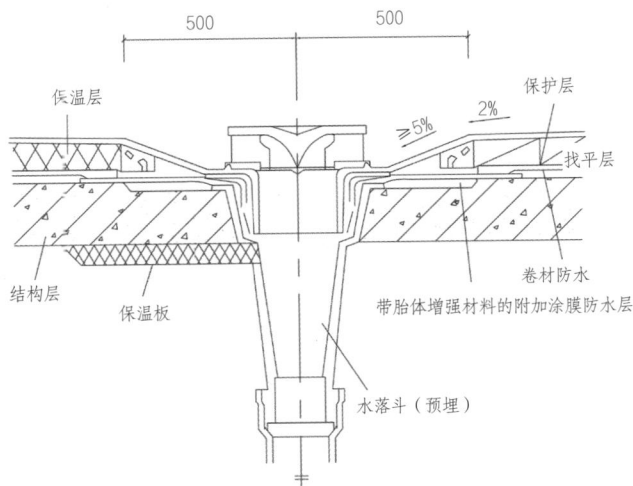

图6.13-1　落水口做法

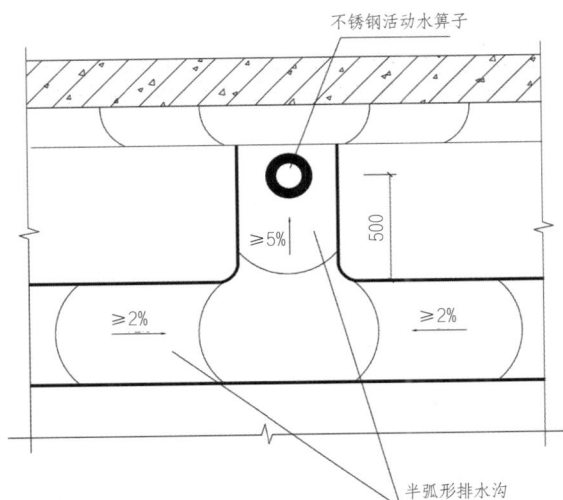

图6.13-2　排水坡度

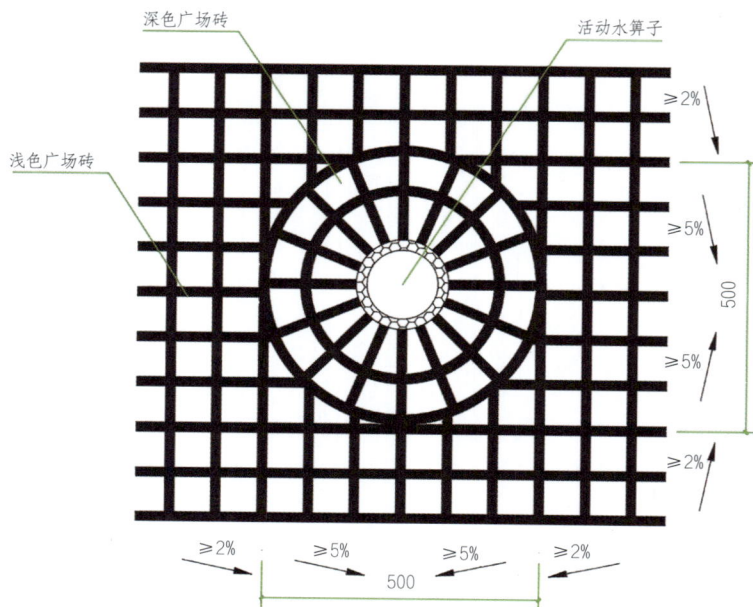

图6.13-3　汇水坡度

图6.13-4　算子安装

6.13.3　做法说明

» 6.13.3.1　材料及机具

水落管、水泥砂浆、细石混凝土、防水卷材和封堵胶、不锈钢或铸铁水算子、切割设备、打磨机、钢卷尺等。

» 6.13.3.2　工艺流程

放样、弹线定位→落水管安装→板洞管周边吊板→管边封堵封胶→防水反卷管内50mm→收头封胶→算子安装。

» 6.13.3.3　主要工艺方法

（1）控制好大屋面、汇水口标高、落水头子口建筑标高。

（2）按照设计要求预留洞口，安装前对洞口位置及尺寸进行复核并调整，水落斗应安装稳固并居洞口中心，洞口混凝土浇筑水泥砂浆，修整密实平整。

（3）水落口周围500mm范围内弹线找坡，坡度不小于5%，形成汇水区。

6.14　变形缝

6.14.1　关键工艺

变形缝的关键工艺包括泛水施工、盖板安装等。

6.14.2　工艺过程图示

工艺过程如图6.14-1～图6.14-6所示。

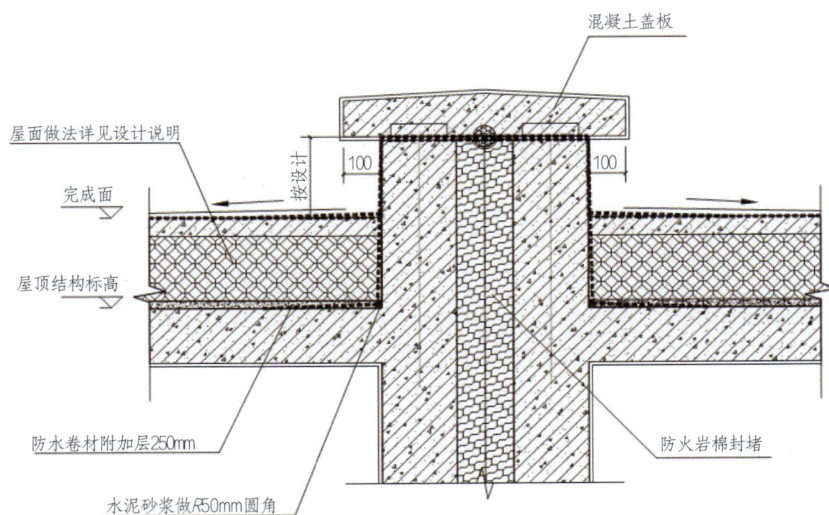

图6.14-1　变形缝做法（一）

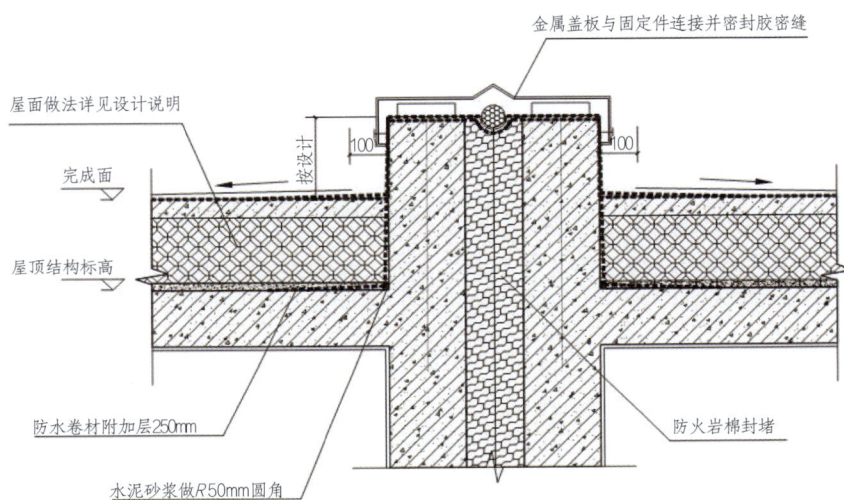

图6.14-2　变形缝做法（二）

图6.14-3　材料选型

图6.14-4　盖板安装

图6.14-5　盖板接口处理

图6.14-6　侧壁收口打胶

6.14.3　做法说明

» 6.14.3.1　材料及机具

混凝土盖板（不锈钢金属盖板）、水泥砂浆、防水卷材和密封胶、切割机、打磨机、钢卷尺等。

» 6.14.3.2　工艺流程

放样、弹线定位→抹灰→防水层施工→材料选型→盖板安装→盖板接口处理→侧壁收口打胶。

» 6.14.3.3　主要工艺方法

（1）伸缩缝反坎与屋面结构一同浇筑，应考虑屋面保温及防水层等各层厚度。

（2）伸缩缝与屋面块材铺贴边线平齐，高度符合设计及规范要求。

（3）混凝土盖板下坐浆饱满、厚度适宜，横向间用密封胶打胶，宽度宜为8~10mm。金属盖板搭接长度不宜小于30mm，搭接处用密封胶打胶。

6.15　伸出屋面管道

6.15.1　关键工艺

伸出屋面管道的关键工艺包括防水套管预埋、铁箍固定、管道/装饰制品安装固定、密封防渗等。

6.15.2　工艺过程图示

工艺过程如图6.15-1~图6.15-6所示。

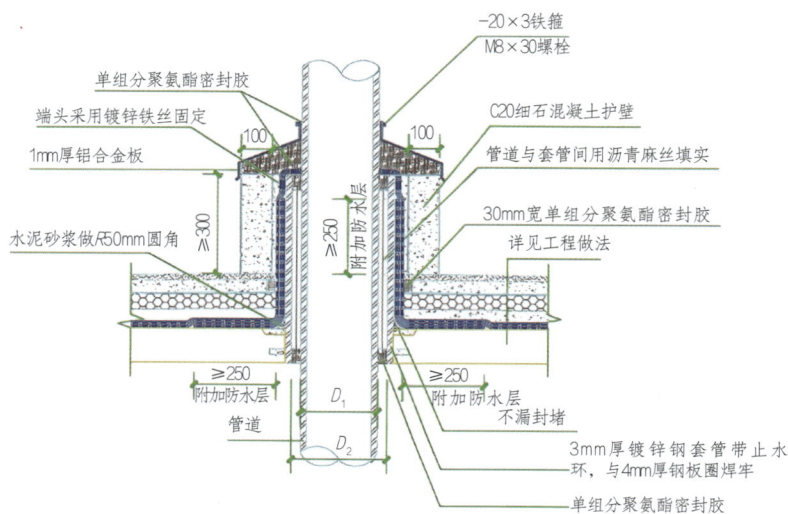

图6.15-1　伸出屋面管道做法（一）

D_1—管道直径；D_2—预留孔洞直径

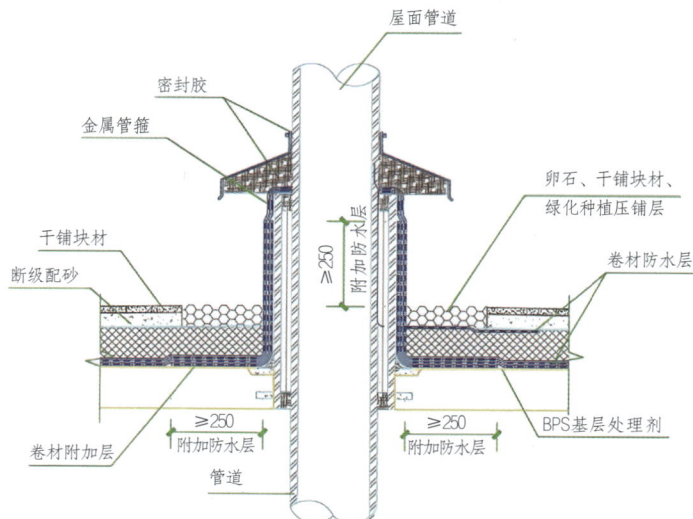

图6.15-2　伸出屋面管道做法（二）

图6.15-3　屋面管道安装（一）　　图6.15-4　屋面管道安装（二）　　图6.15-5　成品装饰制品安装固定（一）　　图6.15-6　成品装饰制品安装固定（二）

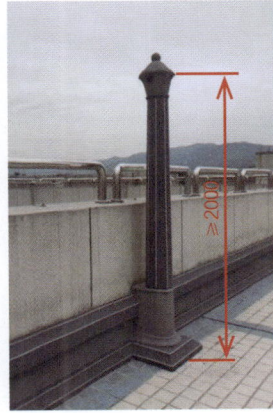

6.15.3　做法说明

» 6.15.3.1　材料及机具

防水套管、出屋面管道、水泥砂浆、细石混凝土、防水卷材和密封胶、成品装饰制品、切割设备、钢卷尺等。

» 6.15.3.2　工艺流程

放样、弹线定位→防水套管预埋安装→屋面管道安装→密封胶封→防水层上翻250mm→成品装饰制品安装固定→基座施工。

» 6.15.3.3　主要工艺方法

（1）按照设计要求精准控制预埋防水套管位置和套管高度。

（2）安装前对预埋位置及尺寸进行复核并调整，屋面管道应居中安装，套管内密封胶应填充密实。

（3）屋面防水层上翻应不小于250mm（从屋面防水体系算起），管道中心宜向外放坡。

（4）基底施工前复核管道位置，根据屋面材料的模数确定尺寸，细石混凝土浇捣密实，水泥砂浆抹灰平整，线条顺滑美观。

（5）上人屋面通气管必须高于成品屋面2m，非上人屋面套管应高于成品屋面300mm；无歪斜、破损现象。

6.16　排气管

6.16.1　关键工艺

排气管的关键工艺包括分格缝设置、通气管安装、基座制品安装等。

6.16.2　工艺过程图示

工艺过程如图6.16-1～图6.16-4所示。

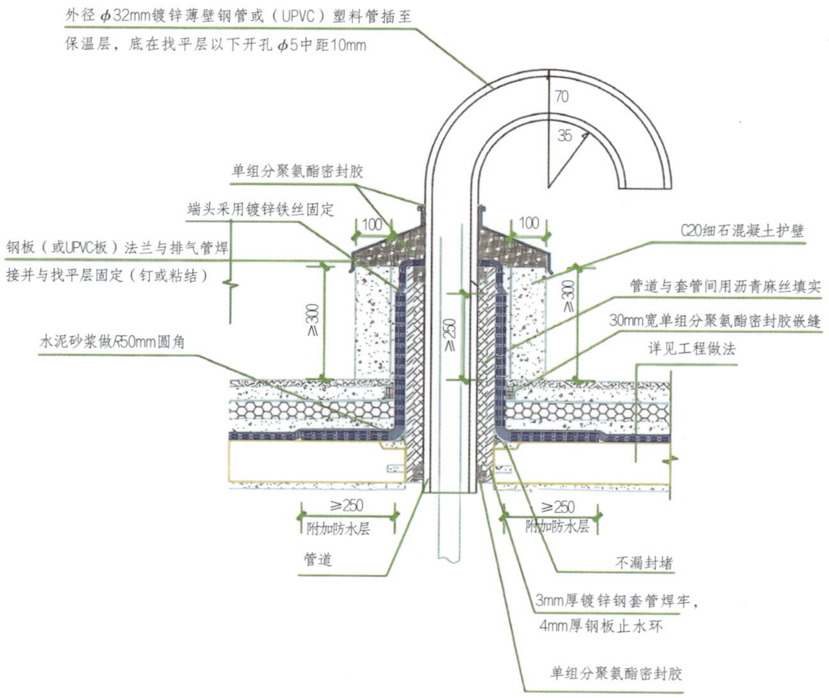

外径φ32mm镀锌薄壁钢管或（UPVC）塑料管插至
保温层，底在找平层以下开孔φ5中距10mm
70
35
单组分聚氨酯密封胶
端头采用镀锌铁丝固定
100
100
钢板（或UPVC板）法兰与排气管焊
接并与找平层固定（钉或粘结）
C20细石混凝土护壁
≥300
≥250
≥300
管道与套管间用沥青麻丝填实
30mm宽单组分聚氨酯密封胶嵌缝
详见工程做法
水泥砂浆做R50mm圆角
≥250
附加防水层
≥250
附加防水层
管道
不漏封堵
3mm厚镀锌钢套管焊牢，
4mm厚钢板止水环
单组分聚氨酯密封胶

图6.16-1 排气管做法

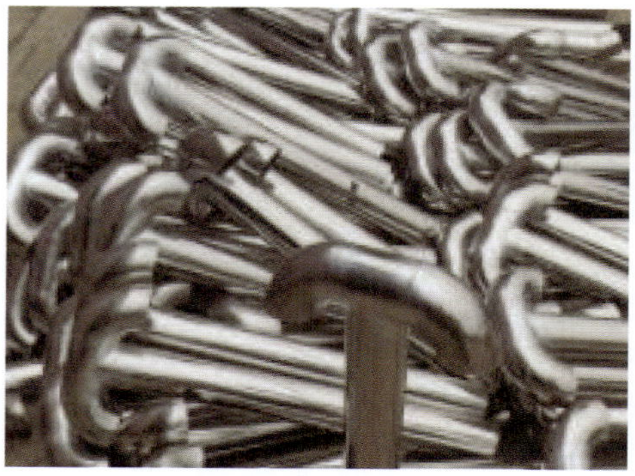
图6.16-2 排气管

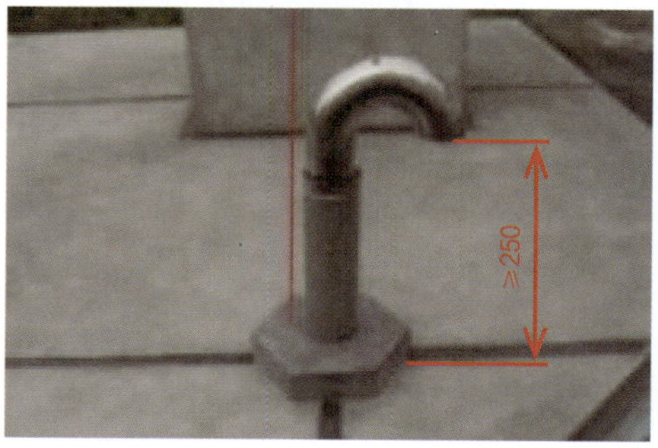

≥250

图6.16-3 排气孔预埋安装

6.16.3 做法说明

» 6.16.3.1 材料及机具

排气管、防水卷材、专用粘贴砂浆、密封胶、成品基座、切割打磨设备、勾缝工具、钢卷尺等。

» 6.16.3.2 工艺流程

放样、弹线定位→水平及竖向排气道预埋安装→屋面保温、防水层施工→广场砖铺贴勾缝→成品基座固定安装→分格缝清理填缝→基座底打胶。

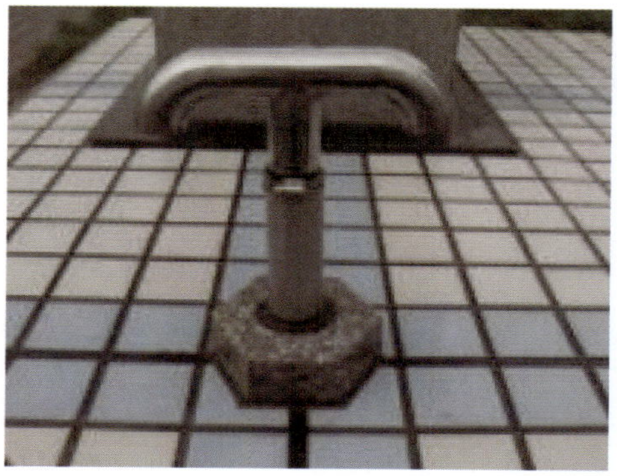
图6.16-4 基座底打胶

» 6.16.3.3 主要工艺方法

（1）距女儿墙300mm处设置四周环形排气道，中间位置按主通道间距不大于4m、次通道（现浇型保温层应设置）间距不大于3m等距设置，水平排气道设置在分格缝位置（对多雨水地区，排气管覆盖面积应小于36㎡）。

（2）屋面保温层施工前对检查，确保所有排气道相互贯通，无盲道或堵塞现象。对位置及尺寸进行复核并调整。

（3）广场砖铺贴顺直，灰缝控制在8～10mm。砖底座浆密实、粘贴牢固，勾缝平整光滑，深浅、宽窄一致。

（4）分格缝宽度控制在25mm为宜，材料可采用密封胶。

（5）基座安装应与分格缝居中对齐，座浆密实、粘贴牢固，与广场砖交界处用密封胶打胶收口。

6.17　卫生间细部防水

6.17.1　关键工艺

卫生间细部防水的关键工艺包括门槛部位防水、墙面防水、管根防水、地漏细部防水、蹲便器防水等。

6.17.2　工艺过程图示

工艺过程如图6.17-1～图6.17-6所示。

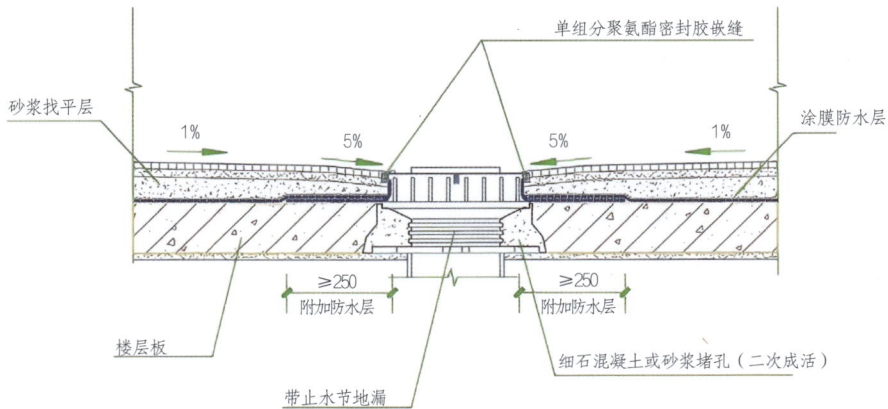

图6.17-1　管根做法

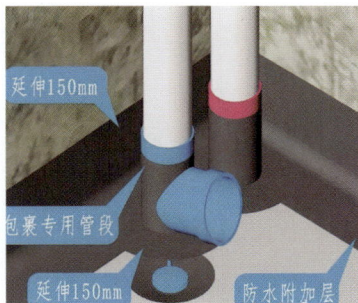

图6.17-2　管根处理

图6.17-3　管道周边处理

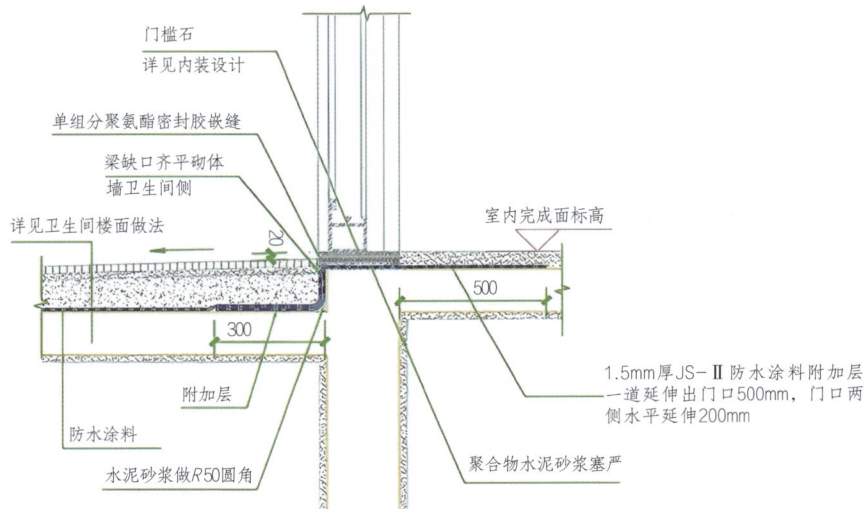

图6.17-4　门槛做法

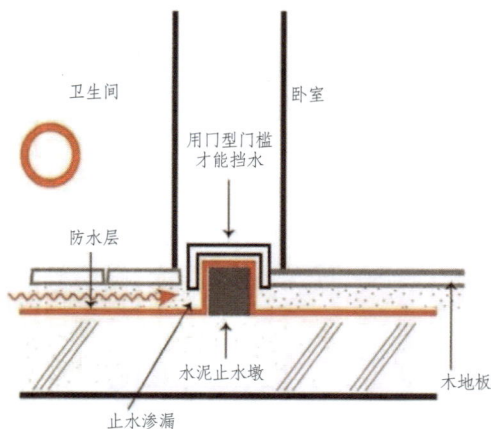

图6.17-5　门槛处理

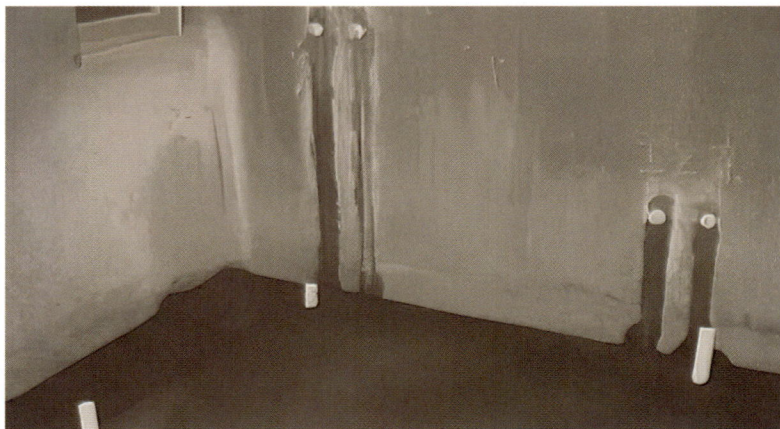

图6.17-6　管线处理

6.17.3　做法说明

» 6.17.3.1　材料及机具

水泥砂浆、细石混凝土、防水涂料、封堵胶、平铁铲、钢抹子、钢卷尺等。

» 6.17.3.2　工艺流程

基层处理→管道根部/地漏/排水口/门槛石节点加强处理→大面防水层施工→养护闭水试验。

» 6.17.3.3　主要工艺方法

（1）门槛部位防水。控制门槛石的面层高度和过门石位置，画好控制线。设置止水坎，止水坎应伸入墙体交接面20mm，交界处用密封材料填补密实。对于止水坎，在铺贴面层石材之前应做好防护，防止被破坏。止水坎顶部应距离饰面层地面5～10mm。门槛防水层应翻过止水坎并向外延展，长度不宜小于500mm，两侧宽度不宜小于200mm。如果已经先安装好门槛石，应将防水层反复涂刷在门槛石卫生间侧立面。

（2）墙面防水。墙面处理做300mm高防水涂料，以防积水渗透墙面返潮；若卫生间有淋浴房，应将防水做到2000mm高；若有浴缸，与浴缸相邻的墙面防水高度应比浴缸高出300mm。

（3）穿楼板管道防水做法。在立管定位后，穿楼板管根孔洞的楼板四周缝隙用1：3的水泥砂浆堵严；缝大于20mm时，采用细石混凝土堵严；管根与混凝土（水泥砂浆）之间应留凹槽，槽深10mm、宽20mm，槽内嵌填密封膏。

（4）地漏细部防水做法。地漏管根与混凝土（水泥砂浆）之间应留凹槽，槽深10mm、宽20mm，槽内嵌填密封膏；从地漏边缘向外50mm内排水坡度为5%。

（5）蹲便器防水做法。蹲便器管根与混凝土（水泥砂浆）之间应留凹槽，槽深10mm、宽20mm，槽内嵌填密封膏；蹲便器底部与立管相接处应加设密封膏。

第7章 普装（湿作业）

7.1 水泥砂浆面层

7.1.1 关键工艺

水泥砂浆面层的关键工艺包括刷素水泥浆、铺浆、搓平、多道压光等。

7.1.2 工艺过程图示

工艺过程如图7.1-1～图7.1-4所示。

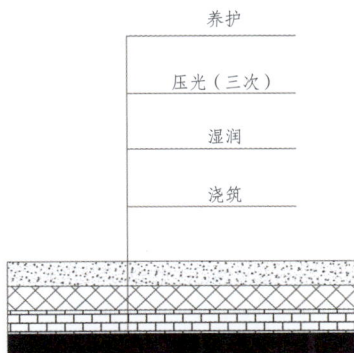

图7.1-1 面层做法

图7.1-2 铺水泥砂浆面层

图7.1-3 三次压光

图7.1-4 养护成型

7.1.3 做法说明

» 7.1.3.1 材料及机具

水泥、砂子（砂子细度模数应在2.0及以上）、砂浆搅拌机、激光水平仪、塔尺、水准仪、手推车、计量器、筛子、木耙、铁锹、钢尺、胶皮管、木拍板、刮杠、木抹子、铁抹子等。

» 7.1.3.2　工艺流程

基层处理→找标高，弹1m线→洒水湿润→抹灰饼和标筋→搅拌砂浆→刷水泥浆结合层→铺水泥砂浆面层→木抹子搓平→铁抹子压第一遍→第二遍压光→第三遍压光。

» 7.1.3.3　主要工艺方法

（1）刷水泥浆结合层。随刷随做面层，应控制一次涂刷面积不宜过大。

（2）打灰饼、冲筋。地面与楼面的标高控制线应统一弹到房间四周墙上，在地面四周做灰饼，在有地漏和坡度要求的地面，应按设计要求做泛水和坡度。对于面积较大的地面，应用水准仪测出面层的平均厚度，然后边测标高边做灰饼。

（3）水泥砂浆面层的施工。操作时先在两冲筋之间均匀地铺上砂浆，比冲筋面略高，然后用刮尺以冲筋为准刮平、拍实，待表面水分稍干后，用木抹子打磨，要求把砂眼、凹坑、脚印打磨掉。操作人员在操作半径内打磨完后，即用纯水泥浆均匀满涂在面上，再用铁抹子抹光。向后退着操作，在水泥砂浆初凝前完成。

（4）第二遍压光。在水泥浆初凝前，即可用铁抹子压第二遍（此时人站在面上有脚印，但不下陷，要用平整木板垫脚）。要求不漏压，做到压实、压光，边角明朗，没有砂眼和脚印。

（5）第三遍压光。在水泥砂浆终凝前，此时人踩上去有细微脚印，当试抹无抹纹时，即可用灰匙（铁抹子）抹压第三遍，压时用劲稍大一些，把第二遍压光时留下的抹纹、细孔等抹平，达到压平、压实、压光。

（6）地面分格缝应控制在6m×6m以内。

（7）水泥砂浆踢脚线凸出墙面8～10mm，顶面与侧面同质同色。

（8）地面分格缝间距控制在4～6m以内，设在梁板负弯矩受力处。

7.2　细石混凝土面层

7.2.1　关键工艺

细石混凝土面层的关键工艺包括刷素水泥浆、摊铺细石混凝土、随捣随抹等。

7.2.2　工艺过程图示

工艺过程如图7.2-1～图7.2-6所示。

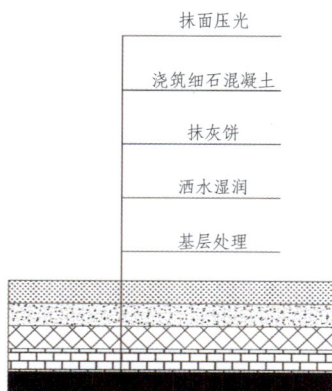

图7.2-1　面层做法

图7.2-2　找标高弹线

图7.2-3　基层清理和湿润

图7.2-4　刷水泥浆结合层

图7.2-5　铺细石混凝土面层

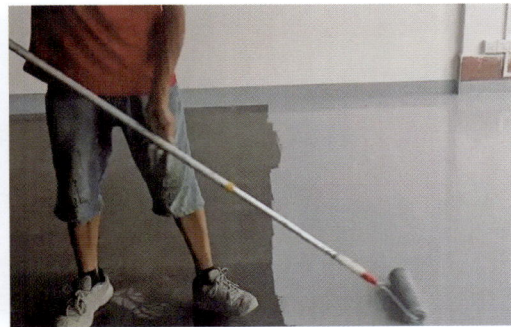

图7.2-6　三遍压实抹光

7.2.3　做法说明

» 7.2.3.1　材料及机具

水泥、砂子（细度模数应在2.0及以上）、石子、混凝土搅拌机、平板振捣器、运输小车、小水桶、半截桶、笤帚、2m靠尺、铁滚子、木抹子、平锹、钢丝刷、凿子、锤子、铁抹子等。

» 7.2.3.2　工艺流程

找标高、弹面层水平线→基层处理→洒水湿润→抹灰饼→刷水泥浆→浇筑细石混凝土→三遍压实抹光→养护。

» 7.2.3.3　主要工艺方法

（1）找标高、弹面层水平线。根据墙面已有的1m水平标高线，量出地面面层的水平标高，在四周墙上弹出地面面层水平标高线。

（2）洒水湿润。在施工前一天对基层表面进行洒水湿润，施工时还应洒水湿润，但基层表面不能出现明水。

（3）刷水泥浆结合层。在铺设细石混凝土面层以前，在已湿润的基层上刷一道水泥浆，面积不要过大，要随刷随铺细石混凝土，避免时间过长，水泥浆风干导致面层空鼓。

（4）细石混凝土采用商品混凝土，坍落度宜在30~50mm，强度等级见设计做法，施工前应做好材料计划及进场时间。

（5）面层细石混凝土铺设。将搅拌好的细石混凝土铺抹到地面基层上（水泥浆结合层要随刷随铺），紧接着用2m长刮杠顺着标筋刮平，然后用滚筒（常用的为直径200mm，长度600mm的混凝土或铁制滚筒，厚度较厚时应用平板振动器）往返、纵横滚压。如有凹处，用同配合比混凝土填平，直到面层出现泌水现象。撒一层干拌水泥砂浆（水泥：砂＝1:1）拌和料，要撒匀（砂要过3mm筛），再用2m长刮杠刮平（操作时均要从房间内往外退着走）。

（6）地面分格缝应控制在6m×6m以内。

（7）地面分格缝间距控制在4~6m以内，设在梁板负弯矩受力处。

7.3　高平整度地面涂装

7.3.1　关键工艺

高平整度地面涂装的关键工艺包括整平、打磨纠偏、涂装等。

7.3.2　工艺过程图示

工艺过程如图7.3-1~图7.3-6所示。

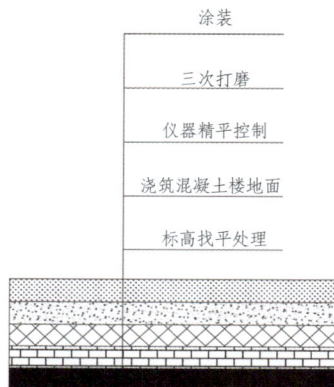

图7.3-1　地面涂装做法

图7.3-2　混凝土浇筑时控制板厚

图7.3-3　全程扫平仪控制混凝土楼面

图7.3-4　三次打磨

图7.3-5　打磨成型

图7.3-6　涂装

7.3.3　做法说明

» 7.3.3.1　材料及机具

水泥、砂子（砂子细度模数应在2.0及以上）、砂浆搅拌机、激光水平仪、塔尺、水准仪、平板振动器、卷尺、线绳、铝合金刮尺、混凝土收光机、手推车、计量器、筛子、木耙、铁锹、钢尺、橡胶管、木拍板、刮杠、木抹子、铁抹子等。

» 7.3.3.2　工艺流程

标高找平处理→浇筑混凝土楼地面→仪器精平控制→铝合金刮尺收平→收光→实测实量及打磨机

打磨纠偏→地面涂装。

» 7.3.3.3 主要工艺方法

（1）在浇筑混凝土之前利用红外线等仪器进行找平，标高控制网间距不大于3m。

（2）对楼地面进行混凝土铺料，混凝土坍落度控制在30～50mm。在振捣时，采用振动器+条形铝合金刮尺进行施工。

（3）浇筑混凝土时用拉线、激光水平仪检查标高，并及时调整标高。

（4）用水准仪、增强型激光水平仪等进行精平控制。

（5）第二次和第三次机械收光应在混凝土终凝前完成，并严格复测混凝土表面平整度和水平度，使其满足工程建设要求。在完成收光工序后，则要对楼地面进行混凝土成品的后续养护。

（6）在楼地面混凝土表面硬化之后，用2m靠尺和塞尺对楼地面表面平整度和水平度进行实测实量。对于局部超出的部位，利用打磨机打磨。

（7）涂装前，地面基层应经机械打磨处理，确保表面平整（2m靠尺检查空隙不大于2mm）、洁净（无松散颗粒、水泥浮浆及凸起物，粒径大于0.5mm颗粒需彻底清除）且均匀粗糙（无尖锐棱角），并宜采用吸尘设备清除粉尘。

（8）用底漆打底，普通滚筒刷涂刷，以加强基面、封闭水泥表层毛细孔，增强油漆附着力。

（9）使用中层漆混合适量腻子刮涂1～2遍，干燥后打磨批刀痕等缺陷处并清理干净。要求不透底，无浮砂，表面无砂眼。

（10）滚涂面漆。用面漆滚涂1～2遍，要求颜色统一，无明显刷纹和接头，无漏刷，不透底，不起泡。

7.4　自流平环氧树脂地坪

7.4.1　关键工艺

自流平环氧树脂地坪的关键工艺包括自流平浆料配制、刮涂、消泡等。

7.4.2　工艺过程图示

工艺过程如图7.4-1～图7.4-6所示。

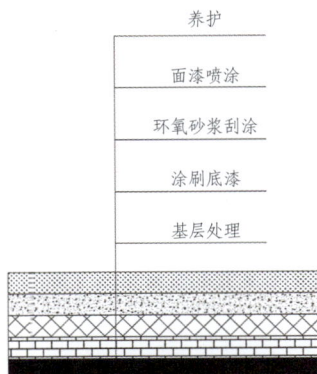

图7.4-1　自流平做法

图7.4-2　基层清理

图7.4-3　涂刷底漆

图7.4-4　环氧砂浆刮涂　　　　　　　图7.4-5　面漆喷涂　　　　　　　图7.4-6　完成成品

7.4.3　做法说明

» 7.4.3.1　材料及机具

环氧树脂地流平涂料、基层处理剂、面层处理剂、填平修补腻子、填料（如石英砂、石英粉）、漆刷或滚筒、盛水桶、低转速搅拌器或电动搅拌枪、专用钉鞋、镘刀、专用齿针刮刀、放气滚筒等。

» 7.4.3.2　工艺流程

清理基面→涂刷底涂（间隔时间30min左右）→配制自流平浆料→浇注→刮涂面层→专用滚筒消泡（在20min内）→自流平面完成。

» 7.4.3.3　主要工艺方法

（1）清理基面。对清除垃圾后的混凝土基层，利用无尘打磨的方法，以清除浮浆和形成毛糙的表面。如果局部区域有油脂污染，可使用清洁剂清洗。

（2）底涂。将底油加水以1∶4稀释后，均匀涂刷在基面上。用漆刷或滚筒将自流平底涂剂涂于处理过的混凝土基面上，涂刷两层，在旧基层上需再增一道底漆。第一层干燥后方可涂第二层（间隔时间30min左右）。底涂剂干燥后进行自流平施工。

（3）浆料拌和。先称量适量的水置于拌和机内，边搅拌边加入环氧树脂自流平，直到不见颗粒状物质，且流动性佳，再继续搅拌3～4min，使浆料均匀，静止10min左右方可使用。

（4）刮涂面层。待底油表干后，应使用带齿镘刀刮涂浆料，控制单层厚度为1.0～1.5mm，随后采用消泡辊沿同一方向滚压排除气泡。

7.5　水磨石地面

7.5.1　关键工艺

水磨石地面的关键工艺包括基层处理、分格条安装、养护、上浆、滚压、抹平、粗磨、细磨、打蜡等。

7.5.2　工艺过程图示

工艺过程如图7.5-1～图7.5-6所示。

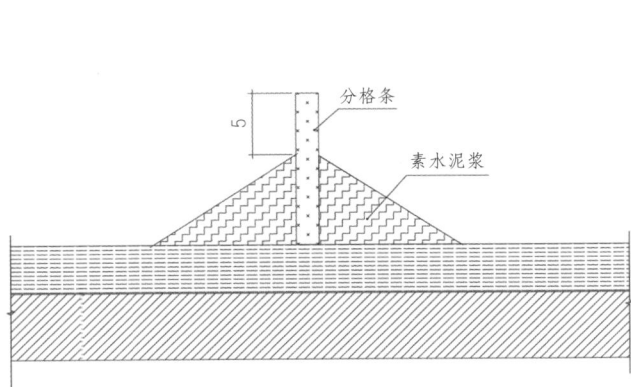

图7.5-1　水磨石地面分格条剖面节点

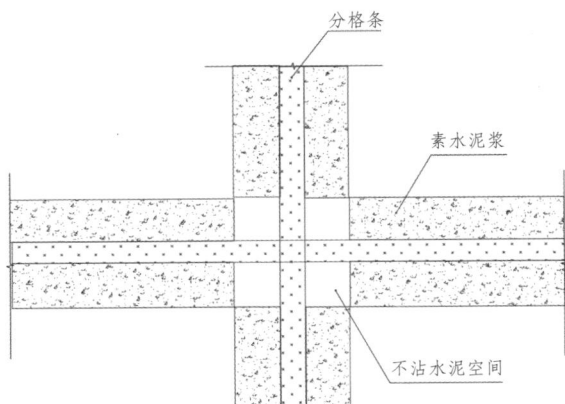

图7.5-2　水磨石分格条平面节点

图7.5-3　镶分格条

图7.5-4　铺水磨石拌和料

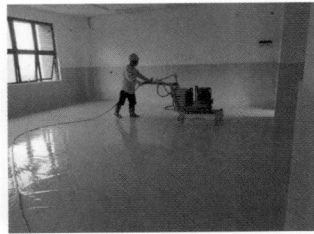

图7.5-5　打磨（试磨→粗磨→
细磨→磨光）

图7.5-6　打蜡上光

7.5.3　做法说明

» 7.5.3.1　材料及机具

水泥、矿物颜料、石粒、分格条、砂、草酸、白蜡、22号铁丝、水磨石机、滚筒（直径一般为200～250mm，长600～700mm，混凝土或铁制）、木抹子、毛刷子、铁簸箕、靠尺、手推车、平锹、5mm孔径筛子、油石（规格按粗、中、细）、橡胶水管、大小水桶、扫帚、钢丝刷、铁錾等。

» 7.5.3.2　工艺流程

基层处理→找标高→弹水平线→铺抹找平层砂浆→养护→弹分格线→镶分格条→拌制水磨石拌合料→涂刷水泥浆结合层→铺水磨石拌合料→滚压、抹平→试磨→粗磨→细磨→磨光→草酸清洗→打蜡上光。

» 7.5.3.3　主要工艺方法

（1）将混凝土基层上的杂物清净，不得有油污、浮土。用钢錾子和钢丝刷将粘在基层上的水泥浆皮錾掉铲净。

（2）找标高、弹水平线。根据墙面上的1m标高线，往下量测出磨石面层的标高，弹在四周墙上。

（3）抹找平层砂浆

①根据墙上弹出的水平线，留出面层厚度（10～15mm左右），抹1∶3水泥砂浆找平层，为了保证找平层的平整度，先抹灰饼（纵横方向间距1.5m左右）。

②灰饼砂浆硬结后，以灰饼高度为标准，抹纵横标筋。

③在基层上洒水湿润，刷一道水灰比为0.4～0.5的水泥浆，面积不得过大，随刷浆随铺抹1∶3找平层砂浆，并用2m长刮杠以标筋为标准进行刮平，再用木抹子搓平。

（4）养护。抹好找平层砂浆后养护24h，待抗压强度达到1.2MPa，方可进行下道工序施工。

（5）弹分格线。根据设计要求的分格尺寸，一般采用1m×1m。在房间中部弹十字线，计算好周边的镶边宽度后，以十字线为准可弹分格线。

（6）镶分格条。用小铁抹子抹稠水泥浆将分格条固定住（分格条安在分格线上），抹成30°八字形，高度应低于分格条条顶4～6mm。分格条应平直（上平必须一致）牢固、接头严密，不得有缝隙，作为铺设面层的标志。另外在粘贴分格条时，在分格条十字交叉接头处，为了使拌和料填塞饱满，在距交点40～50mm内不抹水泥浆。

（7）拌制水磨石拌和料（或称石渣浆）

①拌和料的体积比宜采用（1∶1.5）～（1∶2.5）（水泥∶石粒），要求配合比准确，拌和均匀。

②彩色水磨石拌和料，除彩色石粒外，还加入耐光、耐碱的矿物颜料，其掺入量为水泥重量的3%～6%。普通水泥与颜料配合比、彩色石子与普通石子配合比，在施工前都必须经实验室试验后确定。同一彩色水磨石面层应使用同厂、同批颜料。在拌制前应根据整个地面所需的用量，将水泥和所需颜料一次性统一配好、配足。配料时不仅用铁铲拌和，还要用筛子筛匀后，用包装袋装起来存放在干燥的室内，避免受潮。彩色石料与普通石粒拌和均匀后，集中储存待用。

③各种拌和料在使用前加水拌和均匀，稠度约60mm。

（8）铺设水磨石拌和料

①水磨石拌和料的面层厚度，除有特殊要求外，宜为12～18mm，并应按石料粒径确定。铺设时将搅拌均匀的拌和料先铺抹分格条边，然后铺入分格条方框中间，用铁抹子由中间向边角推进，在分格条两边及交角处特别注意压实抹平，随抹随用直尺进行平度检查。如局部地面铺设过高，应用铁抹子将其挖去一部分，再将周围的水泥石子浆拍挤抹平（不得用刮杠刮平）。

②几种颜色的水磨石拌和料不可同时铺抹，要先铺抹深色的，后铺抹浅色的，待前一种凝固后，再铺后一种（因为深颜色的掺矿物颜料多，强度增长慢，影响机磨效果）。

（9）试磨。一般根据气温情况确定养护时间（天），温度在20～30℃时2～3d即可开始机磨，过早开磨石粒易松动，过迟会造成磨光困难。所以需进行试磨，以面层不掉石粒为准。

（10）粗磨。第一遍用60～90号粗金刚石磨，使磨石机机头在地面上走横8字形，边磨边加水（如磨石面层养护时间太长，可加细砂，加快机磨速度），随时清扫水泥浆，并用靠尺检查平整度，直至表面磨平、磨匀，分格条和石粒全部露出（边角处用人工磨成同样效果）。用水清洗，晾干，然后用较浓的水泥浆（对于掺有颜料的面层，应用同样掺有颜料配合比的水泥浆）擦一遍，特别是面层的洞眼小孔隙要填实抹平，脱落的石粒应补齐。浇水养护2～3d。

（11）细磨。第二遍用90～120号金刚石磨，要求磨至表面光滑为止。然后用清水冲净，满擦第二遍水泥浆，仍注意小孔隙要细致擦严密，然后养护2～3d。

（12）磨光。第三遍用200号细金刚石磨，磨至表面石子显露均匀，无缺石粒现象，平整、光滑，无孔隙为度。普通水磨石面层磨光不应少于三遍。

（13）草酸擦洗。为了取得打蜡后显著的效果，在打蜡前要对磨石面层进行一次适量限度的酸洗，一般用草酸进行擦洗。使用时，先用水加草酸化成浓度约10%的溶液，用扫帚蘸后洒在地面上，再用油石轻轻磨一遍；磨出水泥及石粒本色后，再用水冲洗，软布擦干。此道操作必须在各工种完工后才能进行，经酸洗后的面层不得再受污染。

（14）打错上光。将蜡包放在薄布内，在面层上薄薄涂一层，待干后用钉有帆布或麻布的木块代替油石，装在磨石机上研磨，用同样方法再打第二遍蜡，直到光滑洁亮为止。

7.6　板块（大理石或花岗石）地面

7.6.1　关键工艺

板块（大理石或花岗岩）地面的关键工艺包括放线、试拼石材、勾缝等。

7.6.2　工艺过程图示

工艺过程如图7.6-1～图7.6-6所示。

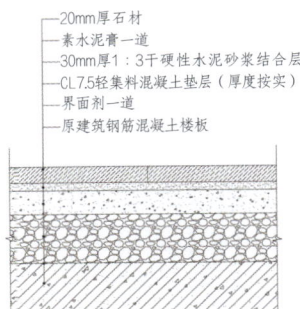

图7.6-1　有降板无防水石材地面节点

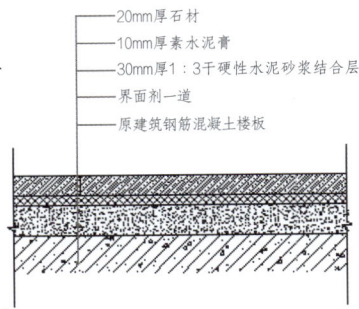

图7.6-2　无降板无防水石材地面节点

图7.6-3　石材地面分层三维图

图7.6-4　石材铺贴

图7.6-5　石材勾缝

图7.6-6　踢脚线安装

7.6.3　做法说明

» 7.6.3.1　材料及机具

石材板、水泥、砂子、矿物颜料、墨斗线、水平线、水平尺、直角尺、木抹子、橡胶锤或木锤、尼龙线、磨石机等。

» 7.6.3.2　工艺流程

基层处理→放线→试拼石材→涂刷防渗透保护膜→铺设结合层砂浆→铺设石材→养护→勾缝。

» 7.6.3.3　主要工艺方法

（1）基层处理。把粘在基层上的浮浆、落地灰等用錾子或钢丝刷清理掉，再用扫帚将浮土清扫干净。

（2）放线。根据水平标准线和设计厚度，在四周墙、柱上弹出面层的1m标高控制线。

（3）试拼石材。将房间依照石材的尺寸，排出石材的放置位置，并在地面上弹出十字控制线和分格线。

（4）涂刷防渗透保护膜。石材铺贴施工中，因石材的结构特性和化学成分不同，石材会对水泥的碱性环境产生不良反应，具体表现为返碱、咬色、翘曲变形等情况。针对这样一些石材，为保证在使用后不影响装饰效果，施工前在石材背面及侧面涂加防渗透剂涂层，形成保护膜，以防止石材产生反应。将经挑选的合格石材用清水洗净，干燥后即可在石材背面和侧面均匀涂刷防渗透剂，将石材侧靠在石材架上晾干就可使用。

（5）铺设结合层砂浆。铺设前应将基底湿润，并在基底上刷一道水泥浆或界面结合剂，随刷随铺设搅拌均匀的干硬性水泥砂浆。在铺贴石材板块前，应进行六面刷胶处理。

（6）石材板用在室外及楼梯部位的，其垫层面应设置排水、排气系统（盲沟），以减少石材返碱。

（7）铺设石材。将石材放置在干拌料上，用橡胶锤敲击找平，之后将石材拿起，在干拌料上浇适量水泥浆；同时在石材背面涂厚度约1mm的素水泥膏，再将石材放置在找过平的干拌料上，用橡胶锤将石材按标高控制线和方正控制线坐平坐正。

（8）养护。当大石材面层铺贴完后应进行养护，养护时间不得小于7d。

（9）勾缝。当石材面层的强度达到可上人时（结合层抗压强度达到1.2MPa）进行勾缝，用同种、同强度等级、同色的掺色水泥砂浆或专用勾缝剂。应使用矿物颜料，严禁使用酸性颜料。缝要求清晰、顺直、平整、光滑，深浅和宽窄一致，缝色与石材颜色一致。

7.7　板块（陶瓷大板）地面

7.7.1　关键工艺

板块（陶瓷大板）地面的关键工艺包括切割、辅料搅拌、板材背涂、铺贴施工、调平器调整等。

7.7.2　工艺过程图示

工艺过程如图7.7-1～图7.7-6所示。

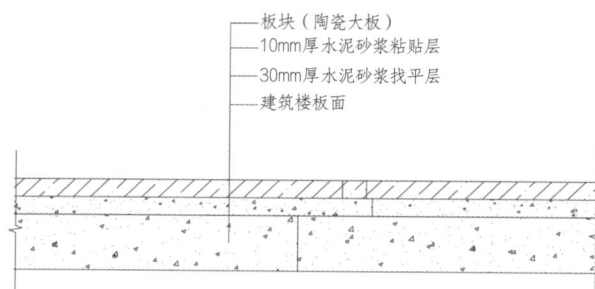

板块（陶瓷大板）
10mm厚水泥砂浆粘贴层
30mm厚水泥砂浆找平层
建筑楼板面

图7.7-1　板块（陶瓷大板）地面节点

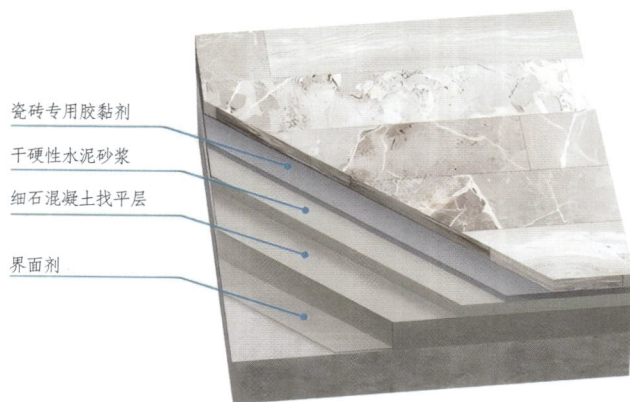

瓷砖专用胶黏剂
干硬性水泥砂浆
细石混凝土找平层
界面剂

图7.7-2　板块地面分层三维图

45°

图7.7-3　陶瓷大板背涂

图7.7-4 陶瓷大板铺贴

图7.7-5 调平器辅助调整平整度

图7.7-6 表面清洁及保护

7.7.3 做法说明

» 7.7.3.1 材料及机具

陶瓷大板（短边600mm以上）、专用胶黏剂、钢卷尺、手动切割机、自动切割机、角磨机、石材切割机、线绳、水平尺、红外线测量仪、调平器等。

» 7.7.3.2 工艺流程

基层找平及处理→弹线分格→胶黏剂制备→胶黏剂施工→陶瓷大板背涂→陶瓷大板铺贴→振实平整→调平器辅助调整平整度→表面清洁及保护→填缝处理。

» 7.7.3.3 主要工艺方法

（1）基层找平及处理。铺贴之前，首先要确保基层平整度；局部空鼓区域，用钢丝刷、铲刀将粘贴在面层上的浆皮铲掉，然后找平，最后用扫帚将灰尘和垃圾清理干净。

（2）弹线分格。待基面放置3~4d，即可进行分段分格弹线，同时着手贴面层标准点，以控制完成面平整度。

（3）胶黏剂制备。将自来水加入搅拌桶，再将胶黏剂逐量加入，混合比例一般为1∶4（水粉质量比，具体需要参考产品外包装说明），用低速电动搅拌器搅拌均匀成糊状。

水化（静置）5~10min后进行二次搅拌，3min左右即可使用（水化后的胶黏剂不可加水或胶黏剂干粉再次搅拌，否则影响粘贴效果）。

（4）胶黏剂施工。在地面基材上先用齿形抹刀的直边，将胶黏剂平整地涂抹一层，胶黏剂厚度根据面材尺寸而定。用齿形抹刀沿垂直方向将胶黏剂梳理出饱满、无间断的锯齿状条纹，沿水平方向再梳理一遍。

（5）陶瓷大板背涂。用齿形抹刀将胶黏剂在清洁的面材粘贴面上压平涂抹一层，厚度为6~8mm。

（6）陶瓷大板铺贴。大板的粘贴顺序为"自内而外"。必须保证胶黏剂的饱满度，避免出现空鼓现象。根据设计要求，在陶瓷大板粘贴时应使用适当规格的定位器，并保证留缝宽度的一致（一般缝宽2mm）。

（7）振实平整。陶瓷大板贴到基面后，用平板振动器调整面材至平整。胶黏剂的可调整时间为30min，即在粘贴后30min内可以对大板进行移动调整。

（8）用调平器辅助进行留缝、找平，辅助调整平整度。

（9）表面清洁及保护。陶瓷大板粘贴好后，及时将残留填缝剂清理干净和进行表面清洁，并做好相关保护措施。

（10）安装踢脚板。踢脚板应布设合理，在建筑物交角处的踢脚板应切45°，切口直平、光滑，接缝严密，高度误差符合图纸设计要求。踢脚板安装时应注意与相关工程的接口协调配合，踢脚线出墙厚度控制在8～10mm。

（11）填缝处理。使用填缝剂前应先将陶瓷大板缝隙清洁干净，去除所有灰尘、油渍及其他污染物，而且缝内不能有积水，同时要清除陶瓷大板缝隙间松散的胶黏剂。

7.8 陶瓷锦砖面层

7.8.1 关键工艺

陶瓷锦砖面层的关键工艺包括陶瓷锦砖铺贴、拍板拍实、刷水、揭纸等。

7.8.2 工艺过程图示

工艺过程如图7.8-1～图7.8-6所示。

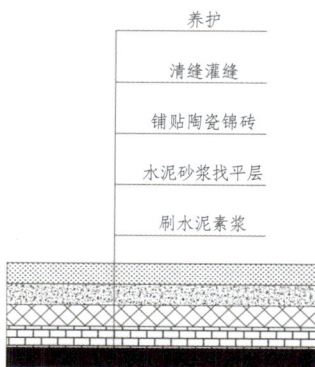

图7.8-1 面层做法

图7.8-2 刷水泥浆

图7.8-3 水泥砂浆找平

图7.8-4 打灰

图7.8-5 铺贴

图7.8-6 刷水、揭纸

7.8.3 做法说明

» 7.8.3.1 材料及机具

水泥、砂子、陶瓷锦砖、小水桶、半截桶、笤帚、方尺、手锹、铁抹子、大杠、中杠、小杠、筛子、窄手推车、钢丝刷、喷壶、锤子、硬木拍板、合金尖凿子、合金扁凿子、钢片开刀、拨板、小型台式砂轮等。

» 7.8.3.2 工艺流程

清理基层、弹线→刷水泥浆→水泥砂浆找平层→水泥浆结合层→铺贴陶瓷锦砖→修理→刷水、揭纸→拨缝→灌缝→养护。

» 7.8.3.3 主要工艺方法

（1）水泥砂浆找平层。测出面层标高，拉水平线做灰饼，灰饼上平为陶瓷锦砖下皮，然后进行冲筋。冲筋后，用大杠（顺冲筋）将砂浆刮平，木抹子拍实，抹平整。

（2）做水泥浆结合层。在砂浆找平层上，浇水湿润后，刮一道2～2.5mm厚的水泥浆结合层（宜掺一定比例的胶水）。

（3）铺贴陶瓷锦砖。具体操作：在水泥浆尚未初凝时开始铺陶瓷锦砖（背面应洁净），从里向外沿控制线进行；铺时先翻起一边的纸，露出锦砖以便对正控制线，对好后立即将陶瓷锦砖铺贴上（纸面朝上）；紧跟着用手将纸面铺平，用拍板拍实，使水泥浆进入锦砖的缝内，直至纸面上显露出砖缝水印时为止。

（4）修整。整间铺好后，在锦砖上垫木板，将锦砖地面与其他地面门口接搓处修好，保证接槎平直。

（5）刷水、揭纸。铺完后紧接着在纸面上均匀地刷水，纸便湿透（如未湿透可继续洒水），即可揭纸，并及时将纸毛清理干净。

7.9　地砖面层

7.9.1　关键工艺

地砖面层的关键工艺包括排砖、铺贴、勾缝等。

7.9.2　工艺过程图示

工艺过程如图7.9-1～图7.9-6所示。

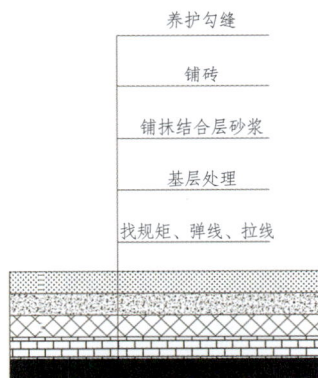
图7.9-1　面层做法

图7.9-2　基层处理

图7.9-3　定高弹线

图7.9-4　找平

图7.9-5　瓷砖铺贴

图7.9-6　养护勾缝

7.9.3　做法说明

» 7.9.3.1　材料及机具

水泥、砂子、砖、砂浆搅拌机、手推车、钢尺、水平尺、木抹子、计量器、铁抹子、筛子、大桶、小桶、橡胶锤、粉线、小型台式砂轮机、切砖机、磨砖机、木锤子、喷壶、水准仪等。

» 7.9.3.2　工艺流程

原材料检验、试验→作业指导→选砖→预备机具设备→基层干硬性砂浆→排砖→找规矩、弹线、拉线→基层处理→铺抹结合层砂浆→铺砖→养护勾缝→验收检查。

» 7.9.3.3　主要工艺方法

（1）排砖。依照砖的尺寸和调整留缝大小，在房间排出砖的放置位置，并在基层地面弹出十字操纵线和分格线。排砖应符合设计要求，尽量铺设整砖，应避免出现小于1/2砖边长的边角料。

（2）铺砖。将砖放置在干拌料上，用橡胶锤找平，之后将砖拿起，在干拌料上浇适量水泥浆，同时在砖背面涂厚度约1mm的素水泥，再将砖放置在找过平的干拌料上，用橡胶锤按标高操纵线和方正操纵线坐平坐正。

（3）铺砖时应先在房间中间按照十字线铺设十字操纵砖，之后按照十字操纵砖向四周铺设，并随时用2m靠尺和水平尺检查平坦度。大面积铺贴时应分段、分部位铺贴。

（4）大面积地面砖分格缝（注胶）间距控制在6~12m，并设在梁板负弯矩受力处。

（5）室内地面砖之间拼缝宽度宜为2~5mm，便于勾缝灌浆封闭。屋面及室外广场地面砖之间拼缝宽度宜为8~12mm，便于砂浆勾缝。

7.10　地面料石面层

7.10.1　关键工艺

地面料石面层的关键工艺包括砂垫层摊铺、铺贴料石、填缝等。

7.10.2　工艺过程图示

工艺过程如图7.10-1~图7.10-6所示。

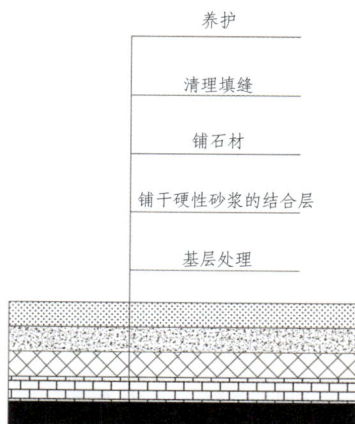

图7.10-1　面层做法

养护
清理填缝
铺石材
铺干硬性砂浆的结合层
基层处理

图7.10-2　弹出排版线

图7.10-3　铺干硬性砂浆的结合层

图7.10-4　铺石材

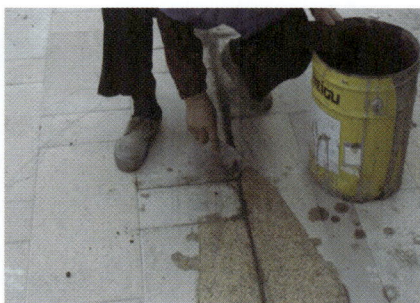

图7.10-5　清理填缝

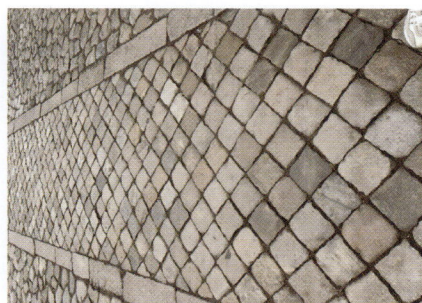

图7.10-6　铺贴勾缝成型

7.10.3　做法说明

» 7.10.3.1　材料及机具

水泥、砂子、天然条石、块石、小水桶、半截桶、扫帚、平铁锹、铁抹子、大杠、小杠、筛子、窗纱筛子、喷壶、锤子、橡胶锤、錾子、溜子、板块夹具、手推车等。

» 7.10.3.2　工艺流程

基层处理→灰土或砂垫层→找标高、拉线→铺干硬性砂浆的结合层→铺石材→填缝。

» 7.10.3.3　主要工艺方法

（1）在已夯实的基土上进行灰土或砂垫层的分项操作，按设计要求的厚度分层进行，砂垫层厚度不应小于60mm。灰土垫层应均匀密实。

（2）拉水平线，根据地面面积大小可分段进行铺砌，先在每段的两端头各铺一排料石，以此作为标准进行码砌，缝隙相互错开。

（3）料石缝隙不宜大于6mm，要及时拉线检查缝格平直度，用2m靠尺检查板块的平整度。

（4）料石地面铺砌后2d内进行填缝，填实灌满后将面层清理干净，面层要浇水养护。

7.11　水泥砂浆踢脚线

7.11.1　关键工艺

水泥砂浆踢脚线的关键工艺包括水泥浆打底搓毛、厚度控制、抹面压光等。

7.11.2　工艺过程图示

工艺过程如图7.11-1～图7.11-6所示。

图7.11-1　成品

图7.11-2　墙体基层清理

图7.11-3　专用界面处理

图7.11-4　水泥砂浆找平　　　图7.11-5　水泥砂浆抹面压光　　　图7.11-6　养护完成

7.11.3　做法说明

» 7.11.3.1　材料及机具

预拌砂浆、平铲、筛子、卡推车、灰桶、靠尺板（2m）、卷尺、墨斗、铁木抹子、毛刷、钢丝刷、扫帚、专用阴阳角靠尺等。

» 7.11.3.2　工艺流程

基层处理→钉分格条→毛刷湿水→刷水泥浆（内掺建筑胶）→水泥砂浆打底搓毛→撒水泥浆→水泥砂浆抹面压光赶光→上口压光顺直→养护。

» 7.11.3.3　主要工艺方法

（1）基层清理。将地面与墙阴阳角清理干净，无杂物，原墙面预留高度未抹灰处采用水泥砂浆补平。

（2）墙面湿水。踢脚线位置墙面要求用毛刷浇水湿润，注意抹灰时不要有明水。

（3）贴木线条。木线条要求厚度不大于10mm（或根据设定的踢脚线厚度），外表平整光滑，裁口平直，根据1m标高线用墨斗弹出灰层高度控制线，用小钉子或砂浆将木条子固定。

（4）基面清理润湿完后，先用水泥浆内掺适量建筑胶，在基面上刮一道。

（5）批灰。用水泥砂浆抹面，出墙厚度为不大于10mm，水泥砂浆要求压光，外表平整度要求小于4mm，阴阳角要求保持方正，垂直误差在3mm以内。

（6）取出木条子，踢脚线上口压光顺直。

（7）落地灰及施工中产生的垃圾要及时清理，文明施工，注意水泥砂浆运输过程中的环境卫生和人身安全，防止污染已进场设备及已完成分项工程成品。

（8）养护。需对已完成踢脚线成品及时进行养护及保护，防止上部涂料污染踢脚线上口。

7.12　块贴踢脚线

7.12.1　关键工艺

块贴踢脚线的关键工艺包括铺贴踢脚线、控制出墙厚度、保持侧顶同质同色等。

7.12.2　工艺过程图示

工艺过程如图7.12-1～图7.12-6所示。

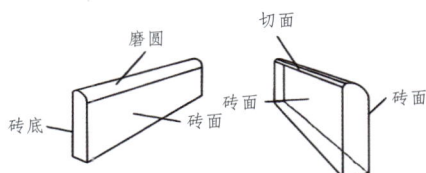

图7.12-1　踢脚线倒角

图7.12-2　基层处理

图7.12-3　结合层砂浆施工

图7.12-4　出墙面厚度控制

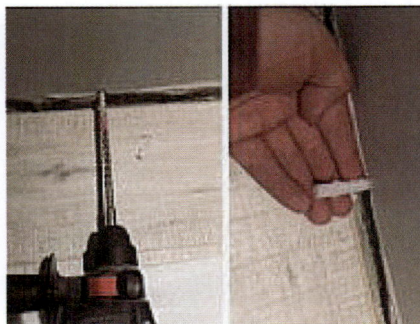

图7.12-5　填缝

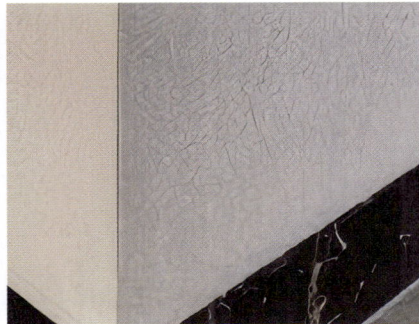

图7.12-6　养护完成

7.12.3　做法说明

» 7.12.3.1　材料及机具

成品踢脚线、手电锯、砂轮切割机、冲击钻、手电钻、手工锯、铁锤、螺丝刀、钳子、墙线、墨斗、壁纸刀、细刨等。

» 7.12.3.2　工艺流程

基层处理→找标高、弹线→抹找平层砂浆→结合层砂浆施工→贴踢脚板→养护。

» 7.12.3.3　主要工艺方法

（1）基层处理。将基层表面油污及垃圾等清除干净，并用水冲洗。清理基层后，弹出横向基准线及纵向基准线，并以此进行试排，在各区间弹出互相垂直的控制线，按地台标高控制线打好灰饼。同时将选好的块料浸水2～3h后阴干备用。墙面粉刷至踢脚线部位，应留足踢脚线+粘贴砂浆厚度。

（2）结合层砂浆施工。均匀刷水泥浆一道（必须过筛），随即铺结合层砂浆，用刮尺压实刮平，木抹子搓抹平。

（3）贴踢脚板。施工前应认真清理墙面，提前一天浇水湿润，按需要数量将阳角处的一侧，用无齿锯切成45°斜面，并将踢脚板用水刷净，阴干备用。

铺贴时由阳角开始向两侧试贴，检查是否平直，缝隙是否严密，合格后方可实贴。应先在墙面两端各贴一块踢脚板，其上沿高度应在同一水平线上，出墙厚度要一致，出墙厚不大于10mm，然后沿两块踢脚板上沿拉通线，逐块依顺序铺贴。采用黏结法铺贴，即在踢脚板背面抹上厚水泥浆，然后将踢脚板粘贴到墙面上，用橡胶锤轻击镶实，靠尺找直找平，方尺找角。用与地面同色的水泥浆擦缝。为了使踢脚板与地面的分格协调，踢脚板宜与地面对缝。对于地面，先铺平面板，踢脚线实量尺寸加工；对于楼梯跑段，先铺贴踢脚线，后铺贴踏步板及踢板。踢脚线上面与侧面应同质同色。

（4）养护。需对已完成踢脚线成品及时进行养护及保护，防止上部涂料污染踢脚线上口。

7.13　内墙面贴面砖

7.13.1　关键工艺

内墙面贴面砖的关键工艺包括排砖、镶贴、勾缝等。

7.13.2　工艺过程图示

工艺过程如图7.13-1～图7.13-6所示。

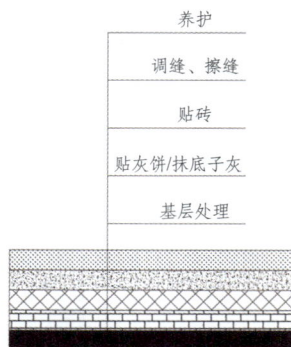
图7.13-1　面层做法

图7.13-2　涂刮

图7.13-3　贴砖

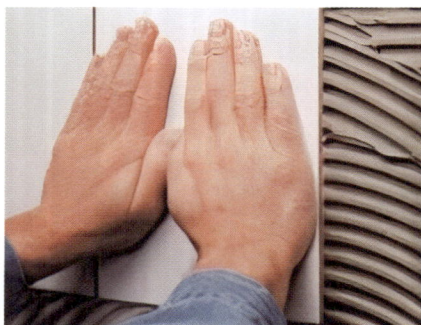
图7.13-4　压实

图7.13-5　勾缝

图7.13-6　清理

7.13.3　做法说明

》 7.13.3.1　材料及机具

水泥、砂子、面砖、石灰膏、生石灰粉、砂浆搅拌机、瓷砖切割机、手电钻、冲击电钻、铁板、阴阳角抹子、铁皮抹子、木抹子、托灰板、木刮尺、方尺、铁制水平尺、小铁锤、木锤、錾子、垫板、小白线、开刀、墨斗、小线坠、小灰铲、盒尺、钉子、红铅笔、工具袋等。

》 7.13.3.2　工艺流程

基层处理→抹灰、中层处理→弹线分格→选面砖→浸砖→贴砖→勾缝→清理。

》 7.13.3.3　主要工艺方法

（1）砖墙表面处理。当基体为砌体时，应用钢斩子剔除墙砖面多余灰浆，然后用钢丝网清除浮土，并用清水将墙体润湿，使润湿深度为2～3mm。

（2）依照室内标志水平线，找出地面标高，按贴砖的面积，计算横纵的皮数，用水平尺找平，并弹出釉面砖的水平和垂线控制线。应控制整个镶贴釉面砖表面平整度，正式镶贴前，在墙上用废釉面砖做一个标志块，在门洞口或阳角处，应双面挂直。

（3）贴前应进行放线定位和排砖，非整砖应排放在次要部位或阴角处，每面墙不宜有两列非整砖，非整砖宽度不宜小于整砖的1/3。

（4）镶贴时在釉面砖背面抹灰浆（水泥砂浆以体积配比为1∶2为宜）和水泥砂浆（在体积比为 1∶2的水泥砂浆中加掺约为水泥量2%～3%的108胶，以使砂浆有较强的和易性和保水性），四周刮成 斜面，厚度5mm左右，注意边角满浆。贴于墙面的釉面砖就位后应用力压，并用灰铲木柄轻敲砖面， 使釉面砖紧密贴于墙面。

（5）墙面砖之间拼缝大小宜在2～3mm，便于勾缝灌浆封闭。

7.14　外墙面贴陶瓷饰砖

7.14.1　关键工艺

外墙面贴陶瓷饰砖的关键工艺包括基层处理、排砖、镶贴面砖、勾缝。

7.14.2　工艺过程图示

工艺过程如图7.14-1～图7.14-6所示。

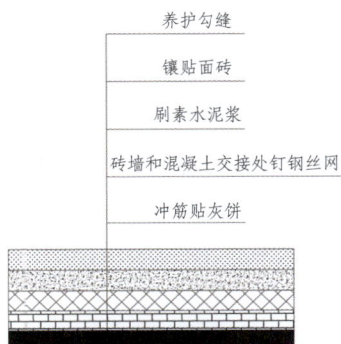

图7.14-1　面层做法

图7.14-2　冲筋贴灰饼

图7.14-3　刷水泥浆

图7.14-4　镶贴面砖

图7.14-5　勾缝剂勾缝

图7.14-6　面层清理

7.14.3　做法说明

» 7.14.3.1　材料及机具

水泥、砂子、磅秤、铁板、孔径5mm筛子、窗纱筛子、手推车、大桶、小水桶、平锹、木抹子、 钢板抹子（1mm厚）、开刀或钢片、铁制水平尺、方尺、靠尺板、底尺、大杠、中杠、小杠、灰槽、 灰勺、米厘条、毛刷、鸡腿刷子、细钢丝刷、笤帚、大小锤子、粉线包、小线、擦布或棉丝、小 型切割机、小铲、合金钢錾子、小型台式砂轮、勾缝溜子、勾缝托灰板、托线板、线坠、盒尺、钉 子、红铅笔、铅丝、工具袋等。

　　» 7.14.3.2　工艺流程

外墙面清洁→冲筋贴灰饼→砖墙和混凝土交接处钉钢丝网→刷水泥浆→基层抹底灰→排砖、弹线→门窗洞口修方正→选砖→贴标准点→胶黏剂→镶贴面砖→镶贴边角→撕去排版纸→勾缝剂勾缝→面层清理。

　　» 7.14.3.3　主要工艺方法

　　（1）外墙面清洁。检查墙面的凹凸状况，对凸出墙面的砖或混凝土要剔平。将墙面上残存废余砂浆、灰尘、污垢、油渍等清理干净。

　　（2）砖墙和混凝土交接处必须钉钢丝网。钢丝每边（或每侧）搭接宽度不小于150mm。ϕ6mm膨胀螺栓梅花桩打固定点，纵横间距450mm。

　　（3）刷界面剂。将墙面的灰尘清洗干净后，满刷界面剂一遍，以增加抹灰层和墙面的黏结。

　　（4）门窗洞口修方正。排砖、弹线后检查门窗洞口，依据垂直线调整门窗洞口左右的宽度，依据垂直线和水平线调整门窗洞口上下的高度，使门窗洞口位置符合排版要求。

　　（5）镶贴面砖。面砖底打胶黏剂黏结层后，将其粘贴在底层灰上。门口或阳角处以长墙间距2m左右应先竖向贴一排砖，作为墙面垂直度、平整度的标准，然后按此标准向两侧挂线镶贴。瓷砖间按设计要求留间隙5～10mm，用水泥砂浆勾缝，深浅宽窄一致。

7.15　陶瓷大板块料墙面

7.15.1　关键工艺

　　陶瓷大板块料墙面的关键工艺包括基层处理、辅料搅拌、大板背涂、铺贴安装、清洁填缝等。

7.15.2　工艺过程图示

　　工艺过程如图7.15-1～图7.15-6所示。

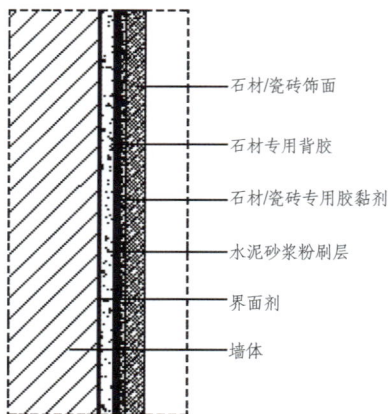

图7.15-1　墙面节点

石材/瓷砖饰面
石材专用背胶
石材/瓷砖专用胶黏剂
水泥砂浆粉刷层
界面剂
墙体

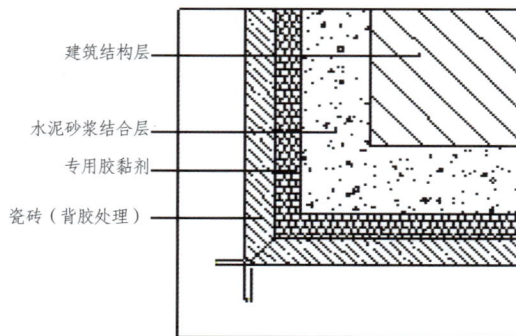

图7.15-2　墙面转角节点

建筑结构层
水泥砂浆结合层
专用胶黏剂
瓷砖（背胶处理）

图7.15-3　陶瓷大板背涂

图7.15-4　陶瓷大板铺贴

图7.15-5　整平及收口

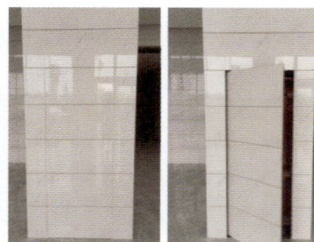

图7.15-6　表面清洁及保护

7.15.3　做法说明

» 7.15.3.1　材料及机具

陶瓷大板、陶瓷大板专用胶黏剂、钢卷尺、手动切割机、自动切割机、角磨机、石材切割机、橡胶锤、电子振锤、线绳、水平尺、红外线测量仪、调平器等。

» 7.15.3.2　工艺流程

基层找平及处理→弹线分格→胶黏剂制备→胶黏剂铺设→陶瓷大板背涂→陶瓷大板铺贴→振实平整→找平器辅助调整平整度→表面清洁及保护→填缝处理。

» 7.15.3.3　主要工艺方法

（1）基层找平及处理。铺贴之前，首先要确保基层抹灰层平整度（不大于4mm）、垂直度（不大于2mm）；局部空鼓区域，用钢丝刷、铲刀将黏结在面层上的浆皮铲掉，然后找平；最后用扫帚将灰尘和垃圾清理干净。

（2）弹线分格。待基面放置3～4d，即可进行分段分格弹线，同时着手贴面层标准点，以控制完成面平整度。

（3）胶黏剂制备

①将自来水加入搅拌桶，再将胶黏剂逐量加入，混合比例一般为：1质量份水∶4质量份干粉（具体需要参考产品外包装说明），用低速电动搅拌器搅拌均匀成糊状。

②水化（静置）5～10min后进行二次搅拌，3min左右即可使用（水化后的胶黏剂不可加水或胶黏剂干粉再次搅拌，否则影响粘贴效果）。

③用批灰刀挑起搅拌均匀的胶黏剂后倒置，胶黏剂在5s左右从批灰刀上坠落，此时胶黏剂的黏稠度为最佳。

注意：胶黏剂在制备完毕后需静置5～10min。胶黏剂的可操作时间常温下为2h（可操作时间指制备完毕到使用的时间）。

（4）铺设胶黏剂。在地面基材上先用齿形抹刀的直边，将胶黏剂平整地涂抹一层，胶黏剂厚度根据面材尺寸而定。用齿形抹刀沿垂直方向将胶黏剂梳理出饱满、无间断的锯齿状条纹，沿水平方向再梳理一遍。

（5）陶瓷大板背涂。用齿形抹刀将胶黏剂在清洁的面材粘贴面压平涂抹一层，厚度为6～8mm，呈45°。

（6）陶瓷大板铺贴。大板的粘贴顺序为"自内而外"。必须保证胶黏剂的饱满度，避免出现空鼓现象。根据设计的要求，在铺贴陶瓷大板时应使用适当规格的定位器，以保证留缝的尺寸满足设计要求，并保证留缝宽度的一致。

（7）振实平整。陶瓷大板贴到基面后，用橡胶锤等调整面材至平整。胶黏剂的可调整时间为30min。

（8）调平器辅助调整平整度，使用找平器辅助进行留缝、找平。

（9）表面清洁及保护。陶瓷大板粘贴好后，及时将残留填缝剂清理干净和进行表面清洁，并做好相关保护措施。

（10）填缝处理。使用填缝剂前应先将陶瓷大板缝隙清洁干净，去除所有灰尘、油渍及其他污染物，而且缝内不能有积水，充分干燥，同时要清除陶瓷大板缝隙间松散的胶黏剂。

7.16　有釉面发泡陶瓷保温板外保温墙面

7.16.1　关键工艺

有釉面发泡陶瓷保温板外保温墙面的关键工艺包括基层整平、分格、墙面上灰、安装板材、填缝密封等。

7.16.2　工艺过程图示

工艺过程如图7.16-1～图7.16-6所示。

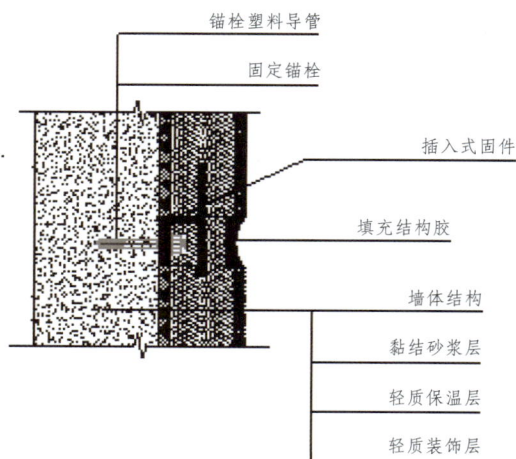

图7.16-1　有釉面发泡陶瓷保温板外保温墙面节点

图7.16-2　放样和弹线

图7.16-3　上灰

图7.16-4　安装保温板

图7.16-5　安装锚固件

图7.16-6　填缝和清理

7.16.3　做法说明

» 7.16.3.1　材料及机具

有釉面发泡陶瓷保温板、锚固件、黏结砂浆、弹性保温填缝条、硅酮（聚硅氧烷）密封胶、墨斗线、水平线、水平尺、直角尺、木抹子、橡胶锤或木锤、电动振锤、尼龙线、打胶枪等。

» 7.16.3.2　工艺流程

测量→弹线定位→分格线安装→墙面上灰→安装板材→安装扣件→填缝→清理。

» 7.16.3.3　主要工艺方法

（1）基层墙体处理。基层墙体应坚实、干燥、干净，找平层应与墙体黏结牢固，不得有脱层、空鼓、裂缝，平整度应达到普通抹灰标准。

①基层与胶黏剂的黏结强度不得低于0.3MPa。

②基层墙体达不到普通抹灰要求，采用水泥砂浆或聚合物水泥砂浆重新进行找平处理。

（2）分格设计、弹线

①根据设计图纸与实际现场勘查情况，对建筑外墙进行深化设计，降低材料损耗，保证外墙装饰效果。

②用红外水平仪和墨斗弹出垂直控制线、水平控制线，由控制线处开始测量门窗、墙体等的实际尺寸。

（3）墙面上灰。配置黏结砂浆，搅拌时间自投料完毕后不少于5min，一次配置用量以2h内用完为宜。

（4）水、暖、电等线盒应居于板块中间或骑缝。

（5）安装板材

①板材粘贴采用满粘法，每块板涂抹黏结砂浆的面积与板面积比应达到设计要求。

②自下而上，沿水平方向铺设粘贴。粘贴的平整度和垂直度应符合要求，板间缝隙要均匀一致。

③采用橡胶锤或电动振锤，轻锤板面，平整墙面，使板材和胶泥均匀黏合。

（6）安装扣件。将锚固件固定于墙体上，并稍拧紧金属螺钉，确保锚固件与基础充分锚固。

（7）填缝密封处理

①缝宽应根据产品特点确定，且控制在8~10mm，并应使用弹性保温材料进行填充。

②粘贴美纹纸辅助，用硅酮（聚硅氧烷）密封胶嵌缝，确保密封质量。

7.17　石膏板吊顶

7.17.1　关键工艺

石膏板吊顶的关键工艺包括龙骨安装、面板安装、烟感/喷淋/灯具等安装。

7.17.2　工艺过程图示

工艺过程如图7.17-1 ~ 图7.17-8所示。

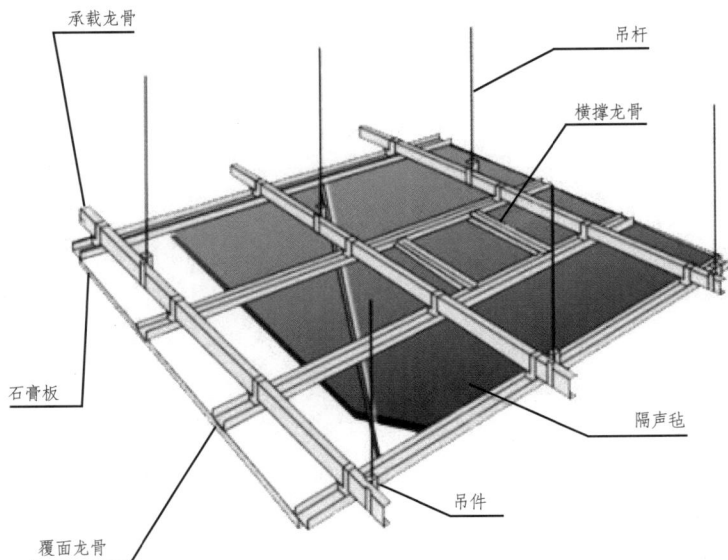

图7.17-1　吊顶做法

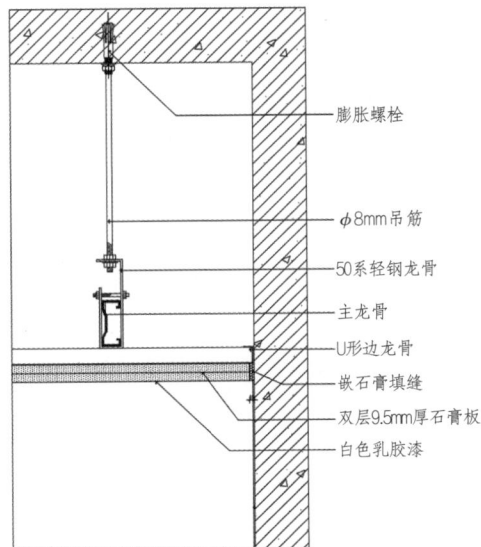

图7.17-2　平开门左右与墙体连接节点

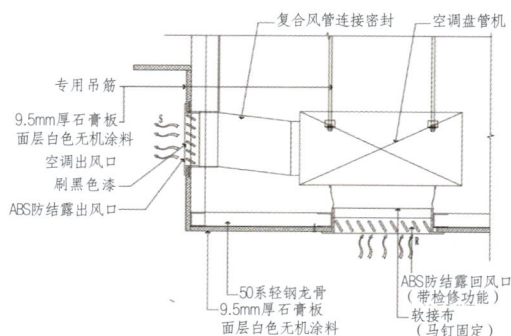

图7.17-3　吊顶内设备节点

图7.17-4　固定吊挂杆件

图7.17-5　龙骨安装

图7.17-6　石膏板的安装

图7.17-7　烟感、喷淋、灯具等安装

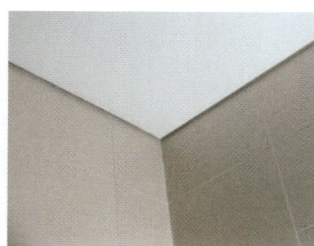

图7.17-8　细部处理

7.17.3　做法说明

» 7.17.3.1　材料及机具

轻钢龙骨、石膏板、石膏粉、ϕ6mm或ϕ8mm吊筋、膨胀螺栓、射钉、型材切割机、电动曲线锯、手电钻、圆钉、角钢、扁钢、胶黏剂、木材防腐剂、防锈漆等。

» 7.17.3.2　工艺流程

弹顶棚标高水平线→画龙骨分档线→安装主龙骨吊杆→安装主龙骨→安装边龙骨→安装次龙骨→安装石膏板→石膏填缝→点防锈漆→涂料→饰面清理→烟感、喷淋、灯具等安装→细部处理。

» 7.17.3.3　主要工艺方法

（1）弹顶棚标高水平线。根据设计标高，沿墙四周弹顶棚标高水平线，并沿顶棚的标高水平线，在墙上画好龙骨分档位置线。

（2）安装主龙骨吊杆：吊杆选用规格符合设计要求。

（3）安装龙骨。采用次挂件与主龙骨连接，次龙骨应紧贴主龙骨安装；固定板材的次龙骨间距不得大于600mm，在潮湿地区和场所，间距宜为300~400mm。用沉头自攻螺钉安装饰面板时，接缝处次龙骨宽度不得小于40mm。

（4）板材及方材固定，固定点需牢固均匀。

（5）安装石膏板。安装前需在石膏板板面弹线确定龙骨位置。在已装好并经验收的轻钢骨架下面安装石膏板。固定前在石膏板上弹出龙骨线。

（6）纸面石膏板安装，固定时应从板的中间向板的四周固定。螺钉与板边距离：纸包边宜为10~15mm，切割边宜为15~20mm。板周边钉距宜为150~170mm，板中钉距不得大于200mm。安装双层石膏板时，上下层板的接缝应错开，不得在同一根龙骨上接缝。螺钉头宜略埋入板面。钉眼应做防锈处理并用腻子抹平。

（7）吊顶面积大于100m²或长度方向大于15m，或存在大小面积接合和转角等受力不均匀之处，应设置伸缩缝。

第8章　精装（干作业）

8.1　明框玻璃幕墙（构件式）

8.1.1　关键工艺

明框玻璃幕墙（构件式）的关键工艺包括龙骨安装、玻璃板块安装、板缝注胶等。

8.1.2　工艺过程图示

工艺过程如图8.1-1～图8.1-6所示。

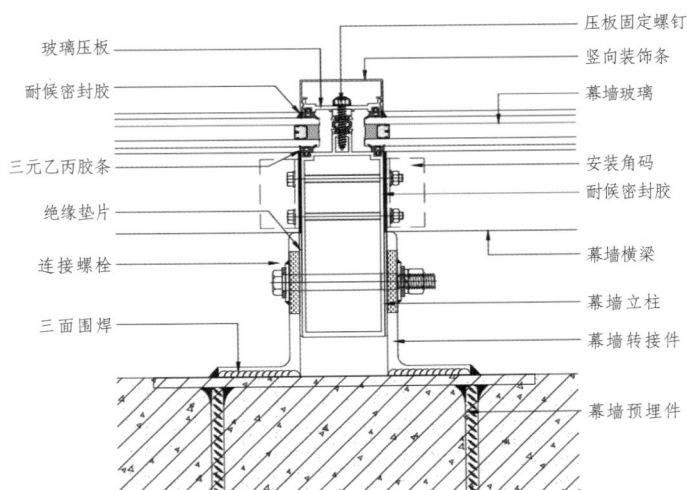

图8.1-1　明框玻璃幕墙横剖标准节点

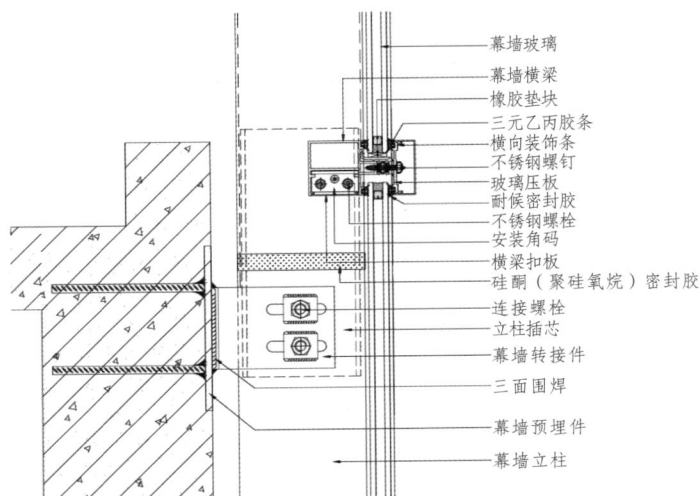

图8.1-2　明框玻璃幕墙竖剖标准节点

图8.1-3　幕墙龙骨安装

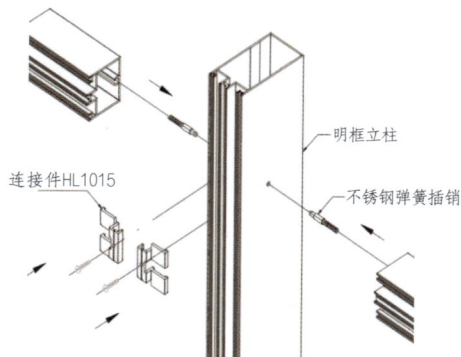

图8.1-4　横梁与立柱连接安装节点

连接件HL1015

明框立柱

不锈钢弹簧插销

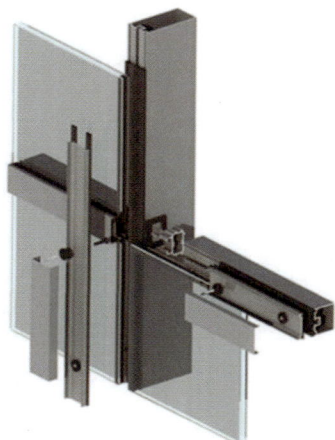

图8.1-5　明框玻璃幕墙外装饰盖板安装

图8.1-6　明框玻璃幕墙立面完成

8.1.3　做法说明

» 8.1.3.1　材料及机具

（1）预埋件、转接件、幕墙龙骨、五金配件、玻璃、避雷导线、防火棉、密封胶、结构胶等。

（2）全站仪、水准仪、玻璃吸盘、钢卷尺、靠尺、水平尺、万能角度尺、游标卡尺、钢丝线、线绳、电焊机、切割机、冲击钻、胶枪、电钻、扳手、螺丝刀等。

» 8.1.3.2　工艺流程

测量定位→复核预埋件→转接件安装→立柱安装→避雷安装→横梁安装→开启框安装→防火层安装→玻璃面板安装→明框盖板安装→板缝注胶→开启扇安装→保护清洁。

» 8.1.3.3　主要工艺方法

（1）测量定位。利用水准仪、经纬仪、铅垂仪、钢卷尺以多轴线进行测量放线定位，控制好水平线、垂直线、铅垂面，标记幕墙各节点的空间位置，确定埋件安装基准点。

（2）幕墙转接件的安装。根据预埋件的放线标记，将转接件固定在预埋件上，转接件与立柱接触边应垂直于幕墙横向面线，且应保持水平。

（3）立柱安装

①将加工完成的幕墙立柱用不锈钢螺栓固定在转接件上，不同金属间应增设绝缘垫片。

②调整固定。利用转接件上的长圆孔，根据测量放线的标记，横向、竖向控制钢丝线进行固定立柱的三维调整。

（4）横梁安装

①根据幕墙施工图水平分格和标高控制线，在立柱上标记横梁安装水平线。

②安装横梁固定角码，横梁与立柱外侧面应保持一致，其表面误差不大于0.5mm。

③选择相应长度的横梁，采用不锈钢螺栓固定在连接角码上，横梁安装应由下向上进行，当安装一层高度后应进行检查调整，及时拧紧螺栓。

④使用耐候密封胶密封立柱间和立柱与横梁的缝隙。

（5）玻璃板块安装

①用中空吸盘将玻璃板块运到安装位置，随后将玻璃板块由上向下轻轻放在玻璃垫块上，使板块的左右边线与分格的中心线保持一致。

②采用临时压板将玻璃压住，防止倾斜坠落，调整玻璃板块的左右位置（从室内注意玻璃边缘分止塞与铝框的关系，其四边应均匀，四边均有软垫）。

③调整完成后，将穿好胶条的压板采用螺栓固定在横梁上（胶条的自然长度应与框边长度相等，边角接缝严密）。

（6）板缝注胶

①注胶时要连续、均匀，先注横向缝，后注竖向缝；竖向胶缝宜自上而下进行，胶注满后，应检查里面是否有气泡、空、断缝、夹杂，若有应及时处理。

②硅酮（聚硅氧烷）建筑密封胶的施工厚度应大于3.5mm，施工宽度不宜小于施工厚度的2倍；较深的密封槽口底部应采用聚乙烯发泡材料填塞。

8.2　隐框玻璃幕墙（构件式）

8.2.1　关键工艺

隐框玻璃幕墙（构件式）的关键工艺包括龙骨安装、玻璃板块安装、板缝注胶等。

8.2.2　工艺过程图示

工艺过程如图8.2-1～图8.2-6所示。

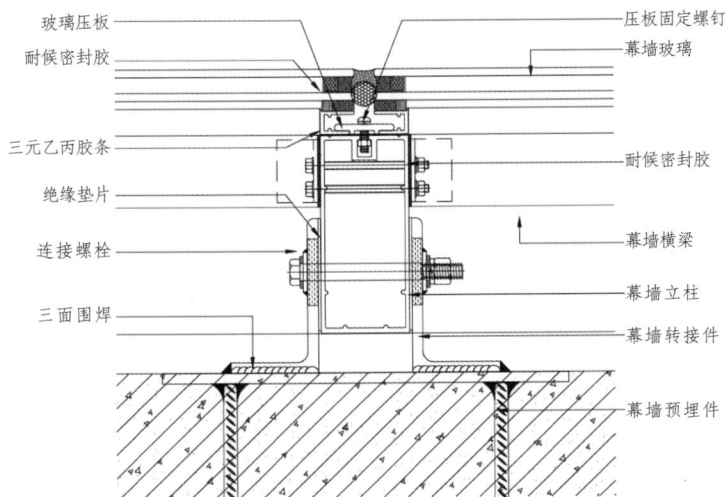

图8.2-1　隐框玻璃幕墙横剖标准节点

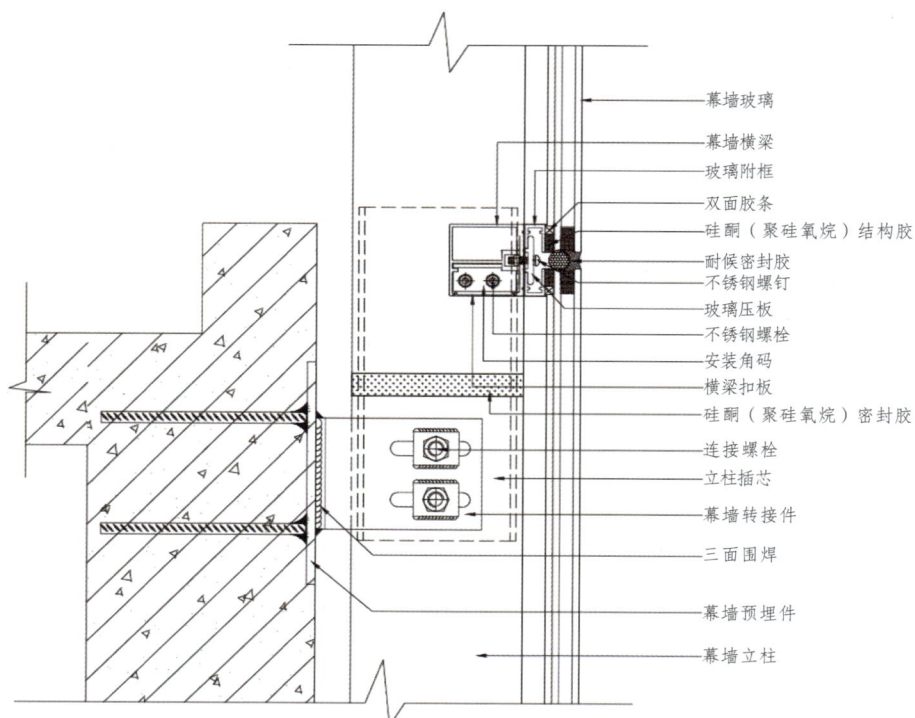

幕墙玻璃
幕墙横梁
玻璃附框
双面胶条
硅酮（聚硅氧烷）结构胶
耐候密封胶
不锈钢螺钉
玻璃压板
不锈钢螺栓
安装角码
横梁扣板
硅酮（聚硅氧烷）密封胶
连接螺栓
立柱插芯
幕墙转接件
三面围焊
幕墙预埋件
幕墙立柱

图8.2-2　隐框玻璃幕墙竖剖标准节点

图 8.2-3　幕墙立柱安装

图8.2-4　隐框幕墙玻璃安装

图8.2-5　隐框玻璃幕墙注胶

图8.2-6　隐框幕墙完成立面

8.2.3　做法说明

» 8.2.3.1　材料及机具

（1）预埋件、转接件、幕墙龙骨、五金配件、玻璃、避雷导线、防火棉、密封胶、结构胶等。

（2）全站仪、经纬仪、水准仪、玻璃吸盘、钢卷尺、靠尺、水平尺、万能角度尺、游标卡尺、钢丝线、线绳、电焊机、切割机、冲击钻、胶枪、电钻、扳手、螺丝刀等。

» 8.2.3.2　工艺流程

测量定位→复核预埋件→转接件安装→立柱安装→避雷安装→横梁安装→开启框安装→防火层安装→玻璃与副框注结构胶→玻璃面板（带副框）安装→板缝注胶→开启扇安装→保护清洁。

» 8.2.3.3　主要工艺方法

（1）测量定位。利用水准仪、经纬仪、铅垂仪、钢卷尺以多轴线进行测量放线定位，控制好水平线、垂直线、铅垂面，标记幕墙各节点的空间位置，确定埋件安装基准点。

（2）幕墙转接件的安装。根据预埋件的放线标记，将转接件固定在预埋件上，转接件与立柱接触边应垂直于幕墙横向面线，且应保持水平。

（3）立柱安装

①将加工完成的幕墙立柱用不锈钢螺栓固定在转接件上，不同金属间应增设绝缘垫片。

②调整固定。利用转接件上的长圆孔，根据测量放线的标记，横向、竖向控制钢丝线进行固定立柱的三维调整。

③立柱与立柱间一般采用插芯连接，插芯长度应符合设计要求；调整到位后拧紧所有螺栓，转接件与预埋件满焊。

（4）横梁安装

①根据幕墙施工图水平分格和标高控制线，在立柱上标记横梁安装水平线。

②安装横梁固定角码，横梁与立柱外侧面应保持一致，其表面误差应不大于0.5mm。

③选择相应长度的横梁，用不锈钢螺栓固定在连接角码上，横梁安装应由下向上进行，当安装一层高度后应进行检查调整，及时拧紧螺栓。

④使用耐候密封胶密封立柱间和立柱与横梁缝隙。

（5）玻璃与副框注结构胶

①设置专用注胶车间，清洁注胶处的基材。

②根据施工图确定玻璃与副框间结构胶尺寸，在铝框正确位置粘贴双面胶条，保持胶条顺直；双面胶条厚度一般要比注结构胶缝厚度大1mm，防止玻璃放上后压缩，达不到结构胶胶缝厚度。

③注结构胶时按顺序进行，胶枪枪嘴应插入适当深度，保证注胶连续、均匀、饱满；注胶后要用刮刀压平，刮去多余结构胶，修整表面，并及时做好注胶记录。

④静置与养护。场地要求温度10～30℃，相对湿度65%～75%，清洁、无尘、无火种、通风良好。静置时间：双组分结构胶3～5d，单组分结构胶7d。

（6）玻璃面板（带副框）安装

①玻璃托条安装。每块玻璃下端设置两个托条，托条长度不应小于100mm，厚度不应小于2mm，高度不应超出玻璃外表面，并在托条上设置衬垫。

②检查带副框玻璃板块的质量、尺寸和规格满足设计要求后，将玻璃板块运至安装位置，由上向下轻轻放在玻璃托条上，使板块的左右边线与分格的中心线保持一致。

③采用玻璃副框压板将带副框的玻璃压住，调整玻璃板块位置，使玻璃副框与骨架内表面对齐；

调整完成后按设计要求间距设置附框压板，并用螺栓或螺钉固定在幕墙龙骨上。

（7）板缝注胶

①注胶时要连续、均匀，先注横向缝，后注竖向缝；竖向胶缝宜自上而下进行，胶注满后，应检查里面是否有气泡、空隙、断缝、夹杂，若有应及时处理。

②硅酮（聚硅氧烷）建筑密封胶的施工厚度应大于3.5mm，施工宽度不宜小于施工厚度的2倍；较深的密封槽口底部应采用聚乙烯发泡材料填塞。

（8）按设计要求安装幕墙的开启窗，应采取有效的防坠落措施；玻璃板块由下至上安装，每个楼层由上至下安装。

8.3　半隐框玻璃幕墙（构件式）

8.3.1　关键工艺

半隐框玻璃幕墙（构件式）的关键工艺包括龙骨安装、玻璃板块安装、板缝注胶等。

8.3.2　工艺过程图示

工艺过程如图8.3-1～图8.3-6所示。

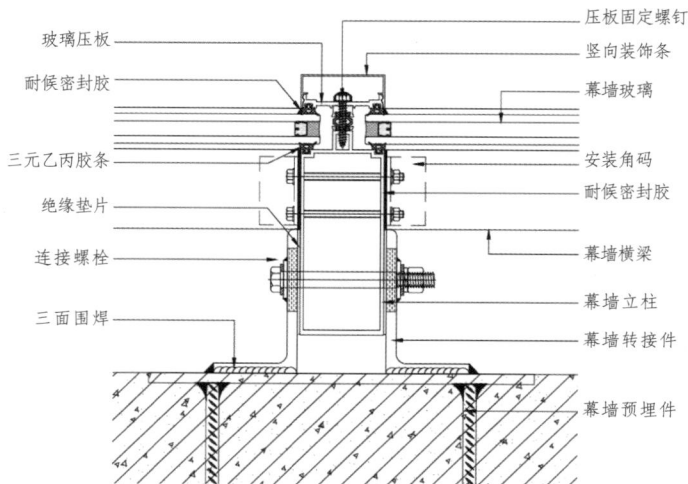

图8.3-1　半隐框玻璃幕墙横剖标准节点

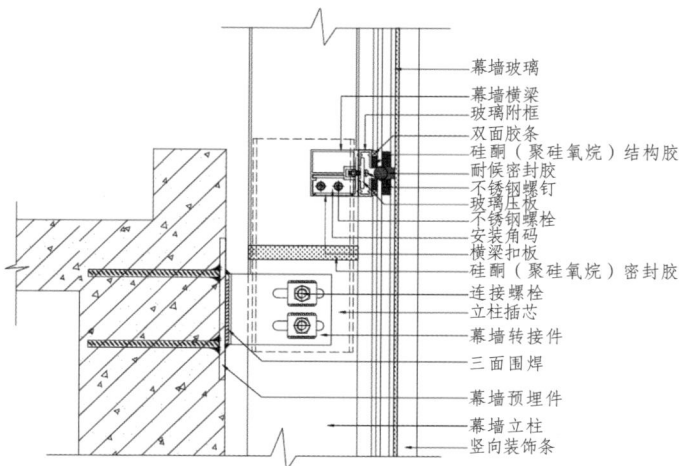

图8.3-2　半隐框玻璃幕墙竖剖标准节点

图8.3-3　幕墙横梁安装

图8.3-4　半隐框幕墙玻璃安装

图8.3-5　玻璃幕墙开启扇安装

图8.3-6　横明竖隐玻璃幕墙立面完成

8.3.3　做法说明

» 3.3.3.1　材料及机具

（1）预埋件、转接件、幕墙龙骨、五金配件、玻璃、避雷导线、防火棉、密封胶、结构胶等。

（2）全站仪、经纬仪、水准仪、玻璃吸盘、钢卷尺、靠尺、水平尺、万能角度尺、游标卡尺、钢丝线、线绳、电焊机、切割机、冲击钻、胶枪、电钻、扳手、螺丝刀等。

» 8.3.3.2　工艺流程

测量定位→复核预埋件→转接件安装→立柱安装→避雷安装→横梁安装→开启框安装→防火层安装→玻璃与副框注结构胶→玻璃面板（带副框）安装→明框盖板安装→板缝注胶→开启扇安装→保护清洁。

» 8.3.3.3　主要工艺方法

（1）测量定位

利用水准仪、经纬仪、铅垂仪、钢卷尺以多轴线进行测量放线定位，控制好水平线、垂直线、铅垂面，标记幕墙各节点的空间位置，确定埋件安装基准点。

（2）幕墙转接件的安装

根据预埋件的放线标记，将转接件固定在预埋件上，转接件与立柱接触边应垂直于幕墙横向面线，且应保持水平。

（3）立柱安装

①将加工完成的幕墙立柱用不锈钢螺栓固定在转接件上，不同金属间应增设绝缘垫片。

②调整固定：利用转接件上的长圆孔，根据测量放线的标记，横向、竖向控制钢丝线进行固定立柱的三维调整。

③立柱与立柱间一般采用插芯连接，插芯长度应符合设计要求；调整到位后拧紧所有螺栓，转接件与预埋件满焊。

（4）横梁安装

①根据幕墙施工图设水平分格和标高控制线，在立柱上标记横梁安装水平线。

②安装横梁固定角码，横梁与立柱外侧面应保持一致，其表面误差不大于0.5mm。

③选择相应长度的横梁，采用不锈钢螺栓固定在连接角码上，横梁安装应由下向上进行，当安装一层高度后应进行检查调整，及时拧紧螺栓。

④使用耐候密封胶密封立柱间和立柱与横梁缝隙。

（5）玻璃与副框注结构胶

①设置专用注胶车间，清洁注胶处的基材。

②根据施工图确定玻璃与副框间结构胶尺寸，在铝框正确位置粘贴双面胶条，保持胶条顺直；双面胶条厚度一般要比注结构胶缝厚度大1mm，防止玻璃放上后压缩，达不到结构胶胶缝厚度。

③注结构胶按顺序进行，胶枪枪嘴应插入适当深度，保证注胶连续、均匀、饱满；注胶后要用刮刀压平，刮去多余结构胶，修整表面，并及时做好注胶记录。

④静置与养护。场地要求温度10~30℃，相对湿度65%~75%，清洁、无尘、无火种、通风良好。静置时间：双组分结构胶3~5d，单组分结构胶7d。

（6）玻璃面板（带副框）安装

①玻璃托条安装。每块玻璃下端设置两个托条，托条长度不应小于100mm，厚度不应小于2mm，高度不应超出玻璃外表面，并在托条上设置衬垫。

②检查带副框玻璃板块的质量、尺寸和规格满足设计要求后，将玻璃板块运至安装位置，由上向下轻轻放在玻璃托条上，使板块的左右边线与分格的中心线保持一致。

③隐框采用玻璃副框压板将带副框的玻璃压住，调整玻璃板块位置，使玻璃副框与骨架内表面对齐；调整完成后采用螺栓或螺钉固定在幕墙龙骨上，按设计要求间距设置附框压板。

（7）明框盖板安装。选择相应规格、长度的内、外扣盖进行编号，将内、外扣盖由上向下挂入压板齿槽内；将穿好胶条的压板采用螺栓或螺钉固定在龙骨上（胶条的自然长度应与框边长度相等，边角接缝严密），螺栓间距应满足设计要求。

（8）板缝注胶

①注胶时要连续、均匀，先注横向缝，后注竖向缝；竖向胶缝宜自上而下进行，胶注满后，应检查里面是否有气泡、空隙、断缝、夹杂，若有应及时处理。

②硅酮（聚硅氧烷）建筑密封胶的施工厚度应大于3.5mm，施工宽度不宜小于施工厚度的2倍；较深的密封槽口底部应采用聚乙烯发泡材料填塞。

（9）按设计要求安装幕墙的开启窗，应采取有效的防坠落措施；玻璃板块由下至上安装，每个楼层由上至下安装。

8.4   全玻璃幕墙

8.4.1   关键工艺

全玻璃幕墙的关键工艺包括安装钢槽、大玻璃板块安装、板缝注结构胶等。

8.4.2　工艺过程图示

工艺过程如图8.4-1～图8.4-6所示。

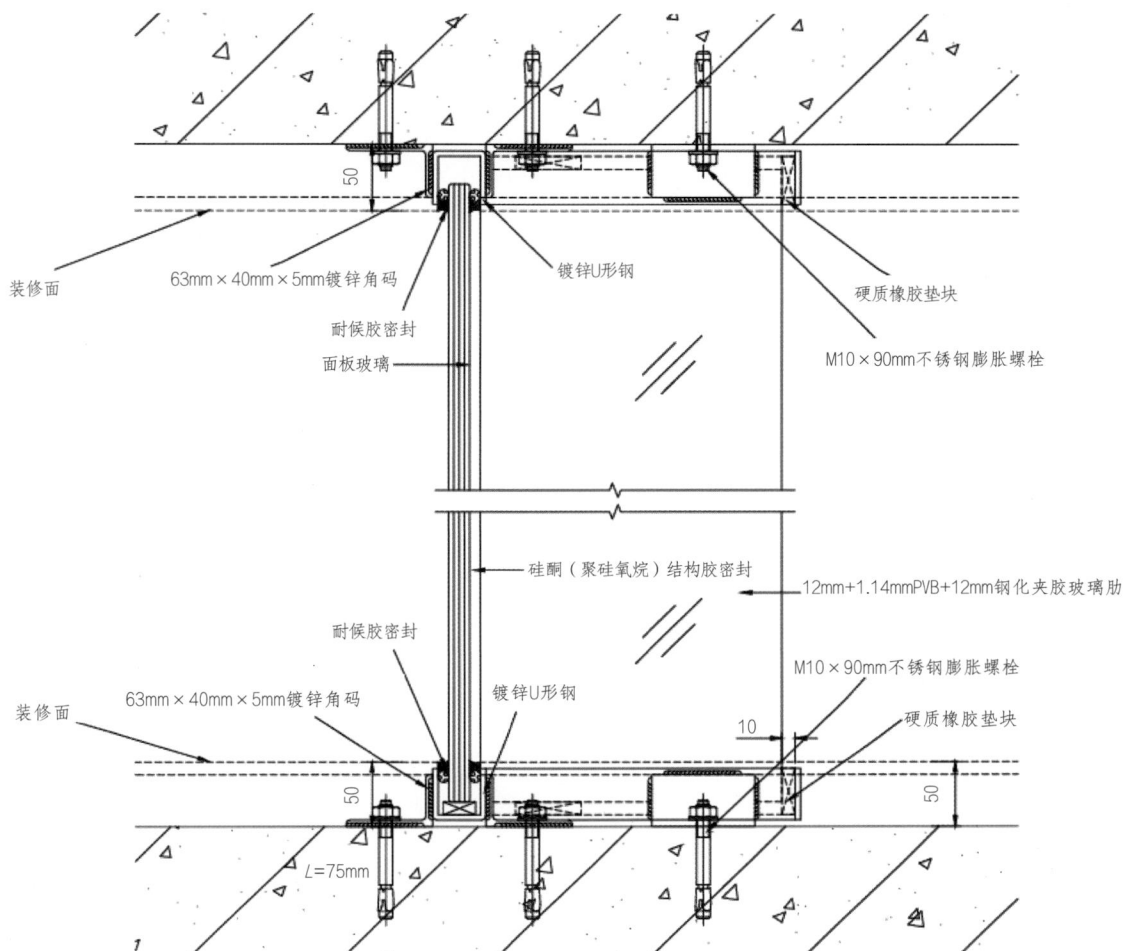

图8.4-1　全玻幕墙上下竖剖节点
L—不锈钢膨胀螺栓植入结构的长度

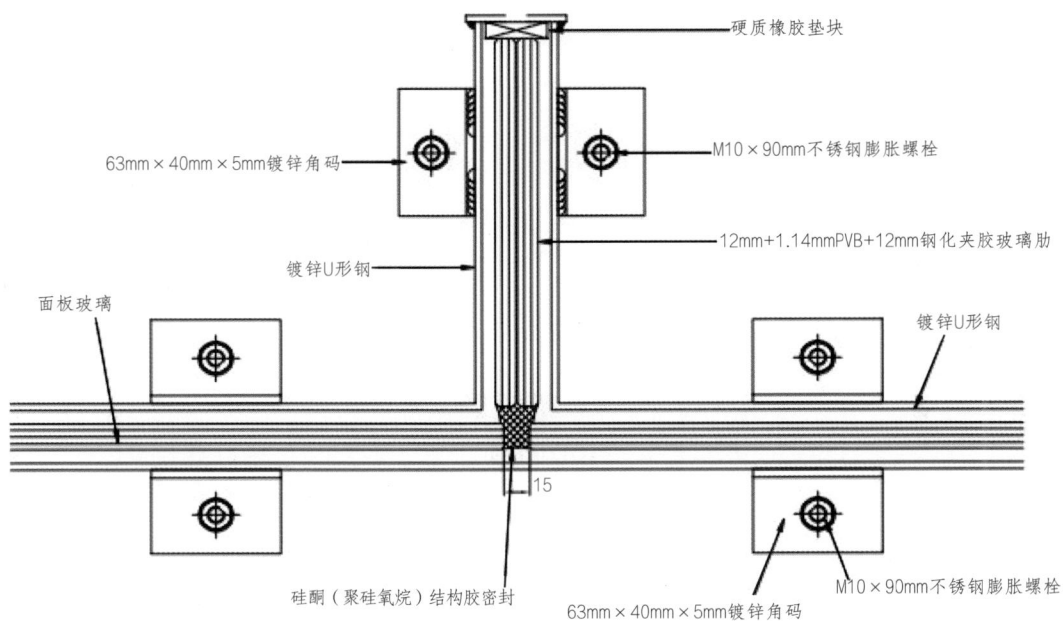

图8.4-2　全玻幕墙玻璃肋横剖节点

图8.4-3　电动吸盘吊装　　图8.4-4　安装完成立面（一）　　图8.4-5　安装完成立面（二）　　图8.4-6　安装完成立面（三）

8.4.3　做法说明

» 8.4.3.1　材料及机具

（1）钢槽、面板玻璃、玻璃肋、锚栓、结构胶、密封胶等。

（2）经纬仪、水准仪、玻璃电动吸盘、钢卷尺、靠尺、水平尺、万能角度尺、游标卡尺、钢丝线、线绳、电焊机、切割机、冲击钻、胶枪、电钻、扳手、螺丝刀等。

» 8.4.3.2　工艺流程

安装钢槽→安装避雷导线→安装玻璃肋→安装玻璃面板→注大板结构胶→注密封胶→保护清洁。

» 8.4.3.3　主要工艺方法

（1）测量放线

①利用水准仪、经纬仪、铅垂仪、钢卷尺，以多轴线进行测量放线定位，控制好水平线、垂直线、铅垂面。

②根据结构控制轴线，综合考虑相关全玻璃幕墙的进出情况，确定全玻璃幕墙安装界面线。

③根据建筑物的标高控制线及建筑物的层高、梁高、挡水线高度等特点，确定全玻璃幕墙的上下起始位置。

④测量放线的同时，用红油漆标记全玻璃幕墙的界面线、上下起止线、分格线，对玻璃肋位置线逐一做好记号，同时做好测量放线记录备查。

（2）安装钢槽

①根据已确定的全玻璃幕墙安装界面线和上下起始位置，参照施工图大板玻璃的分格及玻璃肋的设置位置，确定型钢设置的位置、长度及数量。

②对于玻璃上下夹持钢槽，根据现场实测结果确定钢槽的长度及玻璃肋处的配合角度。

③依据施工安装节点将钢槽固定在结构梁上，钢槽表面和焊缝刷防锈漆，将下部灰土清理干净。

（3）玻璃及玻璃肋安装

①玻璃规格尺寸的检查复核：检查玻璃在存储和运输过程中有无损伤。

②采用人工辅以电动吸盘安装玻璃及玻璃肋，玻璃就位时必须轻起轻落，采取必要的安全措施，由专人统一指挥进行。

③玻璃就位前应在玻璃板块底槽内设置硬橡胶垫块，避免玻璃与钢槽硬性接触。

④玻璃就位并经校核其垂直度、平面度后，用小木棒及铁丝对玻璃板块进行临时固定。

（4）注结构胶

①所有注胶部位的玻璃和金属表面都用丙酮或专用清洁剂擦拭干净，不能用湿布和清水擦洗，注胶部位表面必须干燥。

②沿胶缝位置粘贴胶带纸带，防止硅胶污染玻璃。

③按照设计要求注胶，注胶时应内外同时进行，注胶要匀速、匀厚，不夹气泡。

④注胶完毕后，用专用工具刮胶，设警示标志，便于成品保护。

8.5　点支承玻璃幕墙

8.5.1　关键工艺

点支承玻璃幕墙的关键工艺包括龙骨安装、支座安装、爪件玻璃安装、板缝注胶等。

8.5.2　工艺过程图示

工艺过程如图8.5-1～图8.5-6所示。

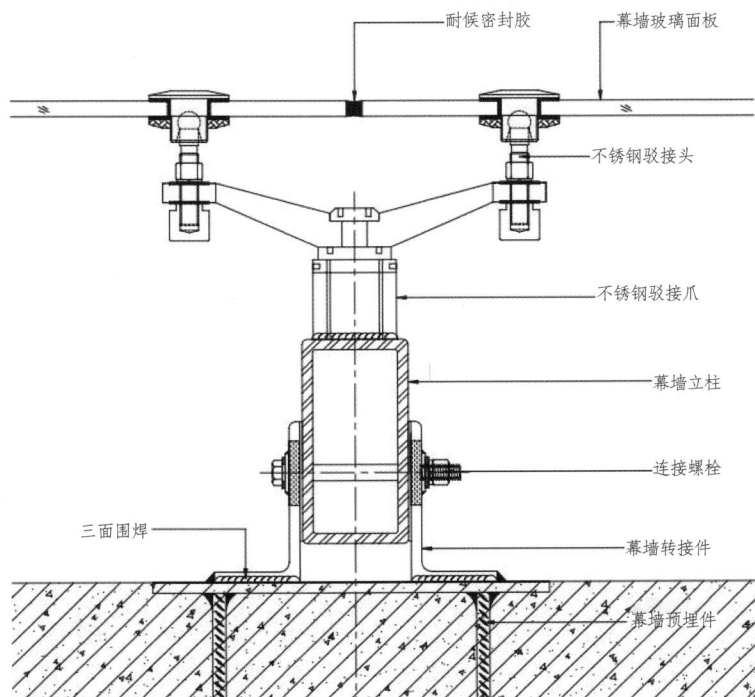

图8.5-1　点式幕墙横剖标准节点

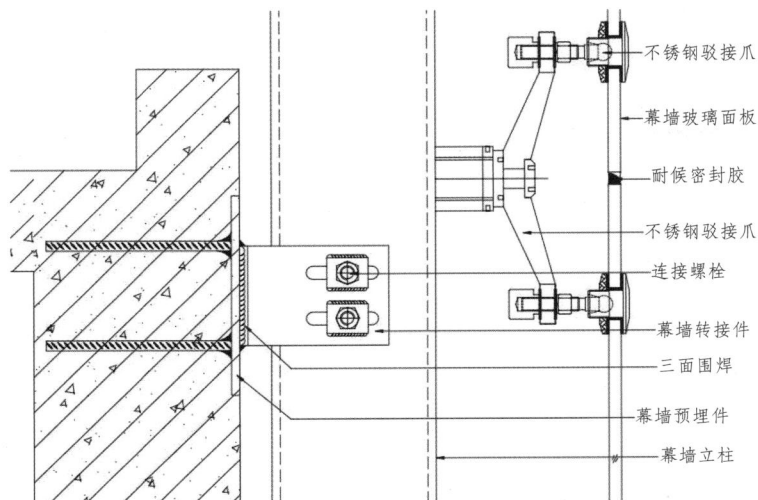

图8.5-2　点式幕墙横竖剖标准节点

| 图8.5-3 龙骨安装 | 图8.5-4 玻璃安装 | 图8.5-5 不锈钢驳接爪件 | 图8.5-6 安装完成立面 |

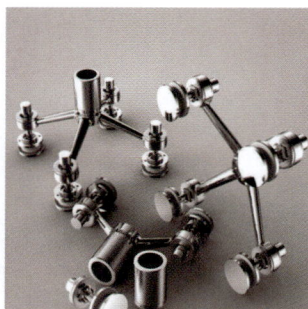

8.5.3 做法说明

» 8.5.3.1 材料及机具

（1）预埋件、转接件、幕墙龙骨、不锈钢爪件、玻璃、避雷导线、防火材料、结构胶、耐候密封胶等。

（2）经纬仪、水准仪、玻璃吸盘、钢卷尺、靠尺、水平尺、万能角度尺、游标卡尺、钢丝线、线绳、电焊机、切割机、冲击钻、胶枪等。

» 8.5.3.2 工艺流程

测量定位→预埋件复核→龙骨安装→固定支座安装→驳接爪安装→面板玻璃安装→注耐候密封胶→保护清洁。

» 8.5.3.3 主要工艺方法

（1）测量定位

①测量人员放线校核现场结构及预埋件尺寸，检测复核各分格轴线，与主体结构实测数据结合，并对主体结构误差进行消化。

②以确定好的控制点为基准将每对水平控制点用拉线连接，连接后的拉线在空中形成网面，将每个交叉点做上标记以确保在施工过程中拉线的交叉点不变。

（2）龙骨安装

①在龙骨的安装过程中，应随时检查钢结构的中心线。较高的幕墙宜采用经纬仪测定，低幕墙可随时用线锤检查，幕墙的平面轴线与建筑物外平面轴线距离的允许偏差应控制在2mm以内。

②龙骨安装的标高偏差不应大于3mm；轴线前后偏差不应大于2mm，左右偏差不应大于3mm；相邻两根钢结构安装的标高偏差不应大于3mm；同层钢结构的最大标高偏差不应大于5mm；相邻两根钢结构的距离偏差不应大于2mm。

（3）固定支座安装

①在地面画好中心交线确定中线点，将水平支座连接在龙骨上，确认无误后报验，并做防腐防锈处理。

②固定支座安装完毕，检查无误后进行驳接爪的安装，确保爪件表面与玻璃平行，通过爪件三维调整以及转动调整以保证玻璃面位置的精度。

（4）驳接爪安装

①结构调整完成后，应按控制单元定位的驳接座安装点进行安装。对因结构偏移导致的安装点误差，应采用偏心螺栓与可调式偏心头组件进行校正，确保驳接座安装偏心距不大于3mm，对角线偏差不大于5mm。

②在驳接座焊接安装结束后开始定位驳接爪，将驳接爪的受力孔向下，并用水平尺校准两横向孔的水平度（两水平孔的偏差小于0.5mm），安装定位销。

③在安装驳接头之前要对其螺纹的松紧度、驳接头与胶垫的配合情况进行检查。先将驳接头的前部安装在玻璃的固定孔上并销紧，确保每件驳接头内的衬垫齐全，使金属与玻璃隔离，保证玻璃的受力部分为面接触，并保证销紧环锁紧密封，在玻璃吊装到位后将驳接头的尾部与驳接爪相互连接并锁紧。

（5）面板玻璃安装

①安装玻璃前应检查钢结构主支撑的垂直度和标高是否符合设计要求，特别要注意安装孔位的复查。

②现场安装玻璃时，应先将驳接头与玻璃在安装平台上装配好，然后与驳接爪进行安装。

③现场安装后，应调整上下左右的位置，保证玻璃水平偏差在允许范围内。

④玻璃全部调整后，应进行整体立面的平整度检查。

（6）注耐候密封胶

①注耐候密封胶时要连续、均匀，先注横向缝，后注竖向缝；竖向胶缝宜自上而下进行，耐候密封胶注满后，应检查里面是否有气泡、空隙、断缝、夹杂，若有应及时处理。

②耐候密封胶修饰好后，应迅速将粘贴在玻璃上的胶带扯掉，耐候密封胶固化后，应清洁内外玻璃，做好防护标志。

8.6　石材幕墙（短槽式）

8.6.1　关键工艺

石材幕墙（短槽式）的关键工艺包括连接件安装、龙骨安装、石材安装、板缝注胶等。

8.6.2　工艺过程图示

工艺过程如图8.6-1～图8.6-6所示。

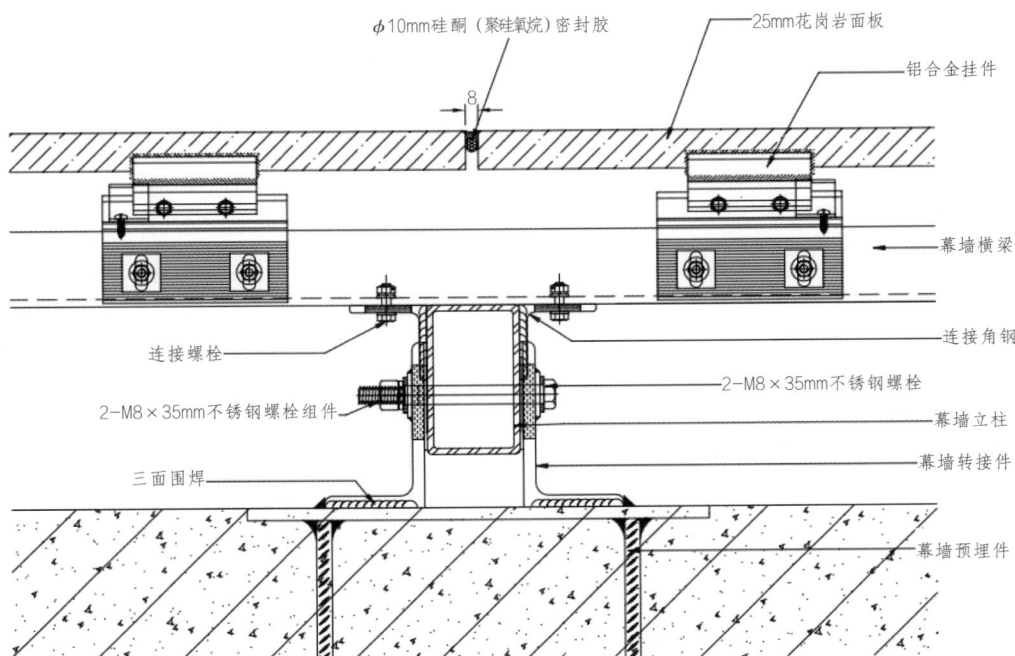

图8.6-1　短槽式石材幕墙横剖标准节点

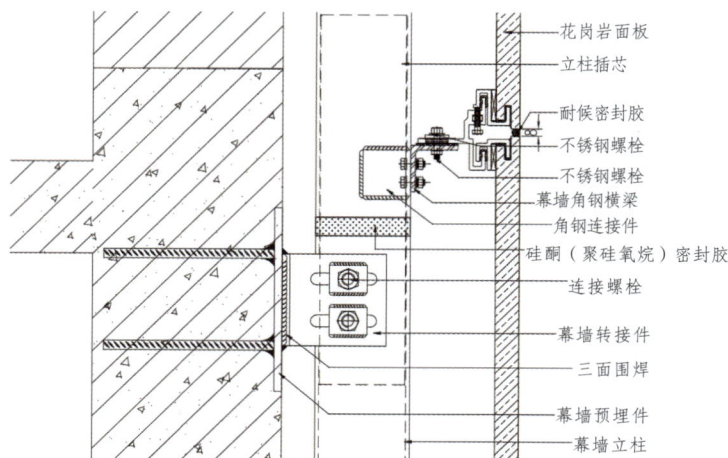

图8.6-2　短槽式石材幕墙竖剖标准节点

右侧标注（自上而下）：花岗岩面板、立柱插芯、耐候密封胶、不锈钢螺栓、不锈钢螺栓、幕墙角钢横梁、角钢连接件、硅酮（聚硅氧烷）密封胶、连接螺栓、幕墙转接件、三面围焊、幕墙预埋件、幕墙立柱

图8.6-3　龙骨安装

图8.6-4　石材面板安装

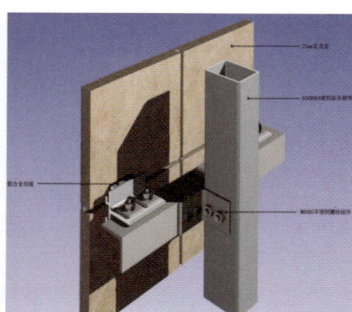

图8.6-5　安装节点三维图

图8.6-6　安装完成立面

8.6.3　做法说明

» 8.6.3.1　材料及机具

（1）预埋件、连接件、龙骨、固定螺栓、挂件、石材面板、密封胶、结构胶等。

（2）台钻、无齿切割锯、冲击钻、手枪钻、力矩扳手、开口扳手、嵌缝枪、卷尺、靠尺、水平尺、勾缝溜子、铅丝等。

» 8.6.3.2　工艺流程

测量放线→连接件安装→立柱安装→横梁安装→避雷导线、防火层安装→挂件安装→石材面板安装→板缝注胶→保护清洁。

» 8.6.3.3　主要工艺方法

（1）测量放线

①依据建筑物轴线弹设周围定位辅助线，由各定位辅助线按龙骨布置图确定每面边角龙骨安装位置，以此并按设计图横向分格尺寸在底层确定幕墙定位线和各立柱分格线。

②用经纬仪核准这些幕墙底层立柱分格线，然后以底层立柱分格线为基准，放置从底层到顶层的竖向垂直钢丝，再用经纬仪校准后予以固定，以此钢丝作为此面的龙骨安装定位控制线。

③根据建筑物标高，用水准仪在建筑外檐引出水平点，弹出一条横向水平线作为横向基准线。基准线确定后，可以该基准线作为横向龙骨安装水平控制线。

（2）立柱安装

①立柱安装前应认真核对立柱的规格、尺寸、数量、编号是否与施工图纸相一致。

②根据放线的具体位置，进行骨架安装，采用连接件将骨架与主体结构相连，安装时用仪器进行中心线和垂直度校正。

③石材幕墙立柱安装就位、调整后应及时固定，石材幕墙安装的临时螺栓等在构件安装、就位、调整、固定后应及时拆除。

（3）横梁安装

①安装横梁连接件，再将横梁安装在连接件上，横梁安装完毕后应复核横、竖杆件的中心线。

②连接件通过螺栓与横梁固定，安装时注意连接件的位置应正确，通过长孔螺栓调节。横梁安装定位后，应进行自检，若不合格应及时进行调校修正。

（4）石材面板安装

①安装前检查石材面板色泽，尽量消除色差；检查石材尺寸以及有无破损、缺棱、缺角，将石材搬运至工作面附近，准备安装。

②安装石材挂件，将对准已固定在横梁上的挂件缓缓插入，使石材稍向前倾，待挂件挂上后，再让石材恢复到垂直状态；然后调节石材位置，并最终固定。

③大面石材面板安装完成后，再安装石材幕墙与其他面材交接部位的收口，注意对已安装的面板的成品保护。

（5）板缝注胶

①注胶时要连续、均匀，先注横向缝，后注竖向缝；竖向胶缝宜自上而下进行，胶注满后，应检查里面是否有气泡、空隙、断缝、夹杂，若有应及时处理。

②注胶完成后，应迅速将粘贴在玻璃上的胶带扯掉，同时进行保护和清洁，宜用中性清洁剂清理，防止石材表面产生白斑、锈斑等污染。

8.7 石材幕墙（背栓式）

8.7.1 关键工艺

石材幕墙（背栓式）的关键工艺包括连接件安装、龙骨安装、石材安装、板缝注胶等。

8.7.2 工艺过程图示

工艺过程如图8.7-1～图8.7-6所示。

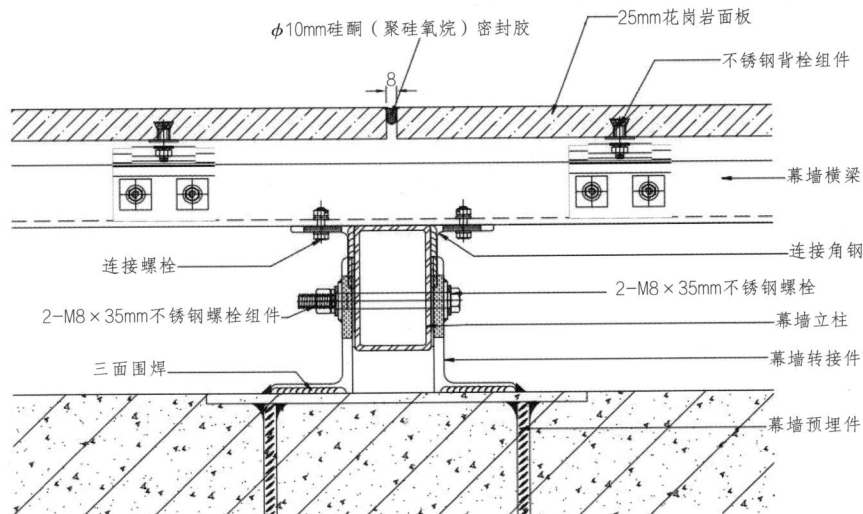

图8.7-1 背栓式石材幕墙横剖节点

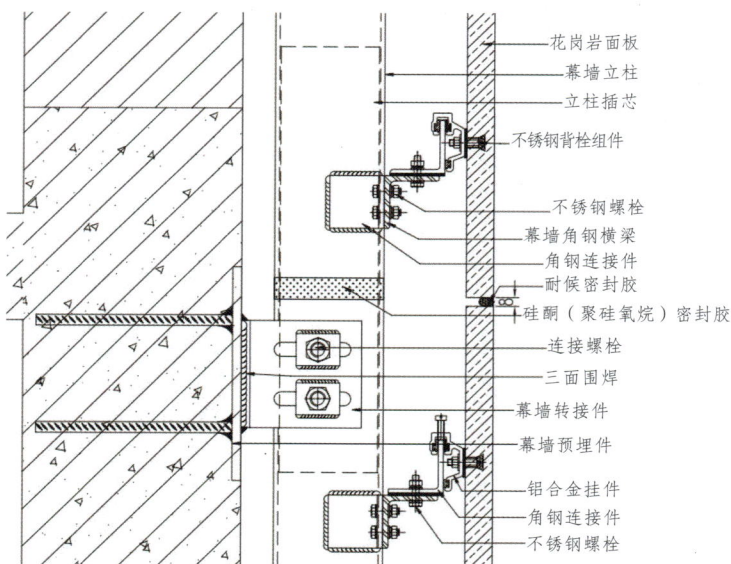

图8.7-2　背栓式石材幕墙竖剖节点

花岗岩面板
幕墙立柱
立柱插芯
不锈钢背栓组件
不锈钢螺栓
幕墙角钢横梁
角钢连接件
耐候密封胶
硅酮（聚硅氧烷）密封胶
连接螺栓
三面围焊
幕墙转接件
幕墙预埋件
铝合金挂件
角钢连接件
不锈钢螺栓

图8.7-3　横梁打孔和挂板

图8.7-4　龙骨安装

图8.7-5　连接点三维图

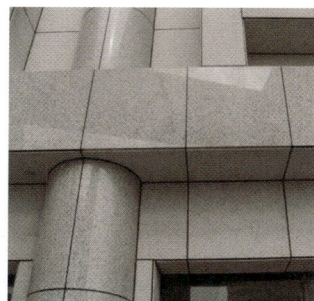

图8.7-6　安装完成立面

8.7.3　做法说明

» 8.7.3.1　材料及机具

（1）预埋件、连接件、龙骨、固定螺栓、背栓件、挂件、石材面板、密封胶、结构胶等。

（2）台钻、无齿切割锯、冲击钻、手枪钻、力矩扳手、开口扳手、嵌缝枪、卷尺、靠尺、水平尺、勾缝溜子、铅丝等。

» 8.7.3.2　工艺流程

测量放线→连接件安装→立柱安装→横梁安装→避雷导线、防火层安装→挂件安装→石材面板安装→板缝注胶→保护清洁。

» 8.7.3.3　主要工艺方法

（1）测量放线

①依据建筑物轴线弹设周围定位辅助线，由各定位辅助线按龙骨布置图确定每面边角龙骨安装位置，并按设计图中的横向分格尺寸，在底层确定幕墙定位线和各立柱分格线。

②用经纬仪核准幕墙底层立柱分格线，然后以底层立柱分格线为基准，放置从底层到顶层的竖向垂直钢丝，再用经纬仪校准后予以固定，以此钢丝作为此面的龙骨安装定位控制线。

③据建筑物标高，用水准仪在建筑外檐引出水平点，弹出一条横向水平线作为横向基准线。基准线确定后，可以该基准线作为横向龙骨安装水平控制线。

（2）立柱安装

①立柱安装前应认真核对立柱的规格、尺寸、数量、编号是否与施工图纸相一致。

②根据放线的具体位置，进行骨架安装，采用连接件将骨架与主体结构相连，安装时用仪器进行中心线和垂直度校正。

③石材幕墙立柱安装就位、调整后应及时固定，石材幕墙安装的临时螺栓等在构件安装、就位、调整、固定后应及时拆除。

（3）横梁安装

①安装横梁连接件，再将横梁安装在连接件上，横梁安装完毕后应复核横、竖杆件的中心线。

②连接件通过螺栓与横梁固定，安装时注意连接件的位置应正确，通过长孔螺栓调节。横梁安装定位后，应进行自检，若不合格应及时进行调校修正。

（4）石材面板安装

①安装前检查石材面板色泽，尽量消除色差；检查石材尺寸以及有无破损、缺棱、缺角，将已加工开槽完毕的石材搬运至工作面附近，准备安装。

②安装石材背栓挂件，将对准已固定在横梁上的挂件缓缓插入，使石材稍向前倾，待挂件挂上后，再让石材恢复到垂直状态；然后调节石材位置，并最终固定。

③大面石材面板安装完成后，再安装石材幕墙与其他面材交接部位的收口，注意对已安装的面板的成品保护。

（5）板缝注胶

①注胶时要连续、均匀，先注横向缝，后注竖向缝；竖向胶缝宜自上而下进行，胶注满后，应检查里面是否有气泡、空隙、断缝、夹杂，若有应及时处理。

②注胶完成后，应迅速将粘贴在玻璃上的胶带扯掉，进行保护和清洁，宜用中性清洁剂清理，防止石材表面产生白斑、锈斑等污染。

8.8 铝板幕墙

8.8.1 关键工艺

铝板幕墙的关键工艺包括连接件安装、龙骨安装、面板安装、板缝注胶等。

8.8.2 工艺过程图示

工艺过程如图8.8-1～图8.8-6所示。

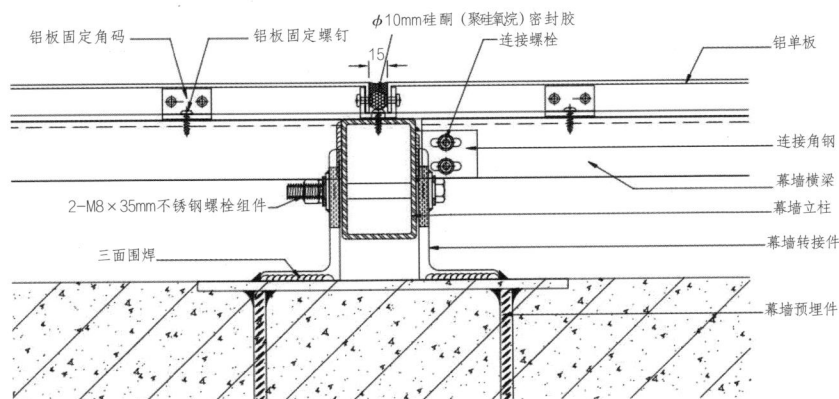

图8.8-1 铝板幕墙横剖标准节点

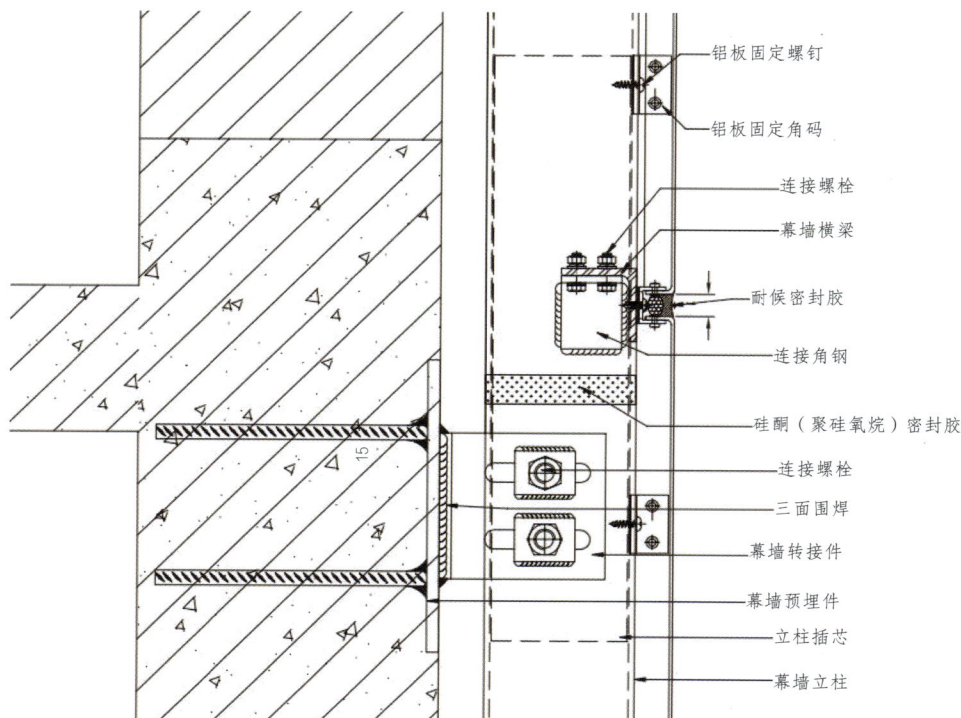

图8.8-2　铝板幕墙竖剖标准节点

图中标注（从上到下）：
铝板固定螺钉
铝板固定角码
连接螺栓
幕墙横梁
耐候密封胶
连接角钢
硅酮（聚硅氧烷）密封胶
连接螺栓
三面围焊
幕墙转接件
幕墙预埋件
立柱插芯
幕墙立柱

图8.8-3　龙骨安装

图8.8-4　避雷安装

图8.8-5　注胶

图8.8-6　清理

8.8.3　做法说明

》8.8.3.1　材料及机具

（1）预埋件、连接件、龙骨、铝单板、固定螺栓、避雷导线、防火棉、密封胶等。

（2）经纬仪、水准仪、钢卷尺、靠尺、水平尺、万能角度尺、游标卡尺、钢丝线、线绳、电焊机、切割机、冲击钻、胶枪等。

》8.8.3.2　工艺流程

测量放线→连接件安装→立柱安装→横梁安装→避雷导线、防火层安装→铝单板安装→板缝注胶→保护清洁→检查验收。

》8.8.3.3　主要工艺方法

（1）测量放线

①依据建筑物轴线弹设周围定位辅助线，由各定位辅助线按龙骨布置图确定每面边角龙骨安装位置，并按设计图中的横向分格尺寸在底层确定幕墙定位线和各立柱分格线。

②用经纬仪核准幕墙底层立柱分格线，然后以底层立柱分格线为基准，放置从底层到顶层的竖向垂直钢丝，再用经纬仪校准后予以固定，以此钢丝作为此面的龙骨安装定位控制线。

③据建筑物标高，用水准仪在建筑外檐引出水平点，弹出一条横向水平线作横向基准线。基准线确定后，可以该基准线作为横向龙骨安装水平控制线。

（2）立柱安装

①立柱安装前应认真核对立柱的规格、尺寸、数量、编号是否与施工图纸相一致。

②根据放线的具体位置，进行骨架安装，采用连接件将骨架与主体结构相连，安装时用仪器进行中心线、垂直度校正。

③幕墙立柱安装就位、调整后应及时固定。

（3）横梁安装

①安装横梁连接件，再将横梁安装在连接件上，横梁安装完毕后应复核横、竖杆件的中心线。

②连接件通过螺栓与横梁固定，安装时注意连接件的位置应正确，通过长孔螺栓调节。横梁安装定位后，应进行自检，若不合格应及时进行调校修正。

（4）铝单板安装

将分放的铝单板分送至各安装位置，按施工图将铝单板安放于连接角钢上，调整位置，准确后用螺钉固定。

（5）板缝注胶

①注胶时要连续、均匀，先注横向缝，后注竖向缝；竖向胶缝宜自上而下进行，胶注满后，应检查里面是否有气泡、空隙、断缝、夹杂，若有应及时处理。

②注胶完成后，应迅速将粘贴在玻璃上的胶带扯掉，进行保护和清洁，宜用中性清洁剂清理，防止铝板表面产生白斑、锈斑等污染。

8.9　陶板幕墙

8.9.1　关键工艺

陶板幕墙的关键工艺包括连接件安装、龙骨安装、面板安装、板缝注胶等。

8.9.2　工艺过程图示

工艺过程如图8.9-1～图8.9-6所示。

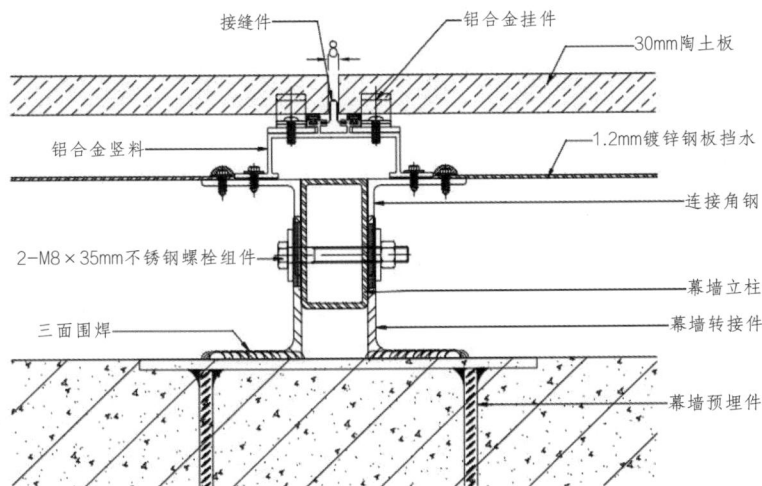

图8.9-1　陶板幕墙横剖标准节点

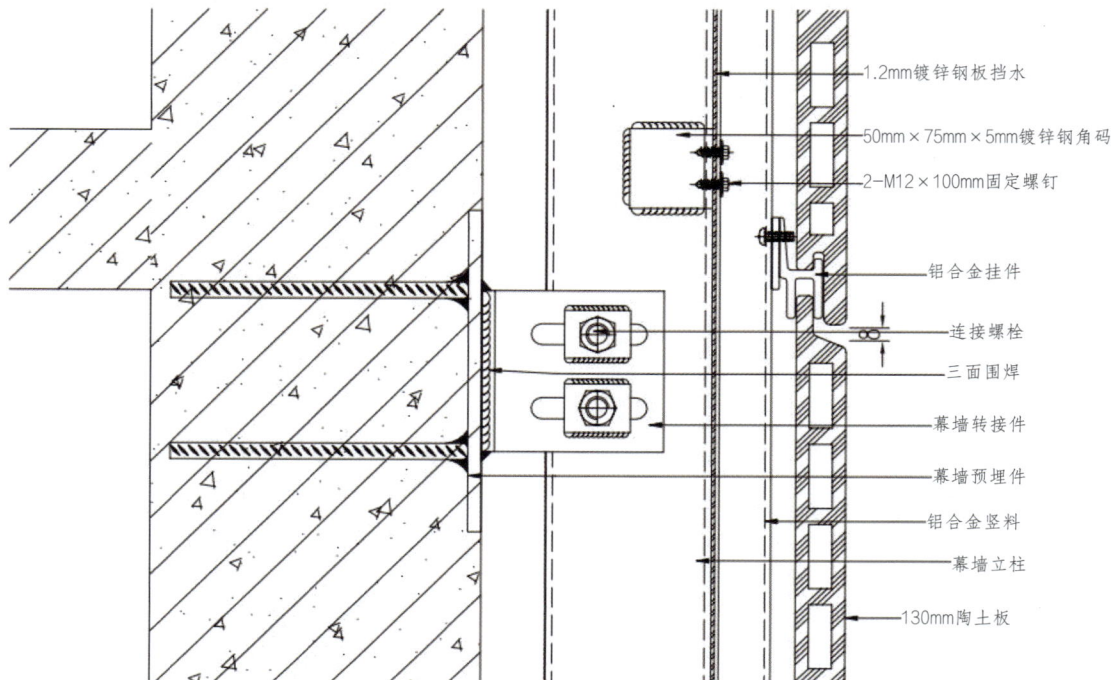

图8.9-2　陶板幕墙竖剖标准节点

标注（自上而下）：
1.2mm镀锌钢板挡水
50mm×75mm×5mm镀锌钢角码
2-M12×100mm固定螺钉
铝合金挂件
连接螺栓
三面围焊
幕墙转接件
幕墙预埋件
铝合金竖料
幕墙立柱
130mm陶土板

图8.9-3　龙骨安装

图8.9-4　陶板安装

图8.9-5　注胶密封

图8.9-6　安装完成清理

8.9.3　做法说明

» 8.9.3.1　材料及机具

（1）预埋件、连接件、龙骨、陶土板、固定螺栓、避雷导线、防火棉、密封胶等。

（2）经纬仪、水准仪、钢卷尺、靠尺、水平尺、万能角度尺、游标卡尺、钢丝线、线绳、电焊机、切割机、冲击钻、胶枪等。

» 8.9.3.2　工艺流程

测量放线→连接件安装→立柱安装→横梁安装→避雷导线、防火层安装→陶板安装→板缝注胶→保护清洁。

» 8.9.3.3　主要工艺方法

（1）测量放线

①依据建筑物轴线弹设周围定位辅助线，由各定位辅助线按龙骨布置图确定每面边角龙骨安装位置，并按设计图中的横向分格尺寸在底层确定幕墙定位线和各立柱分格线。

②用经纬仪核准幕墙底层立柱分格线，然后以底层立柱分格线为基准，放置从底层到顶层的竖向

垂直钢丝，再用经纬仪校准后予以固定，以此钢丝作为此面的龙骨安装定位控制线。

③据建筑物标高，用水准仪在建筑外檐引出水平点，弹出一条横向水平线作为横向基准线。基准线确定后，可以该基准线作为横向龙骨安装水平控制线。

④陶板幕墙对结构相关的尺寸要求较高。在对陶板幕墙进行设计分隔时，除要考虑外形的均匀美观外，还应注意尽量减少陶板的规格型号。

（2）立柱安装

①立柱安装前应认真核对立柱的规格、尺寸、数量、编号是否与施工图纸相一致。

②根据放线的具体位置，进行骨架安装，采用连接件将骨架与主体结构相连，安装时用仪器进行中心线、垂直度校正。

③幕墙立柱安装就位、调整后应及时固定。

（3）横梁安装

①安装横梁连接件，再将横梁安装在连接件上，横梁安装完毕后应复核横、竖杆件的中心线。

②连接件通过螺栓与横梁固定，安装时注意连接件的位置应正确，通过长孔螺栓调节。横梁安装定位后，应进行自检，若不合格应及时进行调校修正。

（4）陶板安装

①安装陶板前应将特殊弹簧片安装在挂件上，再将挂件推进陶板背面的槽口，四角的四个挂件安装完毕后直接将陶板从上而下挂在安装到位的横龙骨上。运用上部挂件的内六角调节螺钉，可以微调板块之间的搭接量。板块之间的竖向缝隙可以通过左右移动板块来调节。

②陶板安装时，注意不得使挂件偏位，两挂件搭接长度不得小于50mm，将定位螺钉拧紧，使用调节螺钉调节陶板位置。调节时按图纸留出陶板间缝隙，注意使陶板横缝、竖缝顺直，用靠尺调节平整度，铅坠调节垂直度。

③对每个孔的深度及底部打孔的质量都要设专人检验，安装控制其平整度、垂直度、分格尺寸、缝宽、高低差在允许误差范围内。

（5）板缝注胶

①注胶时要连续、均匀，先注横向缝，后注竖向缝；竖向胶缝宜自上而下进行，胶注满后，应检查里面是否有气泡、空隙、断缝、夹杂，若有应及时处理。

②注胶完成后，应迅速将粘贴在玻璃上的胶带扯掉，进行保护和清洁，宜用中性清洁剂清理，防止陶板表面产生白斑、锈斑等污染。

8.10　断桥隔热铝合金外窗

8.10.1　关键工艺

断桥隔热铝合金外窗的关键工艺包括窗框安装、平开窗框扇安装、注胶等。

8.10.2　工艺过程图示

工艺过程如图8.10-1～图8.10-8所示。

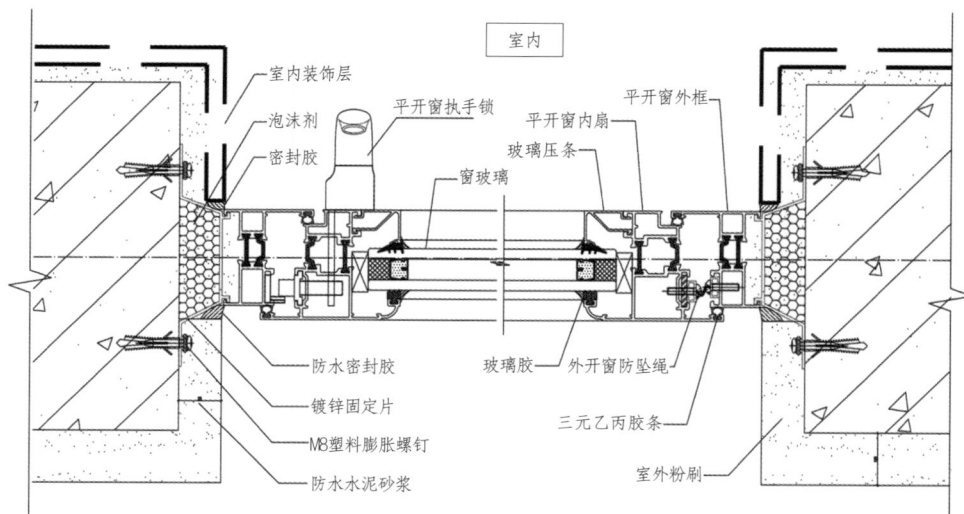

图8.10-1 平开窗左右与墙体连接节点

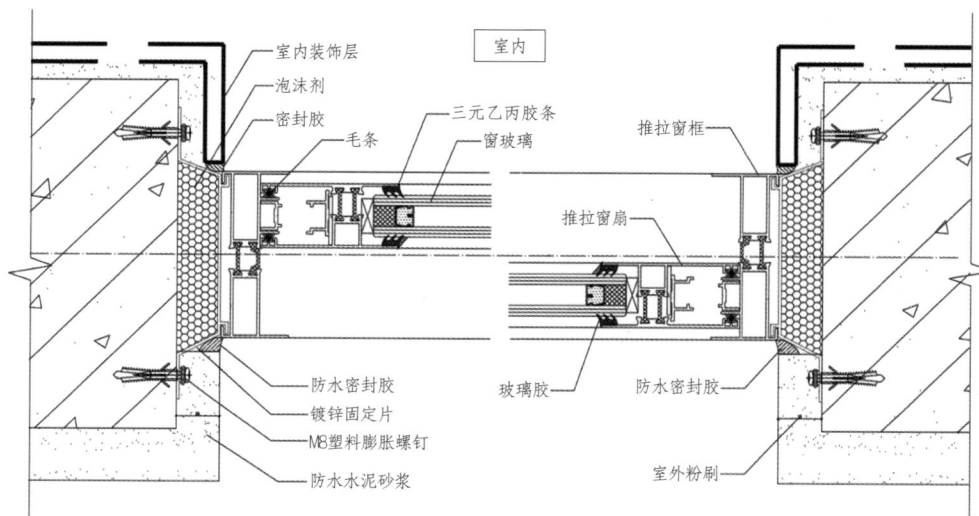

图8.10-2 推拉窗左右与墙体连接节点

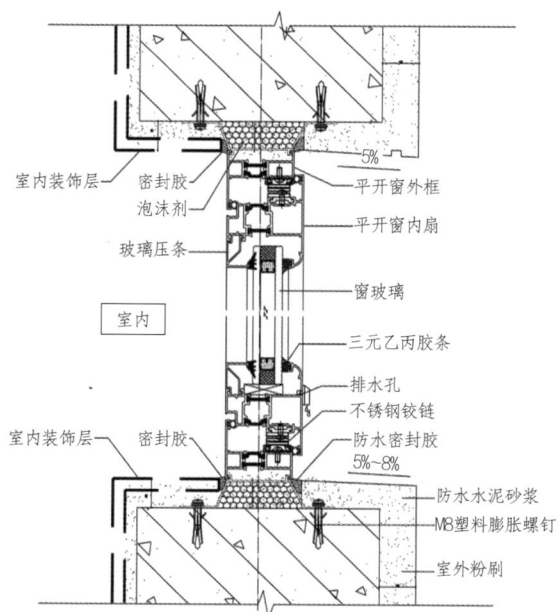

图8.10-3 平开窗上下与墙体连接节点

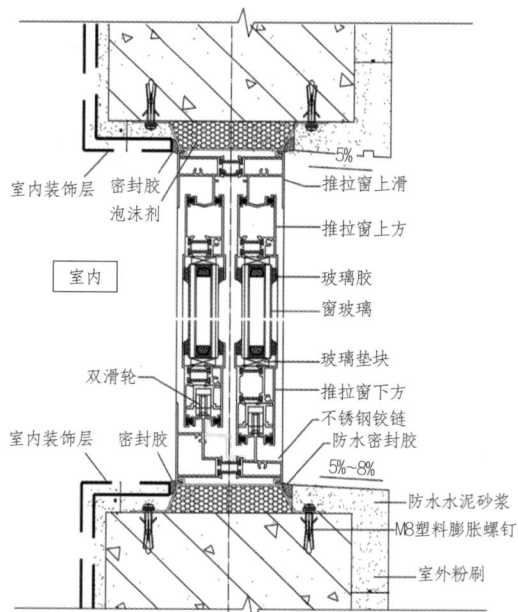

图8.10-4 推拉窗上下与墙体连接节点

| 图8.10-5　窗外框安装 | 图8.10-6　窗户避雷导线安装 | 图8.10-7　平开窗五金配件 | 图8.10-8　推拉月牙锁安装 |

8.10.3　做法说明

» 8.10.3.1　材料及机具

（1）窗框、窗扇、玻璃、五金配件、避雷导线、发泡剂、密封胶、美纹纸等。

（2）经纬仪、水准仪、钢卷尺、靠尺、水平尺、游标卡尺、钢丝线、切割机、冲击钻、胶枪等。

» 8.10.3.2　工艺流程

测量放线→窗洞口处理→窗框安装→填缝注胶处理→固定玻璃安装→窗扇安装→注胶→五金配件安装→成品保护。

» 8.10.3.3　主要工艺方法

（1）测量放线

①根据土建方提供的基准线进行放线复尺，用线锤或经纬仪引测门窗边线，在每层门窗洞口处画线标记，并逐层抄测门窗边线实际距离，需要进行处理的应做好记录和标识。

②窗的水平位置应以楼层室内的水平线为准，向上量取窗台板下皮标高，弹线找直，每层必须保持下皮标高一致。

③墙厚方向的安装位置应按设计要求和窗台板的位置确定。一般情况下以墙体中轴线向两侧按框宽度进行放线。

（2）窗洞口处理

窗洞口偏位、不垂直、不方正的要进行剔除或抹灰处理，洞口尺寸偏差应满足规范标准要求。

（3）窗框安装

①根据标记好的门窗定位线，用木楔块临时固定窗框。

②根据连接铁片上的孔的位置，定出相应的安装位置，并根据垂直线和水平位置进行控制，调整外框的左右、前后距离，门窗框的水平、垂直及对角线长度等偏差应控制在允许范围内，调整后加以固定。

③窗框一般采用1.5mm厚热镀锌铁片固定，间距不得大于500mm，边角部不大于150mm，铁片与墙体之间根据墙体的材质，砌块墙体采用金属膨胀螺钉固定，混凝土采用射钉连接。在砌体上安装门窗时严禁采用射钉固定。

（4）填缝注胶处理

①窗框安装固定后，应先进行隐蔽工程验收，合格后及时按设计要求处理框与墙体之间的空隙。

②窗框的安装缝隙宜采用聚氨酯泡沫填缝剂填塞饱满，溢出框外的填缝剂应在结膜前清理干净并保持外膜完整，用水泥砂浆和耐候密封胶做保护封闭。

③窗框室外侧四周应采用密封胶做防水处理，胶缝的宽度和深度不应小于6mm。

（5）固定玻璃及门窗扇安装。一般在洞口墙体表面装饰完工后安装，并做好成品保护。

（6）五金配件安装

①承重五金、锁座、防坠落装置等应安装牢固，锁点与锁座应有效搭接。

②开启扇应启闭灵活、无卡滞、无异响；开启角度、方向、框扇间隙和最大开启距离应符合设计要求，开启限位装置应安装正确。

（7）成品保护

①窗框安装完成后应采用保护胶纸和塑料薄膜封贴包扎好，以防止水泥砂浆、灰水、喷涂材料等污染窗框。

②严禁在安装好的窗框上安放脚手架、悬挂重物等。经常出入的洞口，应及时保护好门框。严禁施工人员踩踏和碰擦窗框。

③交工前撕去保护胶纸，轻缓操作剥离，不得划破、刮花铝合金表面膜层。

8.11 断桥隔热铝合金外门

8.11.1 关键工艺

断桥隔热铝合金外门的关键工艺包括门框安装、平开门/推拉门框扇安装、注胶。

8.11.2 工艺过程图示

工艺过程如图8.11-1～图8.11-8所示。

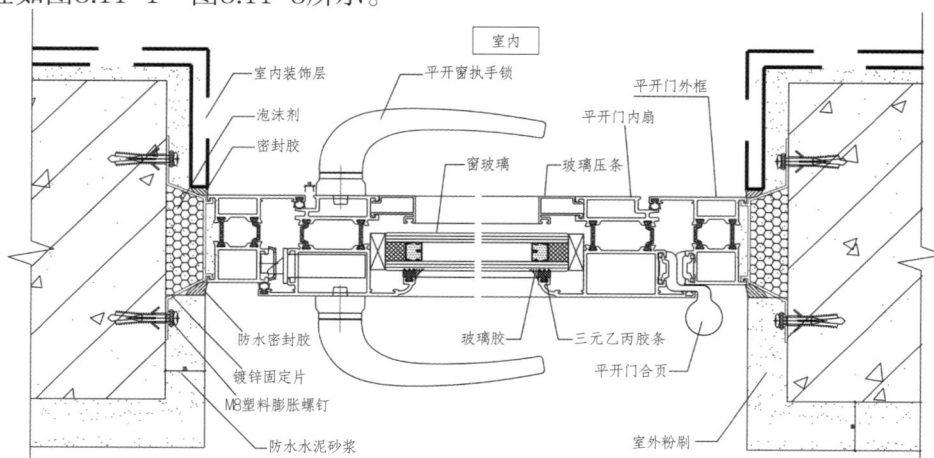

图8.11-1 平开门左右与墙体连接节点

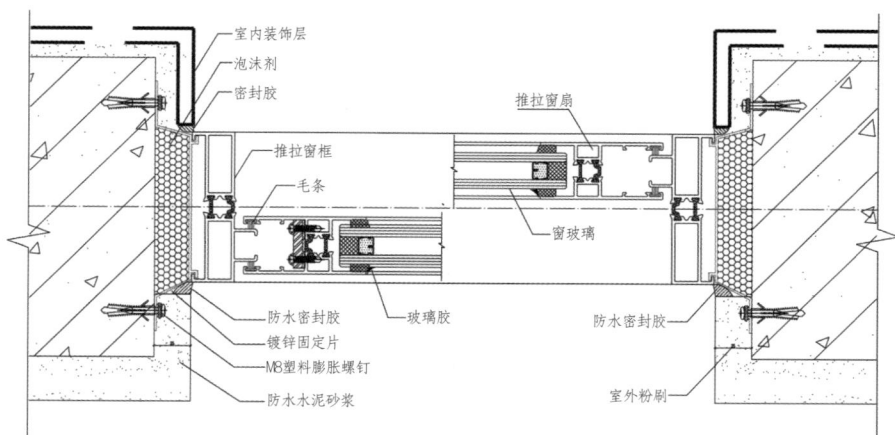

图8.11-2 推拉门左右与墙体连接节点

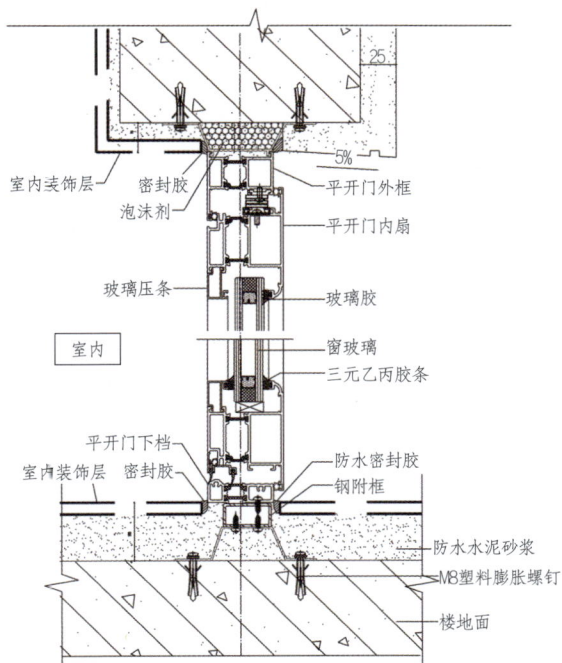

图8.11-3　平开门上下与墙体连接节点

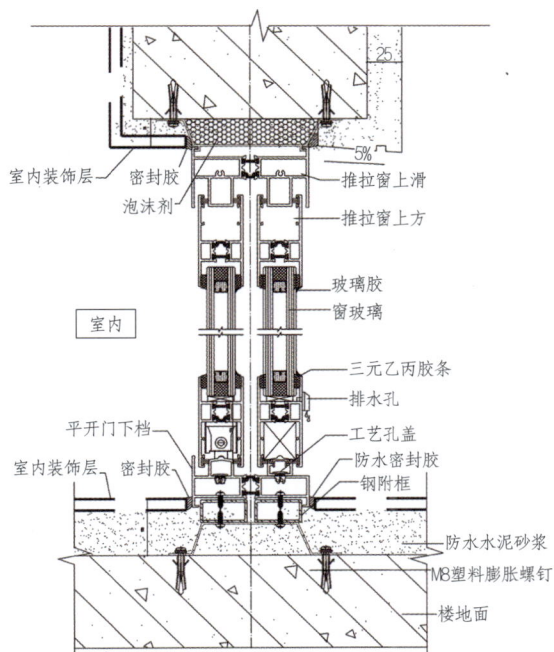

图8.11-4　推拉门上下与墙体连接节点

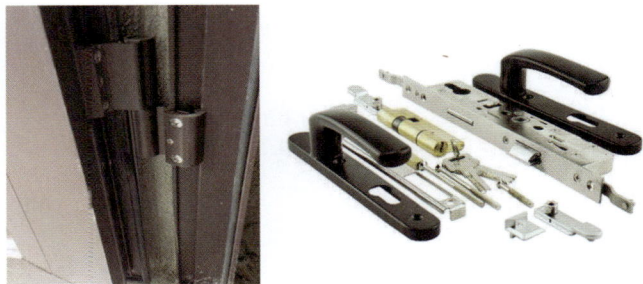

图8.11-5　平开门合页、锁具

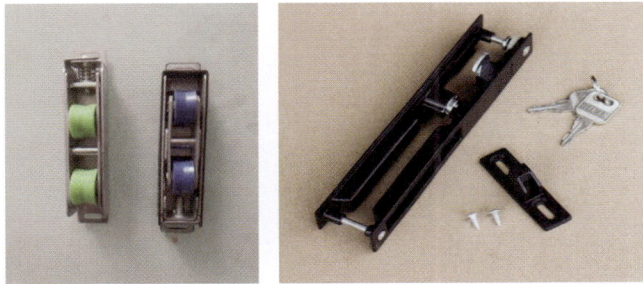

图8.11-6　推拉门双滑轮、锁具

8.11.3　做法说明

» 8.11.3.1　材料及机具

（1）门框、门扇、玻璃、五金配件、避雷导线、发泡剂、密封胶、美纹纸等。

（2）经纬仪、水准仪、钢卷尺、靠尺、水平尺、游标卡尺、钢丝线、切割机、冲击钻、胶枪等。

» 8.11.3.2　工艺流程

测量放线→门洞口处理→门框安装→填缝注胶处理→固定玻璃安装→门扇安装→注胶→五金配件安装→成品保护。

» 8.11.3.3　主要工艺方法

（1）测量放线

图8.11-7　平开门安装完成立面

图8.11-8　推拉门安装完成立面

①根据土建方提供的基准线进行放线复尺，用线锤或经纬仪引测门边线，在每层门洞口处画线标记，并逐层抄测门边线实际距离，需要进行处理的应做好记录和标识。

②门的水平位置应以楼层室内的水平线为准，向上量取窗台板下皮标高，弹线找直，每层必须保持下皮标高一致。

③墙厚方向的安装位置应按设计要求。一般情况下以墙体中轴线向两侧按框宽度进行放线。

（2）门洞口处理

门洞口偏位、不垂直、不方正的要进行剔除或抹灰处理，洞口尺寸偏差应满足规范标准要求。

（3）门框安装

①根据标记好的门定位线，用木楔块临时固定门框。

②根据连接铁片上的孔的位置，定出相应的安装位置，并根据垂直线和水平位置进行控制，调整外框的左右、前后距离，门框的水平、垂直及对角线长度等偏差应控制在允许范围内，调整后加以固定。

③门框一般采用1.5mm厚热镀锌铁片固定，间距不得大于500mm，边角部不大于150mm，铁片与墙体之间根据墙体的材质，砌块墙体采用金属膨胀螺钉固定，混凝土采用射钉连接。在砌体上安装门窗时严禁采用射钉固定。

（4）填缝注胶处理

①门框安装固定后，应先进行隐蔽工程验收，合格后及时按设计要求处理框与墙体之间的空隙。

②门框的安装缝隙宜采用聚氨酯泡沫填缝剂填塞饱满，溢出框外的填缝剂应在结膜前清理干净并保持外膜完整，用水泥砂浆和耐候胶做保护封闭。

③门框室外侧四周应采用密封胶做防水处理，胶缝的宽度和深度不应小于6mm。

（5）固定玻璃及门扇安装。一般在洞口墙体表面装饰完工后安装，并做好成品保护。

（6）五金配件安装

①承重五金、锁座、防坠落装置等应安装牢固，锁点与锁座应有效搭接。

②开启扇应启闭灵活，无卡滞、无异响；开启角度、方向、框扇间隙和最大开启距离应符合设计要求，开启限位装置应安装正确。

（7）成品保护

①门框安装完成后应采用保护胶纸和塑料薄膜封贴并包扎好，以防止水泥砂浆、灰水、喷涂材料等污染门框。

②严禁在安装好的门框上安放脚手架、悬挂重物等。经常出入的洞口，应及时保护好门框。严禁施工人员踩踏和碰擦门框。

③交工前撕去保护胶纸，要轻缓操作剥离，不得划破、刮花铝合金表面膜层。

8.12　PVC板吊顶

8.12.1　关键工艺

PVC板吊顶的关键工艺包括吊筋安装、龙骨安装、面板安装等。

8.12.2　工艺过程图示

工艺过程如图8.12-1～图8.12-8所示。

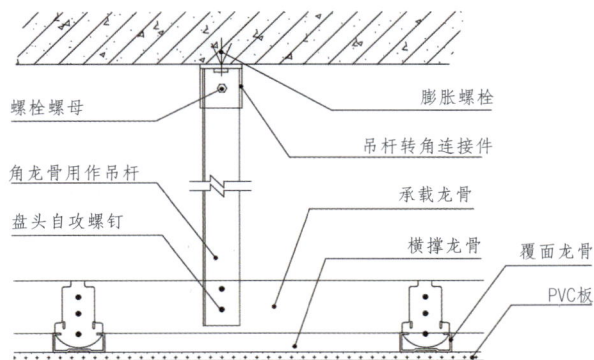

图8.12-1　吊顶做法

螺栓螺母
膨胀螺栓
角龙骨用作吊杆
吊杆转角连接件
盘头自攻螺钉
承载龙骨
横撑龙骨　覆面龙骨
PVC板

图8.12-2　测量放线

5.8m

图8.12-3　安装吊筋

图8.12-4　安装龙骨

图8.12-5　安装PVC板

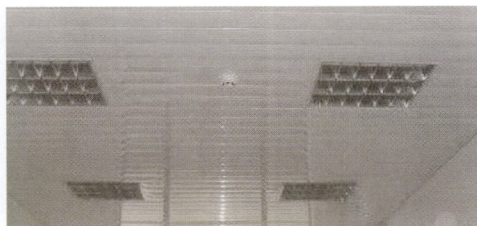

图8.12-6　成品保护

8.12.3　做法说明

» 8.12.3.1　材料及机具

吊杆、龙骨及配件、PVC饰面板、木方、气排钢钉、自攻螺钉、密封胶、码钉等。

» 8.12.3.2　工艺流程

基层处理→测量放线→安装吊筋→安装龙骨→安装PVC板→钉塑料线脚→质量检查→成品保护。

» 8.12.3.3　主要工艺方法

（1）测量放线。根据每个房间的水平控制线确定图示吊顶标高线，并在墙顶上弹出吊顶龙骨线作为安装的标准线，以及在标准线上画好龙骨分档间距位置线。

（2）安装吊筋。钢筋混凝土板底焊接φ8mm钢筋吊环，中距横向不大于500mm，纵向不大于900mm。

（3）安装龙骨。找平后直接用吊件吊挂在预留钢筋吊环下，要求主龙骨连接部分要增设吊点，月主龙骨接件连接，接头和吊杆方向也要错开。严格控制每根龙骨的标高，随时拉线检查龙骨的平整度。

龙骨不得悬挑过长，吊杆距主龙骨端部距离不得大于300mm，当大于300mm时，应增加吊杆。当吊杆长度大于1.5m时，应设置反支撑。

（4）安装PVC板。用自攻螺钉固定，自攻钉头略埋入板面，按设计要求处理板接缝。

（5）与墙体之间采用角铝连接的，应有一定厚度，以防翘折。

8.13　铝扣板吊顶

8.13.1　关键工艺

铝扣板吊顶的关键工艺包括龙骨安装、金属扣板安装等。

8.13.2　工艺过程图示

工艺过程如图8.13-1~图8.13-6所示。

图8.13-1　吊顶做法

图8.13-2　安装吊杆

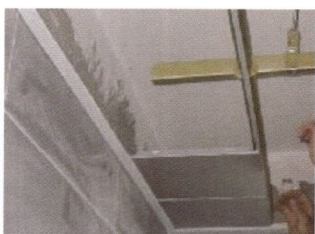

图8.13-3　安装龙骨　　图8.13-4　安装铝合金方板　　图8.13-5　饰面清理和打胶　　图8.13-6　安装完成验收

8.13.3　做法说明

》8.13.3.1　材料及机具

铝扣板、轻钢龙骨、吊筋、冲击钻、无齿锯、钢锯、射钉枪、刨子、螺丝刀、吊线锤、角尺、锤子、水平尺、白线、墨斗等。

》8.13.3.2　工艺流程

基层弹线→安装吊杆→安装主龙骨→安装边龙骨→安装次龙骨→安装铝扣板→饰面清理。

》8.13.3.3　主要工艺方法

（1）安装吊杆。在弹好顶棚标高水平线及龙骨位置线后，确定吊杆下端头的标高，安装预先加工好的吊杆，吊杆安装时用膨胀螺栓固定在顶棚上。

（2）安装主龙骨。主龙骨一般选用C38轻钢龙骨，间距控制在900mm范围内。安装时采用与主龙骨配套的吊件与吊杆连接。

（3）安装次龙骨。根据铝扣板的规格尺寸，安装与板配套的次龙骨，次龙骨通过吊挂件吊挂在主龙骨上。

（4）安装铝扣板。安装铝扣板时，在装配面积的中间位置垂直次龙骨方向拉一条基准线，对齐基准线向两边安装。安装时，轻拿轻放，必须顺着翻边部位顺序将铝扣板两边轻压，卡进龙骨后再推紧。

（5）与墙体之间连接采用角铝的，应有一定厚度，以防翘折。

8.14　矿棉板、硅钙板板块面层吊顶

8.14.1　关键工艺

矿棉板、硅钙板板块面层吊顶的关键工艺包括吊杆及龙骨安装、面板安装以及灯具、风口、喷淋等安装。

8.14.2　工艺过程图示

工艺过程如图8.14-1～图8.14-6所示。

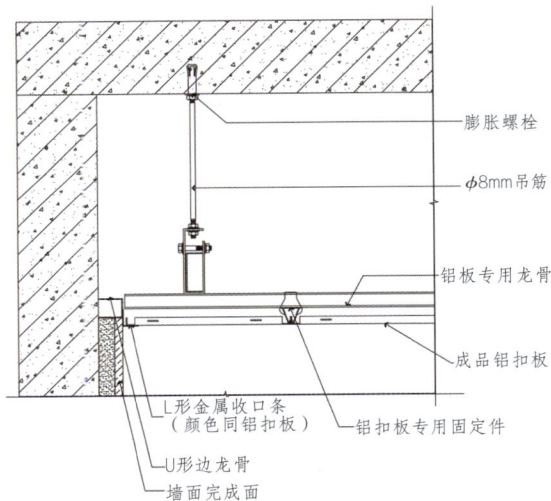

图8.14-1　吊顶与墙面收口节点

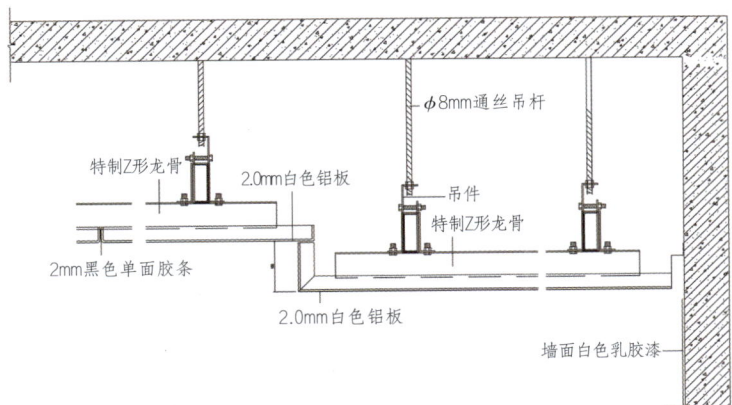

图8.14-2　钩挂式铝板纵向造型吊顶节点

图3.14-3　龙骨安装

图8.14-4　面板安装

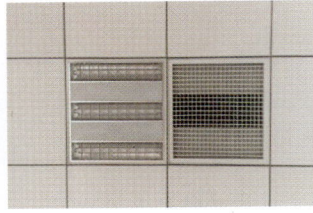

图8.14-5　灯具安装

图8.14-6　安装完成

8.14.3　做法说明

» 8.14.3.1　材料及机具

吊顶面板（矿棉板、硅钙板）、双形收口条、冲击钻、切割机、钳子、钢卷尺、墨斗、线绳等。

» 8.14.3.2　工艺流程

实际尺寸量测→计算机排版→弹线定位→吊杆及龙骨安装→面板安装→灯具、风口、喷淋等安装。

» 8.14.3.3　主要工艺方法

（1）不小于1/3板块及200mm的非整块，无法避免时应采用镶边、凹槽等方式调整消除。

（2）通长走廊板块应在宽度方向排成奇数，灯具、风口、喷淋、烟感等应对称、居中、成行成线布设。

（3）宜与地面材料规格和排版上下呼应。

（4）根据排版图及面板规格，弹出吊顶面板标高线，面板、灯具、烟感、喷淋等位置线。变形缝两侧的主龙骨应断开。弹线时控制线纵横间距不大于4块。第一块（行）、最后一块（行）及有灯具、烟感、喷淋的位置的面板控制线应全部弹出。

（5）拉通线控制灯具、烟感、喷淋等末端设施安装，确保成行成线、居中及与吊顶面板接触严密。吊顶与墙面间宜采用W形或其他凹槽形式，面板应从中间向四周分散安装。安装时应注意面板背面箭头方向一致，拼花温和，无色差。拉通线调整龙骨及金属面板接缝顺直度，确保接缝平齐、严密。

8.15　格栅及方通吊顶

8.15.1　关键工艺

格栅及方通吊顶的关键工艺包括龙骨安装、格栅拼接及安装、灯具/烟感/喷淋安装、格栅调整等。

8.15.2　工艺过程图示

工艺过程如图8.15-1～图8.15-6所示。

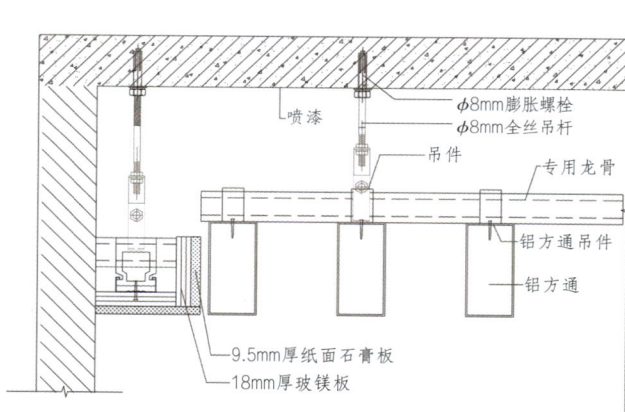

图8.15-1　铝方通吊顶节点

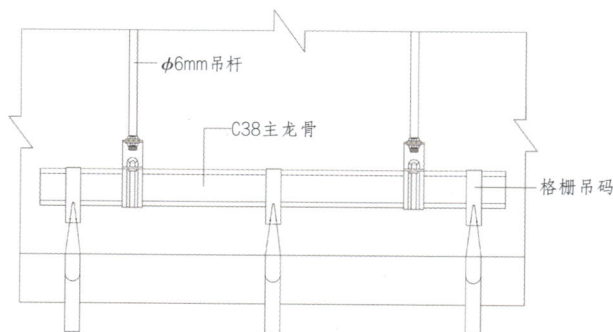

图8.15-2　格栅吊顶节点

图8.15-3　龙骨安装

图8.15-4　铝方通安装

图8.15-5　格栅拼接及安装

图8.15-6　细部调整

8.15.3　做法说明

» 8.15.3.1　材料及机具

金属格栅或方通、吊杆、吊挂件、收口条、涂料、切割机、钢卷尺、红外线水平仪、墨斗、线绳、冲击钻等。

» 8.15.3.2　工艺流程

基础处理→弹线定位→龙骨安装→格栅拼接及安装→灯具、烟感、喷淋安装→格栅调整。

» 8.15.3.3　主要工艺方法

（1）格栅吊顶安装前应确保基层处理到位，管线等位置准确，成排成行达到明装质量要求。灯具、烟感、喷淋等宜与格栅面平齐。必要时应采用深色（灰色、黑色）涂料对吊顶以上墙、顶及管线进行喷涂处理。格栅和方通吊顶应采用专用龙骨和挂件安装。弹出吊顶平面中心控制线及四周标高控制线，与四周墙面接触处留置宽度一致，大面积吊顶中间应起拱；同时弹出灯具、喷淋、烟感等位置控制线，确保其位于格栅孔中心。

（2）按照格栅规格，在地面进行分块预拼后安装。整块安装时，吊点均衡且不少于4点。吊点间距不大于1.2m，吊点距每块边缘不大于100mm，与墙面接连处用压条收口。方通边缘应封堵严密。拉通线调整格栅平整度、顺直度、灯具等位置，确保格栅平整顺直、拼接严密。

（3）安装铝方通之前应对顶棚上管线进行整理，不得出现裸线，铝方通的通透率控制在70%以上，否则要往下调整喷淋装置。

8.16　T形龙骨吸声顶棚

8.16.1　关键工艺

T形龙骨吸声顶棚的关键工艺包括吊杆安装、龙骨安装、面板安装、调整标高等。

8.16.2　工艺过程图示

工艺过程如图8.16-1～图8.16-6所示。

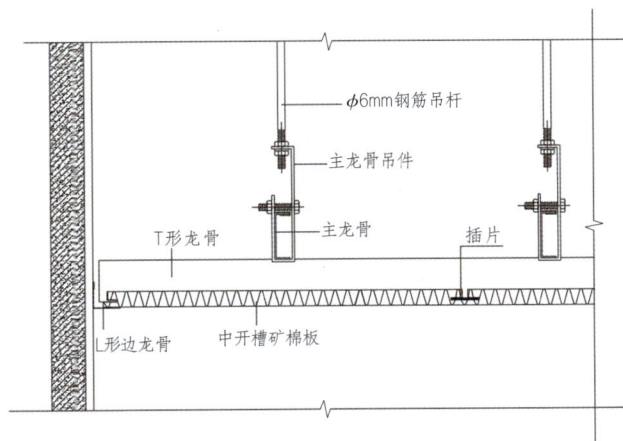

图8.16-1　铝方通吊顶节点

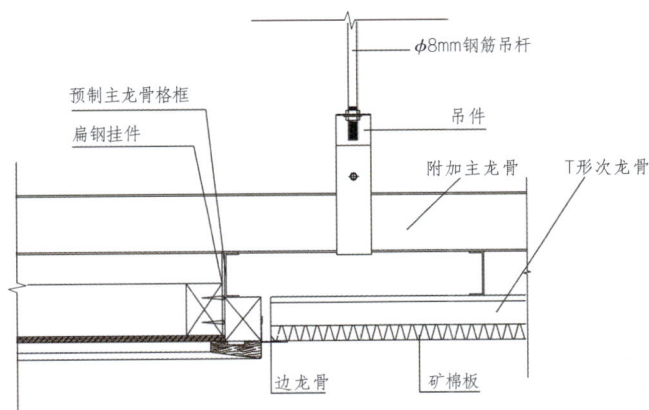

图8.16-2　格栅吊顶节点

图3.16-3　龙骨安装

图8.16-4　吸声板安装

图8.16-5　周边细部处理

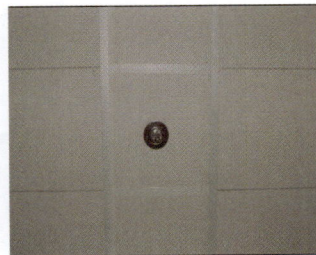

图8.16-6　细部处理

8.16.3 做法说明

» 8.16.3.1 材料及机具

吸声板、吊杆、吊挂件、收口条、切割机、钢卷尺、红外线水平仪、墨斗、线绳、冲击钻等。

» 8.16.3.2 工艺流程

弹顶棚标高水平线→画龙骨分档线→安装主龙骨吊杆→安装主龙骨→安装次龙骨→安装罩面板。

» 8.16.3.3 主要工艺方法

（1）根据楼层标高水平线，用尺竖向量至顶棚设计标高，沿墙、柱四周弹顶棚标高水平线。

（2）按设计要求的主、次龙骨间距布置，在已弹好的顶棚标高水平线上画龙骨分档线。

（3）弹好顶棚标高水平线及龙骨分档位置线后，确定吊杆下端头的标高，按主龙骨位置及吊挂间距，将吊杆无螺栓丝扣的一端与楼板预埋钢筋连接固定。未预埋钢筋时可用膨胀螺栓。

（4）安装主龙骨

①配装吊杆螺母。

②在主龙骨上安装吊挂件。

③将组装好吊挂件的主龙骨，按分档线位置使吊挂件穿入相应的吊杆螺栓，拧好螺母。

④在主龙骨相接处装好连接件，拉线调整标高起拱和平直。

⑤安装洞口附加主龙骨，按图集相应节点构造，设置连接卡固件。

（5）安装次龙骨

①按已弹好的次龙骨分档线，卡放次龙骨吊挂件。

②吊挂次龙骨。按设计规定的次龙骨间距，将次龙骨通过吊挂件吊挂在主龙骨上，设计无要求时，一般间距为500~600mm。

③当次龙骨长度需多根延续接长时，用次龙骨连接件，在吊挂次龙骨的同时相接，调直固定。

④当采用T形龙骨组成轻钢骨架时，次龙骨的卡档龙骨应在安装罩面板时，每装一块罩面板前后各装一根卡档次龙骨。

（6）安装吸声板。在安装吸声板前必须对顶棚内的各种管线进行检查验收，并经打压试验合格后，才允许安装吸声板。

（7）当轻钢龙骨为T形时，多为托卡固定法安装。T形轻钢骨架通长次龙骨安装完毕，经检查标高、间距、平直度和吊线符合设计要求后，应垂直于通长次龙骨方向弹设分块控制线，并弹出横撑龙骨定位线。罩面板安装由顶棚的中间行次龙骨的一端开始，先装一根边卡档次龙骨，再将罩面板槽托入T形次龙骨翼缘或将无槽的罩面板装在T形翼缘上，然后安装另一侧卡档次龙骨。按上述程序分行安装，最后分行拉线调整T形明龙骨。

8.17 塑胶（PVC地板）地面

8.17.1 关键工艺

塑胶（PVC地板）地面的关键工艺包括试铺、刷底子胶、铺贴塑料地面、铺贴塑料踢脚板、接缝、压边等。

8.17.2　工艺过程图示

工艺过程如图8.17-1～图8.17-6所示。

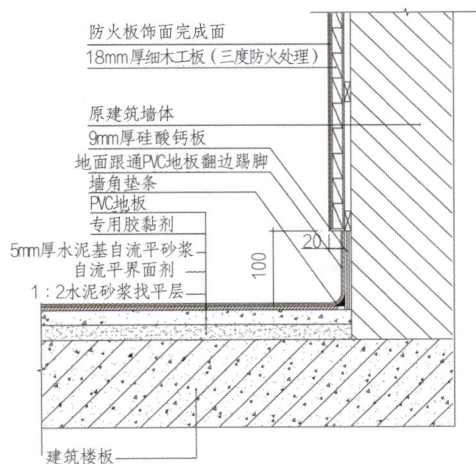

图8.17-1　塑胶（PVC地板）地面节点

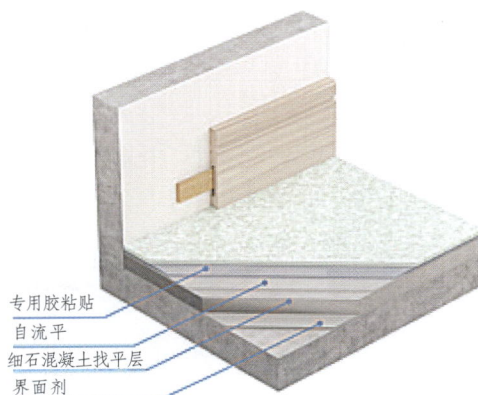

图8.17-2　塑胶（PVC地板）分层三维图

图8.17-3　基层处理

图8.17-4　刷底子胶

图8.17-5　铺贴塑料地面

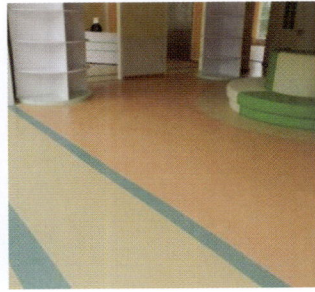

图8.17-6　擦光上蜡

8.17.3　做法说明

» 8.17.3.1　材料及机具

PVC地板、胶黏剂、水泥、二甲苯、丙酮、硝基稀料、醇酸稀料、汽油、软蜡、聚乙酸乙烯乳液、107胶、直尺、美工刀、刮板、焊枪、尼龙滚子、水准仪、钢卷尺等。

» 8.17.3.2　工艺流程

基层处理→弹线→试铺→刷底子胶→铺贴塑料地面→铺贴塑料踢脚板→擦光上蜡。

» 8.17.3.3　主要工艺方法

（1）地面基层表面应平整（其平整度采用2m直尺检查时，其允许空隙不应大于2mm）、坚硬、干燥，无油及其他杂质。当表面有麻面、起砂、裂缝现象时，应采用乳液腻子处理［配合比为水泥：107胶=1：（0.3～0.5）］。处理时每次涂刷的厚度不应大于0.8mm，干燥后应用0号铁砂布打磨，然后涂刷第二遍腻子，直到表面平整后，再用水稀释的乳液涂刷一遍［配合比为水泥：107胶=1：（0.4～0.5）］。

（2）弹线。在房间长、宽方向弹十字线，应按设计要求进行分格定位，根据PVC地板规格尺寸弹出板块分格线。如房内长、宽尺寸不符合板块尺寸倍数时，应沿地面四周弹出加条镶边线，一般距墙面200～300mm为宜。板块定位方法一般有对角定位法和直角定位法。

（3）试铺。在铺贴PVC地板块前，按定位图弹线后应先试铺，并进行编号，然后将板块掀起按编号码放好，将基层清理干净。

（4）配制胶黏剂。配料前应由专人对原材料进行检查，有无出厂合格证和出厂日期。原剂在原筒内搅拌均匀，如发现胶中有胶团、变色及杂质，则不能使用。使用稀料对胶液进行稀释时，亦应随拌随用，存放间隔不应大于1h。在拌和、运输、储存时，应用塑料或搪瓷容器，严禁使用铁器，防止发生化学反应，导致胶液失效。

（5）刷底子胶。基层清理干净后，先刷一道薄而均匀的结合层底子胶，待其干燥后，按弹线位置沿轴线由中央向四面铺贴。

（6）底子胶的配制。当采用非水溶性胶黏剂时，宜按同类胶黏剂（非水溶性）加入其质量10%的乙酸乙酯，并搅拌均匀；当采用水溶性胶黏剂时，宜按同类胶黏剂加水，并搅拌均匀。

（7）粘贴PVC地板。拆开包装后，用干净布将PVC地板的背面灰尘清擦干净。应从十字线往外粘贴，当采用乳液型胶黏剂时，应在PVC地板背面和基层上同时均匀涂胶，即用3in（1in≈2.54cm）油刷沿PVC地板粘贴地面及PVC地板的背面各涂刷一道胶。当采用溶剂型胶黏剂时，应在基层上均匀涂胶。在涂刷基层时，应超出分格线10mm，涂刷厚度应小于或等于1mm。在铺贴PVC地板块时，应待胶层干燥至不粘手（10~20min）为宜。按已弹好的墨线铺贴，应一次就位准确，粘贴密实（用滚子压实），再进行第二块铺贴，方法同第一块，以后逐块进行。基层涂刷胶黏剂时，不得面积过大，要随贴随刷。

（8）对缝铺贴的PVC地板，缝必须做到横平竖直，十字缝处通顺，无歪斜，对缝严实，缝隙均匀。

（9）半硬质聚氯乙烯板地面的铺贴。预先对板块进行处理，宜采用丙酮、混合溶液（1:8）进行脱脂除蜡，干后再进行涂胶贴铺，方法同上。

（10）软质聚氯乙烯板地面的铺贴。铺贴前先对板块进行预热处理，宜放入75℃的热水浸泡10~20min，待板面全部松软伸平后，取出晾干待用，但不得用炉火或电热炉预热。当板块缝隙需要焊接时，宜在铺贴48h以后方可施焊，亦可采用先焊后铺贴的方式。焊条成分、性能与被焊的板材性能要相同。

（11）PVC地板卷材铺贴。预先按已计划好的卷材铺贴方向及房间尺寸裁料，按铺贴的顺序编号，刷胶铺贴时，将卷材的一边对准所弹的尺寸线，用压滚压实，要求对线连接平顺，不卷不翘。然后依以上方法铺贴。

（12）铺贴塑料踢脚板。地面铺贴完后，弹出踢脚上口线，并分别在房间墙面下部的两端铺贴踢脚后，拴线粘贴。应先铺贴阴阳角，后铺贴大面，用滚子反复压实。注意踢脚与地面交接处阴角的滚压，并及时将挤出的胶痕擦净，侧面应平整，接槎应严密，阴阳角应做成直角或圆角。

8.18　复合木地板地面（混凝土基层）

8.18.1　关键工艺

复合木地板地面（混凝土基层）的关键工艺包括平整基层、复合板粘贴、搭接等。

8.18.2　工艺过程图示

工艺过程如图8.18-1~图8.18-6所示。

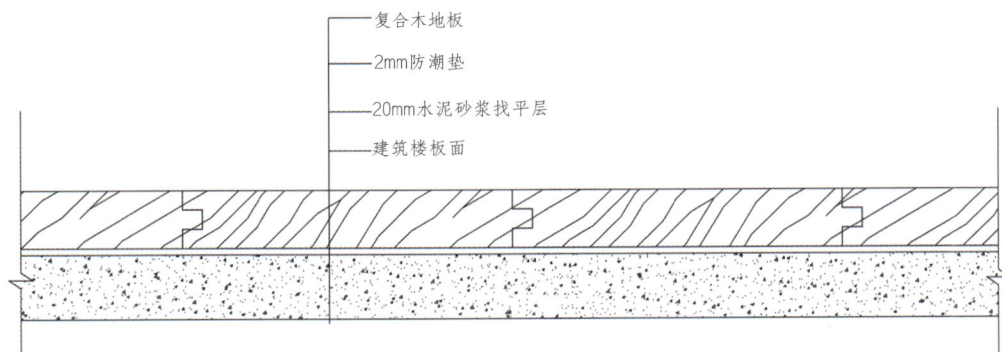

图8.18-1　复合木地板地面节点

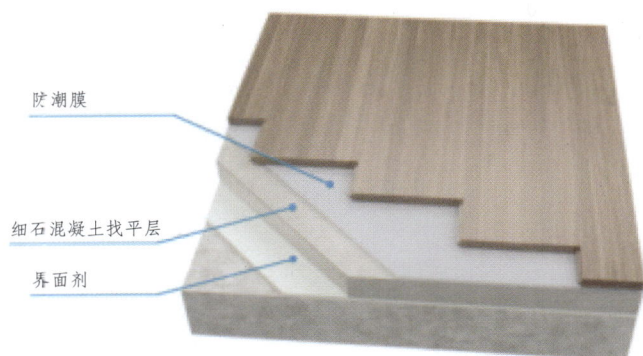

图8.18-2　复合木地板分层三维图

图8.18-3　防潮垫铺贴

图8.18-4　地板铺贴

图8.18-5　交接处处理

图8.18-6　踢脚线安装

8.18.3　做法说明

» 8.18.3.1　材料及机具

防潮垫、复合木地板、压条、护理剂、美纹纸、钢卷尺、墨斗、线绳、水平尺、气枪、切割机等。

» 8.18.3.2　工艺流程

基层处理→防潮垫铺贴→复合木地板铺贴→收口及踢脚线固定。

» 8.18.3.3　主要工艺方法

（1）复合木地板基层平整度应达到水泥砂浆面层要求，干燥、洁净、无杂物。防潮垫应满铺且接缝用胶带黏结。

（2）应从门口向里进行复合木地板铺装，相邻板条错缝铺贴，接缝严密，搭接长度不小于1/3，非整块铺设在不明显处。与立面交接处应留排气通道，排气通道宽度不小于5mm，不大于踢脚线厚度。门洞口处应用压条收边，踢脚线高度为100～120mm，与地板面层留2～3mm的缝隙进行排气。铺装后应及时保护。

（3）安装踢脚板。踢脚板应布设合理，保证排气孔接缝均匀一致。在建筑物交角处的踢脚板宜切45°，切口直平、光滑，接缝严密，高度误差符合图纸设计要求。在踢脚板安装时应注意清理通风槽中的杂物，踢脚线出墙厚度控制在不大于10mm。

8.19　实木地板地面（木龙骨基层）

8.19.1　关键工艺

实木地板地面（木龙骨基层）的关键工艺包括基层处理、木格栅设置、实木地板安装、设置排气孔等。

8.19.2　工艺过程图示

工艺过程如图8.19-1～图8.19-6所示。

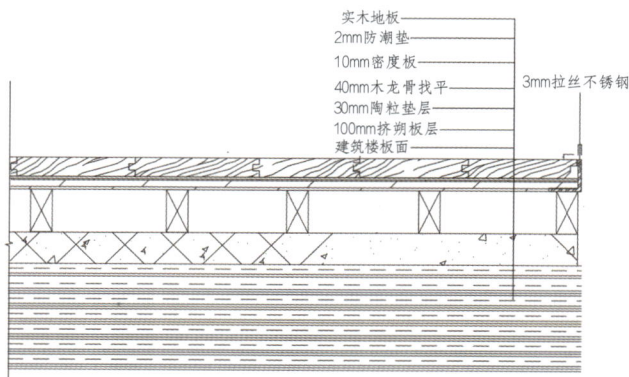

图8.19-1　实木地板节点

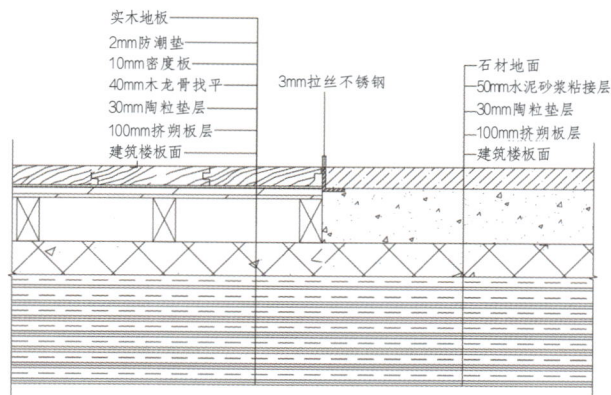

图8.19-2　实木地板交接处节点

图8.19-3　安装木格栅

图8.19-4　铺实木地板

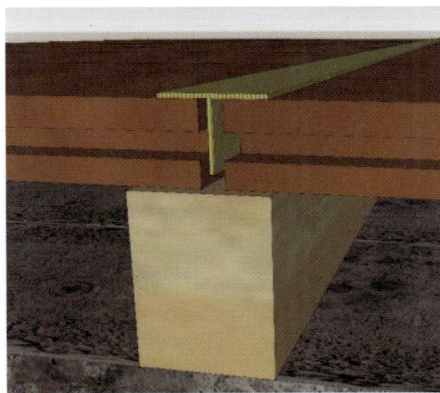

图8.19-5　收口

图8.19-6　踢脚线固定

8.19.3　做法说明

» 8.19.3.1　材料及机具

防潮垫、木格栅、实木复合木地板、胶黏剂、压条、护理剂、美纹纸、角度锯、螺机、水平仪、水平尺、方尺、钢尺、小线、錾子、刷子、钢丝刷等。

» 8.19.3.2　工艺流程

基层处理→安装木格栅→铺毛地板→铺实木复合地板→收口及踢脚线固定。

» 8.19.3.3　主要工艺方法

（1）安装木格栅。先在楼板上弹出各木格栅的安装位置线（间距300mm或按设计要求）及标高，将格栅（断面梯形，宽面在下）放平、放稳，并找好标高，用膨胀螺栓和角码（角钢上钻孔）把格栅牢固固定在基层上，木格栅下与基层间缝隙应用干硬性砂浆填密实，应留设排湿气通路。

（2）铺毛地板。根据木格栅的模数和房间的情况，将毛地板下好料。将毛地板牢固钉在木格栅上，钉法采用直钉和斜钉混用，直钉钉帽不得凸出板面。毛地板可采条板，也可采用整张的细木工板或中密度板等类产品。采用整张板时，应在板上开槽，槽的深度为板厚的1/3，方向与格栅垂直，间距200mm左右。

（3）铺实木复合地板。从墙的一边开始铺粘企口实木复合地板，靠墙的一块板应离开墙面10mm左右，以后逐块排紧。粘法采用点涂或整涂，板间企口也应适当涂胶。实木复合地板面层的接头应按设计要求留置。

（4）安装踢脚板。踢脚板应布设合理，保证排气孔接缝均匀一致。在建筑物交角处的踢脚板宜切45°，切口直平、光滑，接缝严密，高度误差符合图纸设计要求。在踢脚板安装时应注意清理通风槽中的杂物，踢脚线出墙厚度控制不大于10mm，在墙边每隔6m留设排气孔。

8.20　运动地板地面

8.20.1　关键工艺

运动地板地面的关键工艺包括基层处理、木龙骨安装、面板安装、设置排气孔等。

8.20.2　工艺过程图示

工艺过程如图8.20-1～图8.20-6所示。

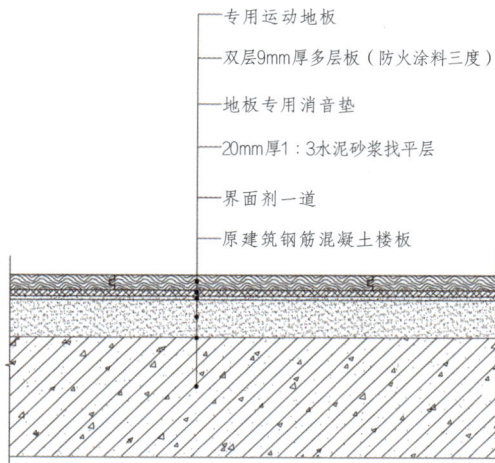

图8.20-1　运动地板节点

专用运动地板
双层9mm厚多层板（防火涂料三度）
地板专用消音垫
20mm厚1:3水泥砂浆找平层
界面剂一道
原建筑钢筋混凝土楼板

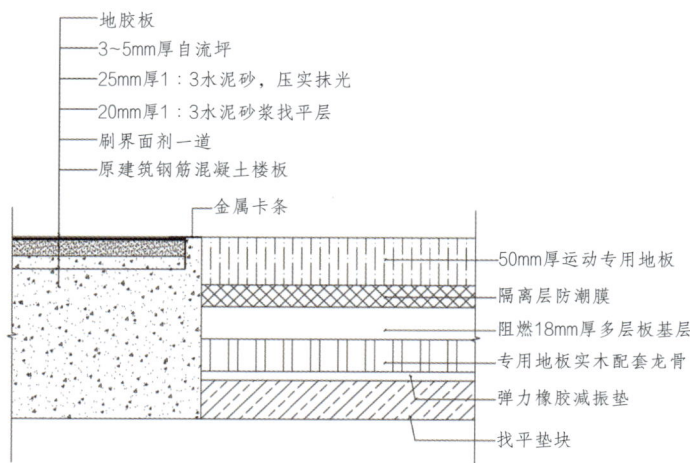

图8.20-2　运动地板与地脚板节点

地胶板
3~5mm厚自流坪
25mm厚1:3水泥砂，压实抹光
20mm厚1:3水泥砂浆找平层
刷界面剂一道
原建筑钢筋混凝土楼板
金属卡条
50mm厚运动专用地板
隔离层防潮膜
阻燃18mm厚多层板基层
专用地板实木配套龙骨
弹力橡胶减振垫
找平垫块

图8.20-3　安装基准木垫及胶垫

图8.20-4　安装龙骨

图8.20-5　安装面板

图8.20-6　安装踢脚线及排气罩

8.20.3　做法说明

» 8.20.3.1　材料及机具

防潮垫、木龙骨、运动地板、胶黏剂、压条、护理剂、美纹纸、角度锯、螺机、水平仪、方尺、钢尺、水平尺、小线、錾子、刷子、钢丝刷等。

» 8.20.3.2　工艺流程

场地清理→施工放线→安装基准木垫及胶垫→安装龙骨→安装毛板→安装面板→安装踢脚板及排气罩。

» 8.20.3.3　主要工艺方法

（1）铺设弹性垫与调平。在弹线的十字交叉点上，将弹性减振垫贴线摆放；计算出龙骨底面离地标高，使用红外线找平仪定出垫块的标准高度，并用红外水准仪逐个找平弹性垫块，使用1~20mm厚不等的木垫块调平，然后用射钉固定。

（2）安装龙骨。将龙骨放在垫块上，其一边和位置线对齐，接头留设在垫块的中间。龙骨到墙后无论间距是否满足400mm，均需要在距墙20mm处安装附加龙骨；按设计标高用水平仪抄平基准龙骨标高，垫块高的刨平，低的垫高，基准龙骨每隔2.8m（隔6根龙骨）设一条。然后用3m直尺跨两条基准行龙骨找平中间各行龙骨，高的刨平，低的垫高，用2m直尺平整度误差不大于3mm。

（3）安装毛板。将毛板放置在龙骨上，要求毛板边缘搭接在龙骨中心位置，毛板应横平竖直；相邻毛板的缝隙控制在3~5mm，毛板四周距墙面30~50mm，相邻两排毛板缝隙错开400mm以上；用气枪钉将毛板与龙骨固定，毛板施工时注意与龙骨之间无任何杂物残留，用枪钉固定前检查平整度；毛板平整度要满足2m靠尺检查误差不大于3mm的要求。

（4）安装面板。安装木地板一般从场地中间开始，在场地中间纵向弹一条线，把地板按照纵向线固定在毛板上；从中间向两边可以同时进行铺设面板，每相邻两排面板错缝200mm以上；地板钉为45~50mm专用L形钉，每枚间距在450mm以内；根据环境情况每隔1~1.2m，面板留一条0.5~1mm的伸缩缝；用面板枪钉作业时必须以人的体重下压面板，避免面板与毛板之间产生缝隙；安装到墙边后距墙10~20mm进行切割，与墙体有10~20mm间距，保证整个系统的排风。

（5）安装踢脚板。踢脚板应布设合理，保证排气孔接缝均匀一致。在建筑物交角处的踢脚板应切45°，切口直平、光滑，接缝严密，高度误差符合图纸设计要求。在安装踢脚板时应注意清理通风槽中的杂物，与相关工程的接口协调配合，踢脚线出墙厚度控制为8~10mm，在墙边每隔6m留设排气孔。

8.21　活动地板地面

8.21.1　关键工艺

活动地板地面的关键工艺包括基层处理、支座和横梁组件安装、调整标高等。

8.21.2　工艺过程图示

工艺过程如图8.21-1~图8.21-6所示。

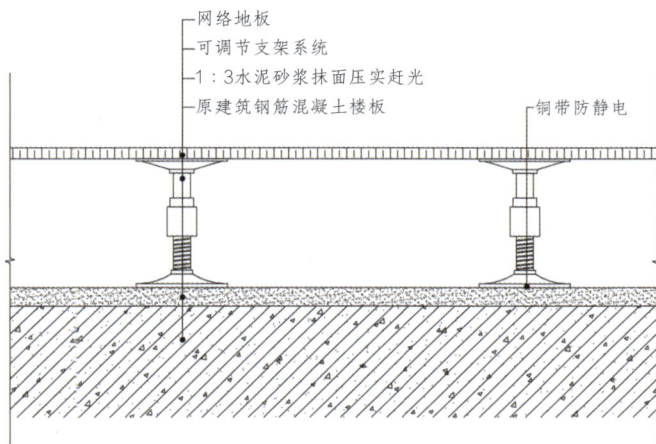

图8.21-1　活动地板地面节点

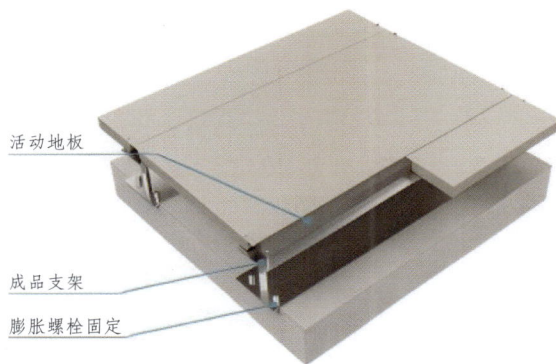

图8.21-2　活动地板三维节点

图8.21-3　安装支座和横梁

图8.21-4　铺设地板

图8.21-5　收口

图8.21-6　踢脚线固定

8.21.3　做法说明

» 8.21.3.1　材料及机具

活动地板面层、环氧树脂胶、滑石粉、泡沫塑料条、木条、橡胶条、铝型材和角铁、铝型角铁、水平仪、铁制水平尺、铁制方尺、2m靠尺板、墨斗（或粉线包）、小线、线坠、笤帚、盒尺、钢尺、钉子、铁丝、红铅笔、油刷、开刀、吸盘、手推车、铁簸箕、小铁锤、合金钢扁錾子、饰面裁切专用圆盘锯、无齿锯、木工用截料锯、刀锯、手刨、斧子、磅秤、钢丝钳子、小水桶、棉丝、小方锹、扳手等。

» 8.21.3.2　工艺流程

实际尺寸量测→基层处理→排版分格→弹线定位→安装支座和横梁组件→铺设活动地板面层→清理。

» 8.21.3.3　主要工艺方法

（1）基层处理。基层表面应平整、光洁、不起灰。含水率不大于8%。安装前应认真清擦干净，必要时根据设计要求，在基层表面上涂刷清漆（除尘气化）。

（2）找中、分格、弹线。首先测量房间的长宽尺寸，找出纵横线中心交点。当房间是矩形时，用方尺测量相邻的墙体是否垂直，如互相不垂直，应预先对墙面进行处理，避免在安装活动板块时，在靠墙处出现楔形板块。

（3）根据已测量好的平面长宽尺寸进行计算，如果不符合活动板块模数，则依据已找好的纵横中线交点进行对称分格。考虑将非整块板放在室内靠墙处，在基层表面上就按板块尺寸弹线并形成方格网，墙上设置1m线，标出地板块安装位置和高度（标在四周墙上），并标明设备预留部位。应插入铺设活动地板下的管线，要避开已弹好支架底座的位置。

（4）安装支座和横梁组件，检查复核已弹在四周墙上的标高控制线，确定安装基准点。然后按基层上已弹好的方格网交点处安放支座和横梁，并应转动支座螺杆，先用小线和水平尺调整支座面高度至全室等高，待所有支座柱和横梁构成一体后，用水平仪进行平整度校准。支座与基层面之间的空隙应灌注环氧树脂，连接牢固。亦可根据设计要求用膨胀螺栓或射钉连接。

（5）铺设活动地板面层。根据房间平面尺寸和设备等情况，应按活动地板模数选择板块的铺设方向。当平面尺寸符合活动地板板块模数，而室内无控制柜设备时，宜由里向外铺设。当平面尺寸不符合活动地板板块模数时，宜由外向里铺设。当室内有控制柜设备且需要预留洞口时，铺设方向和先后顺序应综合考虑选定。

（6）铺设前，活动地板面层下铺设的电缆、管线已经过检查验收，并办完隐检手续。

（7）先在横梁上铺设缓冲胶条，并用乳胶液与横梁黏合。铺设活动地板块时，应调整水平度，保证四角接触处平整、严密，不得采用加垫的方法。

（8）铺设活动地板板块不符合模数时，不足部分可根据实际尺寸将板面切割后镶补，但不得小于整块的1/3，并配装相应的可调支撑和横梁。切割的边应采用清漆或环氧树脂胶加滑石粉按比例调成腻子封边，或用防潮腻子封边，也可采用铝型材镶嵌。

（9）在与墙边的接缝处，应根据接缝宽窄分别采用活动地板或木条刷高强胶镶嵌，窄缝宜用泡沫塑料镶嵌，随后立即检查调整板块的水平度及缝隙。

（10）清擦和打蜡。当活动地板面层全部完成，经检查平整度及缝隙均符合质量要求后，即可进行清擦。当局部沾污时，可用清洁剂或皂水擦净，晾干后，用棉丝抹蜡，满擦一遍，然后将门封闭。

8.22　地毯地面

8.22.1　关键工艺

地毯地面的关键工艺包括基层整平、衬垫安装、拼接、压边等。

8.22.2　工艺过程图示

工艺过程如图8.22-1～图8.22-6所示。

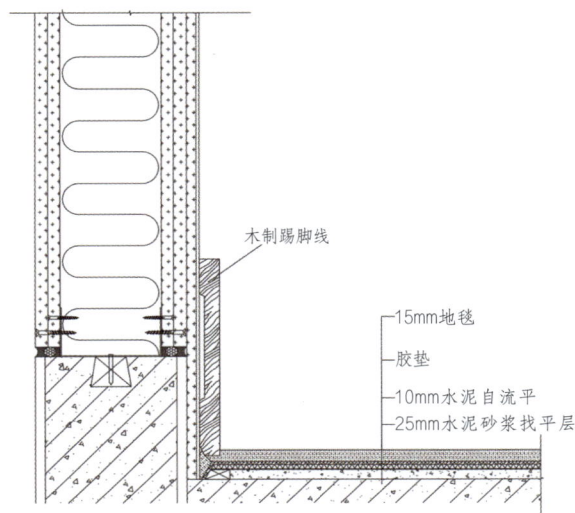

木制踢脚线

—15mm地毯
—胶垫
—10mm水泥自流平
—25mm水泥砂浆找平层

图8.22-1　地毯地面节点

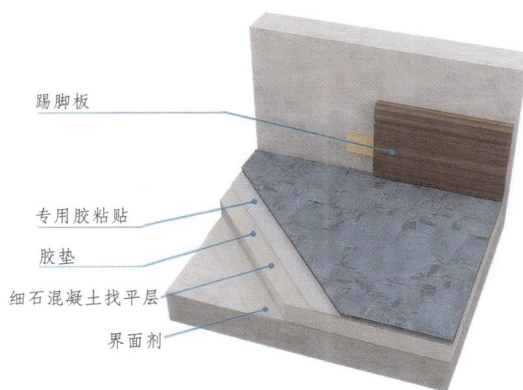

踢脚板
专用胶粘贴
胶垫
细石混凝土找平层
界面剂

图8.22-2　地毯地面三维节点

图8.22-3　地面基层处理

图8.22-4　自流平施工

8.22-5　地毯铺贴

8.22-6　细部收口

8.22.3　做法说明

» 8.22.3.1　材料及机具

地毯、衬垫、压条、裁毯刀、撑子等。

» 8.22.3.2　工艺流程

基层处理→防潮垫铺贴→地毯铺贴→压条→四周压入踢脚线。

» 8.22.3.3　主要工艺方法

基层平整度应达到水泥砂浆面层要求，干燥、洁净、无杂物。防潮垫应满铺且接缝黏结严密，衬垫厚度不小于2～3mm。地毯（机织）宜由厂家按照房间实际尺寸或走廊宽度整块加工。现场裁割铺贴时，顺房间长方向整块裁割，尽量少留接缝。踢脚线安装时离地高度为地毯厚度的1/2，用力将地毯压入并塞紧。

8.23   块料墙面（石材背栓饰面）

8.23.1   关键工艺

块料墙面（石材背栓饰面）的关键工艺包括配线安装和饰面板托架安装等。

8.23.2   工艺过程图示

工艺过程如图8.23-1～图8.23-6所示。

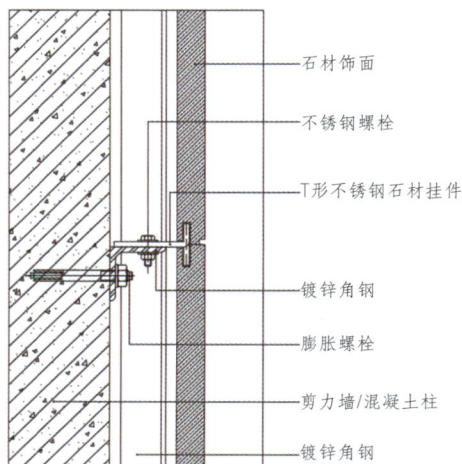

图8.23-1   石材干挂墙面节点图（纵剖）

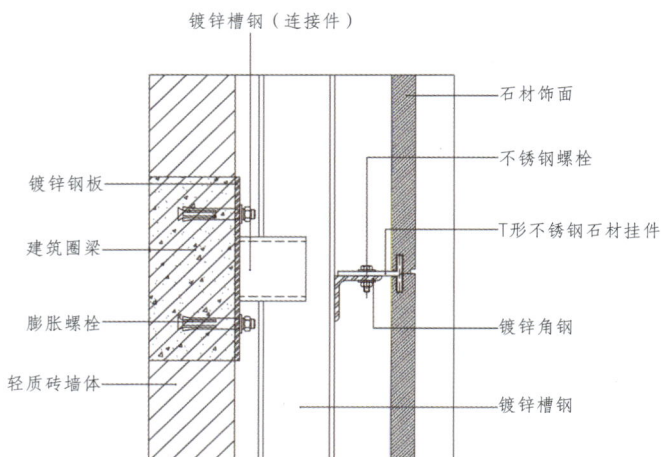

图8.23-2   石材干挂墙面节点图（横剖）

图8.23-3   石材背栓安装

图8.23-4   石材上连接铁件

图8.23-5   石材安装

图8.23-6   表面清洁及保护

8.23.3   做法说明

» 8.23.3.1   材料及机具

石材、不锈钢紧固件、连接件、膨胀螺栓、胶黏剂、耐候密封胶、台钻、无齿切割锯、冲击钻、手枪钻、力矩扳手、开口扳手、嵌缝枪、专用手推车、长卷尺、盒尺、锤子、各种形状钢凿子、靠尺、水平尺、方尺、多用刀、剪子、铅丝、弹线用的粉线包、墨斗、小白线、笤帚、铁揪、开刀、灰槽、灰桶、工具袋、手套、红铅笔等。

» 8.23.3.2   工艺流程

实际尺寸测量→图上排版→调整排版→弹线定位→石材表面处理→支底层饰面板托架→安装连接铁件→石材安装→调整固定→贴防污条、嵌缝。

» 8.23.3.3   主要工艺方法

（1）石材表面处理。石材表面充分干燥（含水率应小于8%）后，用石材护理剂进行石材六面防护处理，此工序必须在无污染的环境下进行。将石材平放于木枋上，用羊毛刷蘸上防护剂，均匀涂刷于石材表面，涂刷必须到位，第一遍涂刷完间隔24h后用同样的方法涂刷第二遍石材防护剂，间隔48h后方可使用。

（2）石材准备。首先用比色法对石材的颜色进行挑选分类；安装在同一面的石材颜色应一致，并根据设计尺寸和图纸要求，将专用模具固定在台钻上，进行石材打孔；要钉一个定型石材托架，使石板放在托架上，要打孔的小面与钻头垂直，使孔成型后准确无误，孔深为22～23mm，孔径为7～8mm，钻头长为5～6mm。随后在石材背面刷不饱和树脂胶，主要采用一布二胶的做法，布为无碱、无捻24目的玻璃丝布。石板在刷头遍胶前，先把编号写在石板上，并将石板上的浮灰及杂污清除干净，如锯锈、铁抹子，用钢丝刷、粗纱子将其除掉再刷胶，胶要随用随配。布要铺满，刷完头遍胶，在铺贴玻璃纤维网格布时要从一边用刷子赶平，铺平后再刷两遍胶。

（3）基层准备。清理预做饰面石材的结构表面，同时进行吊直、套方、找规矩，弹出垂直线、水平线，并根据设计图纸和实际需要弹出安装石材的位置线和分块线。

（4）挂线。按设计图纸要求，石材安装前，在离大角200mm的位置上，要事先用经纬仪打出大角两个面的竖向控制线。竖向挂线宜用ϕ1.0～1.2mm的钢丝，下边40m以下高度沉铁质量为8～10kg，上端挂在专用的挂线角钢架上，角钢架用膨胀螺栓固定在建筑大角的顶端，并在控制线的上、下做出标记。

（5）支底层饰面板托架。把预先加工好的支托按上平线支在将要安装的底层石板上面。支托要支承牢固，支架安好后，顺支托方向铺通长的50mm厚木板，木板上口要在同一水平面上。

（6）在围护结构上打孔、下膨胀螺栓。在结构表面弹好水平线，按设计图纸及石材料钻孔位置，准确弹在围护结构墙上并做好标记，然后按点打孔。上ϕ12.5mm的冲击钻头，打孔时先用尖錾子在预先弹好的点上凿一个点，然后用钻打孔，孔深60～80mm。若遇结构里的钢筋时，可以将孔位在水平方向移动或往上抬高，要连接铁件时利用可调余量调回。成孔要求与结构表面垂直，成孔后把孔内的灰粉用小勾勺掏出，安放膨胀螺栓，宜将本层所需的膨胀螺栓全部安装就位。

（7）上连接铁件。用设计规定的不锈钢螺栓固定角钢和平钢板。调整平钢板的位置，使平钢板的小孔正好与石板的插入孔对正，固定平钢板，用力矩扳子拧紧。

（8）底层石材安装。把侧面的连接铁件安好，便可把底层面板靠角上的一块就位。方法是用夹具暂时固定，先在石材侧孔上抹胶，调整铁件，插固定钢针，调整面板固定。依次按顺序安装底层面板，待底层面板全部就位后，检查一下各板是否在一条水平线上，如有高低不平，要进行调整；板缝宽应按设计要求，板缝均匀，将板缝嵌紧被衬条，嵌缝高度要高于250mm。其后用白水泥配制的1：2.5砂浆，灌于底层面板内200mm高，砂浆表面上设排水管。

（9）调整固定。面板暂时固定后，调整水平度。如板面上口不平，可在板底一端下口的连接平钢板上垫一个相应的双股铜丝垫。若铜丝粗，可用小锤砸扁；若高，可把另一端下口用以上方法垫一下。调整垂直度，并调整面板上口的不锈钢连接件的距墙空隙，直至面板垂直。

（10）顶部面板安装。顶部最后一层面板除了一般石材安装要求外，安装调整后，在结构与石板缝隙里吊一个通长的20mm厚木条，木条上平为石板上口下250mm。吊点可设在连接铁件上，可采用铅丝吊木条。木条吊好后，即在石板与墙面之间的空隙里塞放聚苯板，聚苯板条要略宽于空隙，以便填塞严实，防止灌浆时漏浆，造成蜂窝、孔洞等。灌浆至石板口下20mm作为压顶盖板之用。

（11）贴防污条、嵌缝。沿面板边缘贴防污条，应选用40mm左右的纸带型不干胶带，边沿要贴齐、贴严。在大理石板间缝隙处嵌弹性泡沫填充（棒）条，填充（棒）条也可用8mm厚的高连发泡片剪成10mm宽的条，填充（棒）条嵌好后离装修面5mm。最后在填充（棒）条外用嵌缝枪把中性硅胶打入缝内，打胶时用力要均，走枪要稳而慢。如胶面不太平顺，可用不锈钢小勺刮平，小勺要随用随擦干净，嵌底层石板缝时，要注意不要堵塞流水管。根据石板颜色可在胶中加适量矿物质颜料。

（12）清理大理石、花岗石表面，刷罩面剂。把大理石、花岗石表面的防污条掀掉，用棉丝将石板擦净，若有胶或其他黏结牢固的杂物，可用开刀轻轻铲除，用棉丝蘸丙酮擦至干净。

8.24　木饰面板墙面

8.24.1　关键工艺

木饰面板墙面的关键工艺包括基层处理、板块分格、阴阳角处理、打胶、套割等。

8.24.2　工艺过程图示

工艺过程如图8.24-1～图8.24-6所示。

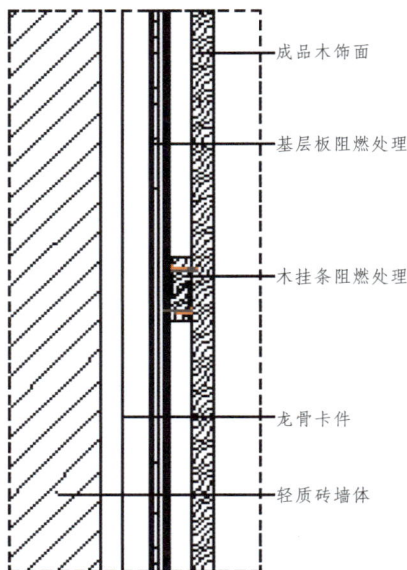

图8.24-1　木饰面挂板墙面节点

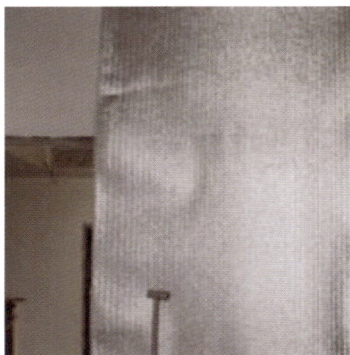

图8.24-2　基层防潮处理

图8.24-3　龙骨板装

图8.24-4　面板安装

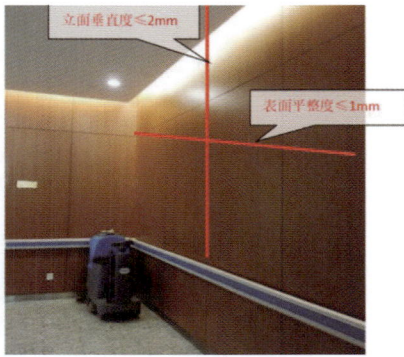

图8.24-5　调整平整度

图8.24-6　表面清洁及保护

8.24.3　做法说明

» 8.24.3.1　材料及机具

木龙骨、防火板、木质面板、万能胶、防火涂料、耐候密封胶、台锯、胶刷、刮板、胶枪、吊线锤、靠尺、射钉枪、冲击钻等。

» 8.24.3.2　工艺流程

现场实际尺寸测量→计算机排版→弹线定位→龙骨或基层板安装→面板安装打胶→清理。

» 8.24.3.3　主要工艺方法

现场测量实际尺寸，量测时应考虑龙骨基层板及面板厚度。用计算机进行排版设计、排版应遵循以下原则。

（1）根据材料规格，排布墙、顶、地对缝。

（2）阴、阳角处应整板割角包裹。

（3）水、暖、电等线盒应居于板块中间或骑缝。

（4）考虑留缝宽度。

根据基层板安装牢固性要求，弹出定位木龙骨位置线。木龙骨中距一般为600mm，木龙骨刷防腐、防火涂料后，用直钉与基层进行固定；基层板在龙骨处接缝、局部留排气孔，面板与基层板应错缝安装。用万能胶进行粘接，刷胶均匀、黏结应平整牢固。面板与孔洞、线盒等套割吻合，边缘整齐。阴、阳角处应背面剔槽，整板包角，整板包角处阳角每边宽度应不小于300mm，接缝宽度宜为3mm。用密封胶嵌凹缝，胶面低于面板表面1～2mm，胶面应光滑、平整。开关盒与木制面层之间应有防火阻隔措施。

8.25　软包墙面

8.25.1　关键工艺

软包墙面的关键工艺包括基层处理、定位放线、粘贴面料、拼花、背面排气等。

8.25.2　工艺过程图示

工艺过程如图8.25-1～图8.25-6所示。

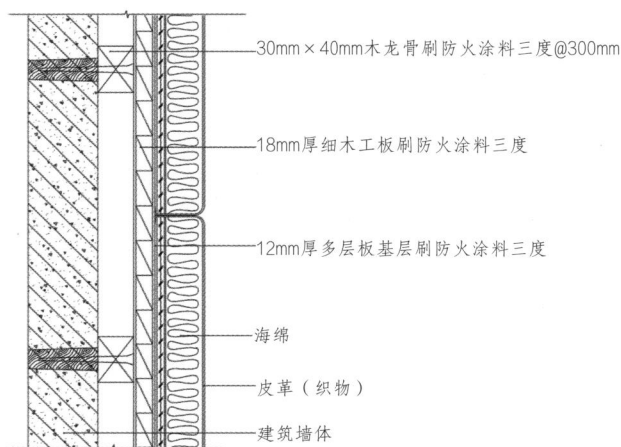

图8.25-1　软包墙面节点

30mm×40mm木龙骨刷防火涂料三度@300mm
18mm厚细木工板刷防火涂料三度
12mm厚多层板基层刷防火涂料三度
海绵
皮革（织物）
建筑墙体

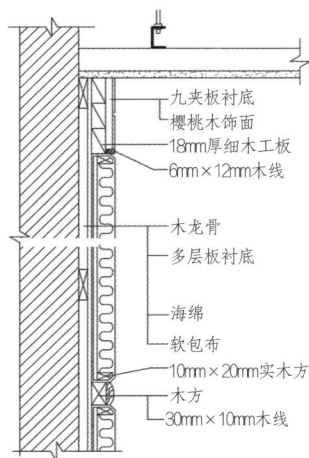

图8.25-2　软包墙面交接处节点

九夹板衬底
樱桃木饰面
18mm厚细木工板
6mm×12mm木线
木龙骨
多层板衬底
海绵
软包布
10mm×20mm实木方
木方
30mm×10mm木线

| 图8.25-3　安装贴脸 | 图8.25-4　软包安装 | 图8.25-5　收口 | 图8.25-6　表面清洁及保护 |

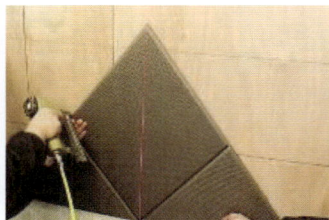

8.25.3　做法说明

» 8.25.3.1　材料及机具

软包墙面木框、龙骨、底板、软包面料、内衬材料、压条分格框料、木贴脸、胶黏剂、电焊机、电动机、手枪钻、冲击钻、专用夹具、刮刀、钢板尺、裁刀、刮板、毛刷、排笔、长卷尺、锤子等。

» 8.25.3.2　工艺流程

基层处理→吊直、套方、找规定、弹线→计算用料→截面料粘贴面料→安装贴脸或装饰边线→刷镶边油漆→修整软包墙面。

» 8.25.3.3　主要工艺方法

（1）基层处理。在结构墙上预埋木砖，抹水泥砂浆找平层。如果是直接铺贴，应先将底板拼缝用油腻子嵌平密实，满刮腻子1～2遍，待腻子干燥后，用砂纸磨平，粘贴前基层表面满刷清油一道。

（2）吊直、套方、找规矩、弹线。把房间需要软包墙面的装饰尺寸、造型等通过吊直、套方、找规矩、弹线等工序，将实际尺寸与造型落实到墙面上。

（3）截面料粘贴面料。如采取直接铺贴法施工，应待墙面细木装修基本完成时，边框油漆工程应满足交工验收条件，方可粘贴面料。

（4）安装贴脸或装饰边线。首先经过试拼，达到设计要求的效果后，便可与基层固定和安装贴脸或装饰边线，最后涂刷镶边油漆成活。

（5）修整软包墙面。除尘清理，粘贴保护膜和处理胶痕。

（6）将装饰布与夹板按设计要求分格，划块进行顶截，然后一并固定于木筋上。安装时，以五夹板压住软包布面层，压缩量控制为原始厚度的15%～20%，用圆钉钉于木筋上，然后将软包布与木夹板之间填入衬垫材料进而固定。需注意的操作要点是必须保证五夹板的接缝位于墙筋中线。开关盒与木制面层之间应有防火阻隔措施。

8.26　吸声墙面

8.26.1　关键工艺

吸声墙面的关键工艺包括基层处理、板缝压条、板材裁割等。

8.26.2　工艺过程图示

工艺过程如图8.26-1～图8.26-6所示。

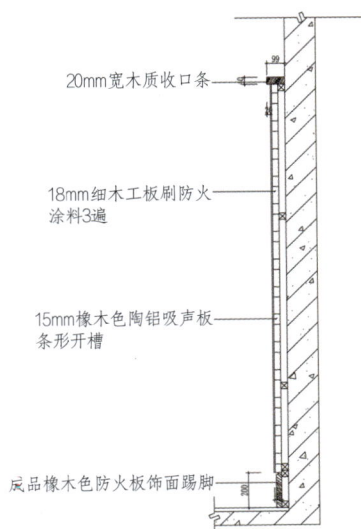

图8.26-1　吸声墙面节点（竖向）

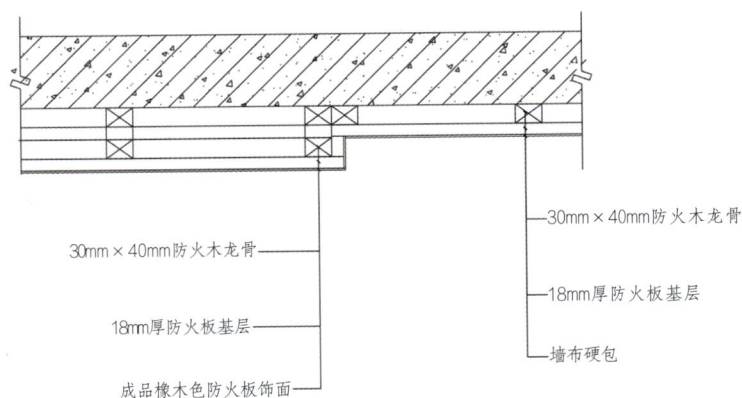

20mm宽木质收口条

18mm细木工板刷防火涂料3遍

15mm橡木色陶铝吸声板条形开槽

成品橡木色防火板饰面踢脚

图8.26-2　吸声墙面节点（横向）

30mm×40mm防火木龙骨

18mm厚防火板基层

墙布硬包

30mm×40mm防火木龙骨

18mm厚防火板基层

成品橡木色防火板饰面

图8.26-3　龙骨安装　　图8.26-4　木吸板安装　　图8.26-5　安装踢脚线　　图8.26-6　细部处理

8.26.3　做法说明

» 8.26.3.1　材料及机具

木吸板、铝合金压条、胶黏剂、自攻螺钉、吊线锤、水准仪、螺丝刀、钢卷尺、木龙骨、切割机、壁纸刀等。

» 8.26.3.2　工艺流程

实际尺寸测量→计算机排版→弹线定位→墙面处理→安装木吸板→清理。

» 8.26.3.3　主要工艺方法

（1）精确测量。测量安装区域尺寸，计算所需吸声板数量，预留裁剪与损耗空间。

（2）材料检验。核查吸声板外观是否完好，颜色、纹理是否一致，确保配件齐全且质量达标。

（3）环境处理。确保墙面平整、干燥、洁净，进行找平处理或防潮措施。

（4）搭建龙骨。按图纸安装轻钢或木龙骨，保证间距、水平度、垂直度符合要求。挂件或吊杆用于需悬挂吸声板的场合。木龙骨应有排气通路。

（5）安装吸声板。从墙角或定位线开始，按设计顺序安装，使用专用连接件固定，确保接缝紧密、板面平整。顺序与方向：遵循"由下至上、由外至内"，保持纹理方向一致，考虑热胀冷缩，预留1~3mm伸缩缝，用填缝剂填充。

（6）收边修饰。采用封边条、阴阳角线等对吸声板边缘进行收口处理，确保美观无锐角。

（7）安装踢脚板。踢脚板应保证排气孔接缝均匀一致，在建筑物交角处的踢脚板应切45°，切口直平、光滑，接缝严密，高度误差符合图纸设计要求。在踢脚板安装时应注意清理通风槽中的杂物，与相关工程的接口协调配合，踢脚线出墙厚度控制在8~10mm。开关盒与木制面层之间应有防火阻隔措施。

8.27　装配式医院内装系统墙面

8.27.1　关键工艺

装配式医院内装系统墙面的关键工艺包括板块分格、阴阳角处理、打胶等。

8.27.2　工艺过程图示

工艺过程如图8.27-1~图8.27-6所示。

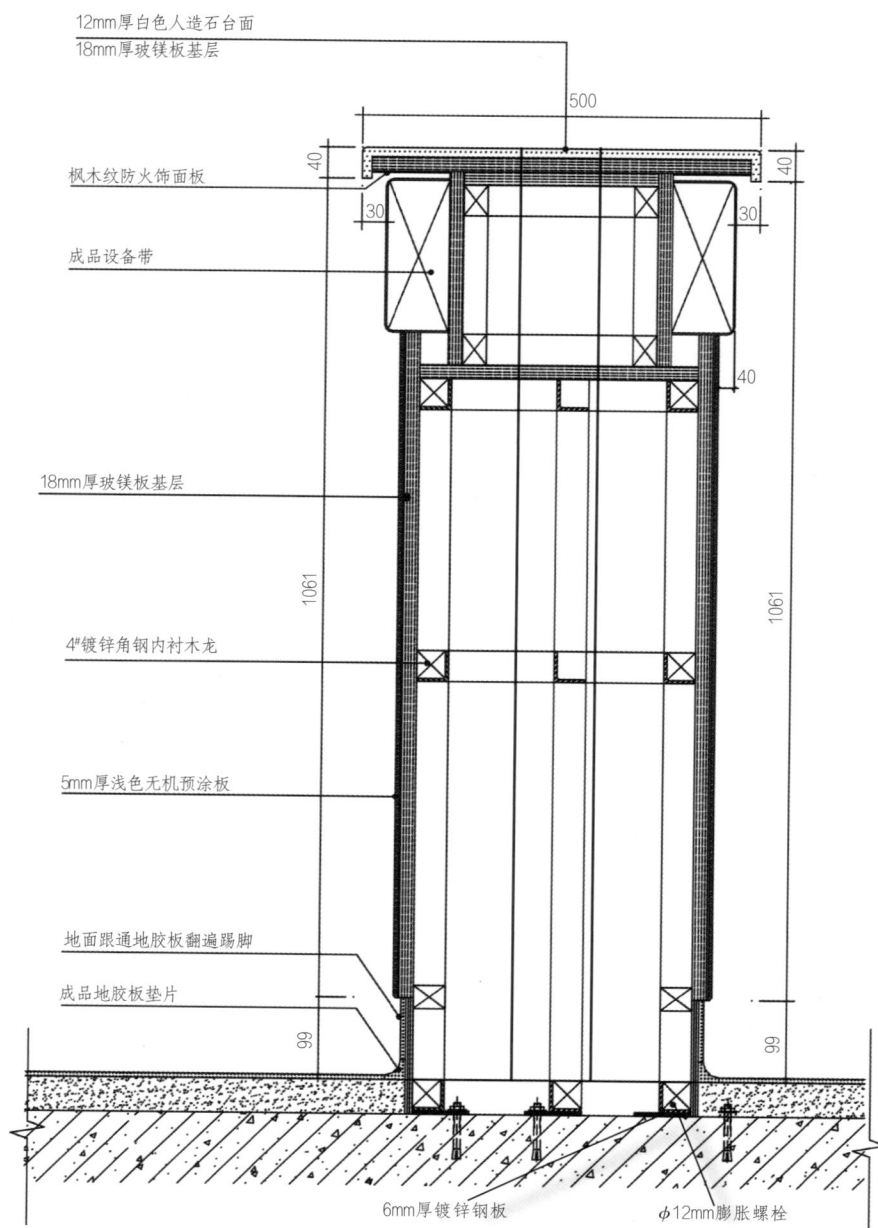

图8.27-1　装配式医院内装系统墙面剖面

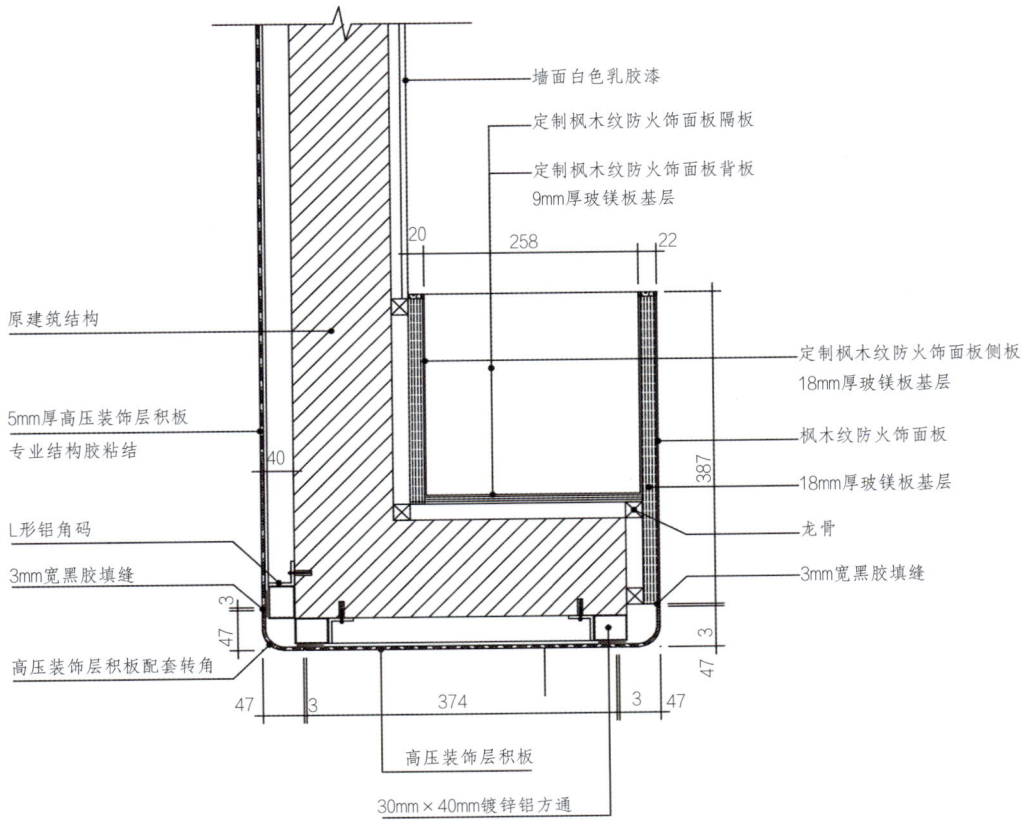

墙面白色乳胶漆

定制枫木纹防火饰面板隔板

定制枫木纹防火饰面板背板
9mm厚玻镁板基层

20　258　22

原建筑结构

定制枫木纹防火饰面板侧板
18mm厚玻镁板基层

枫木纹防火饰面板

5mm厚高压装饰层积板
专业结构胶粘结

18mm厚玻镁板基层

40　387

龙骨

L形铝角码

3mm宽黑胶填缝

3mm宽黑胶填缝

3　47

高压装饰层积板配套转角

47　3　374　3　47

高压装饰层积板

30mm×40mm镀锌铝方通

8.27-2　装配式医院内装系统墙面节点

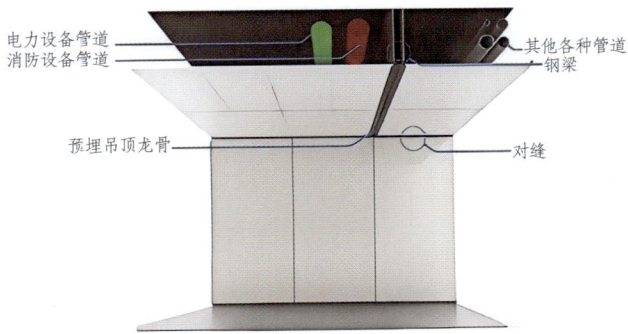

电力设备管道
消防设备管道

其他各种管道
钢梁

预埋吊顶龙骨

对缝

8.27-3　三维节点

8.27-4　龙骨安装

8.27-5　基层板安装

8.27-6　面板安装打胶

8.27.3　做法说明

» 8.27.3.1　材料及机具

钢龙骨、防火板、定制面板、万能胶、耐候密封胶、台锯、胶刷、刮板、胶枪、吊线锤、靠尺、射钉枪、冲击钻等。

» 8.27.3.2　工艺流程

现场实际尺寸测量→计算机排版→弹线定位→龙骨及基层板安装→面板安装打胶→清理。

» 8.27.3.3　主要工艺方法

现场测量实际尺寸，量测时应考虑龙骨基层板及面板厚度。用计算机进行排版设计、排版应遵循以下原则。

（1）根据材料规格，排布墙、顶、地对缝。

（2）阴、阳角处应整板割角包裹。

（3）水、暖、电等线盒应居于板块中间或骑缝。

（4）考虑留缝宽度。

根据基层板安装牢固性要求，弹出定位龙骨位置线。龙骨中距一般为600mm，用直钉与基层进行固定；基层板在龙骨处接缝，局部留排气孔，面板与基层板应错缝安装。用万能胶进行粘接，刷胶均匀、粘接应平整牢固。面板与孔洞、线盒等套割吻合，边缘整齐。阴、阳角处应背面剔槽，整板包角，整板包角处阳角每边宽度应不小于300mm，接缝宽度宜为3mm。用密封胶嵌凹缝，胶面低于面板表面1～2mm，胶面应光滑、平整。

8.28　块料墙面饰面砖阳角拼缝

8.28.1　关键工艺

块料墙面饰面砖阳角拼缝的关键工艺包括阳角形式确定、阳角安装、调整平齐等。

8.28.2　工艺过程图示

工艺过程如图8.28-1～图8.28-6所示。

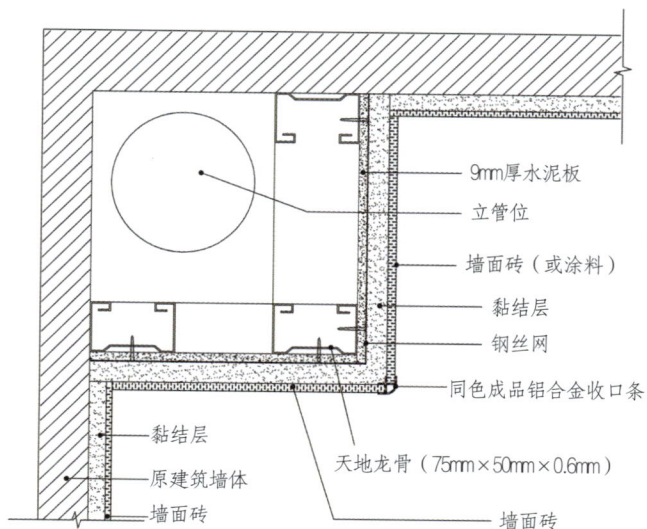

图8.28-1　块料墙面饰面砖阳角拼缝节点

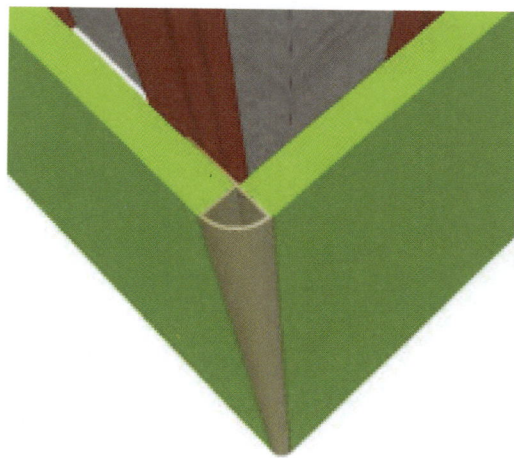

图8.28-2　块料墙面饰面砖阳角拼缝三维节点

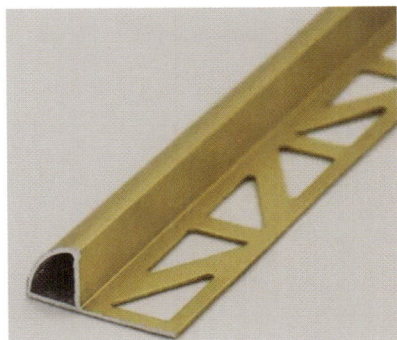
图8.28-3　同色成品铝合金收口条

图8.28-4　块料墙面饰面砖铺贴

图8.28-5　块料墙面饰面砖接缝调整

图8.28-6　打胶清理

8.28.3　做法说明

» 8.28.3.1　材料及机具

面砖等饰面块材、建筑胶黏剂、塑料十字卡、勾缝剂、阳角护角、吊线锤、线绳、水准仪、靠尺、钢锯、切割机、角磨机等。

» 8.28.3.2　工艺流程

确定阳角形式→安装护角→接缝处理。

» 8.28.3.3　主要工艺方法

（1）块料面层阳角处理有面砖镶嵌圆弧形护角、倒角拼缝等形式。选用圆弧形塑料或不锈钢护角时，面砖可不进行倒角，面砖铺贴前采用建筑胶黏剂固定护角，与护角面结合紧密、平齐。护角在拐角处45°接缝，应在门窗洞口周围交圈，不宜在水平或竖向中间拼接。

（2）倒角拼缝时，宜倒成45°，拼接严密。

（3）块料镶贴应选择相应十字塑料卡控制缝宽，每个十字交界处均应设置塑料卡，并采用与面砖同颜色专用勾缝剂勾缝，勾缝深度低于面砖表面1mm左右。

8.29　块料门套

8.29.1　关键工艺

块料门套的关键工艺包括块材分格、割角拼缝、注密封胶等。

8.29.2　工艺过程图示

工艺过程如图8.29-1～图8.29-4所示。

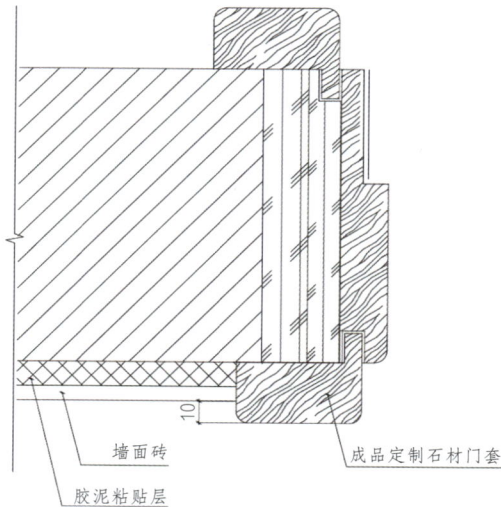

墙面砖

胶泥粘贴层

成品定制石材门套

图8.29-1　墙裙与门套节点

门套根部防潮

图8.29-2　基层处理

图8.29-3　块材安装

图8.29-4　勾缝及打胶

8.29.3　做法说明

» 8.29.3.1　材料及机具

石材或墙砖等块状饰面材料、AB结构胶、密封胶、胶黏剂、切割机、钢卷尺、吊线锤、角尺、胶枪等。

» 8.29.3.2　工艺流程

门套块材预排及加工→块材安装→勾缝及打胶处理。

» 8.29.3.3　主要工艺方法

门套应根据设计宽度尺寸，按照对称居中的原则排布，且与周边装饰材料颜色、规格协调一致。门套安装应与墙面及门框间接触严密平顺。采用胶黏剂粘贴时，胶黏剂厚度不应大于6mm。门套转角应采用45°拼接，阳角宜倒角。门套与框、墙及地面接触处应打密封胶，胶缝宽度宜为5mm左右。

8.30　建筑地面变形缝

8.30.1　关键工艺

建筑地面变形缝的关键工艺包括槽口预留及处理、贴止水带、安装铝合金基座、安装滑动杆和盖板等。

8.30.2　工艺过程图示

工艺过程如图8.30-1～图8.30-4所示。

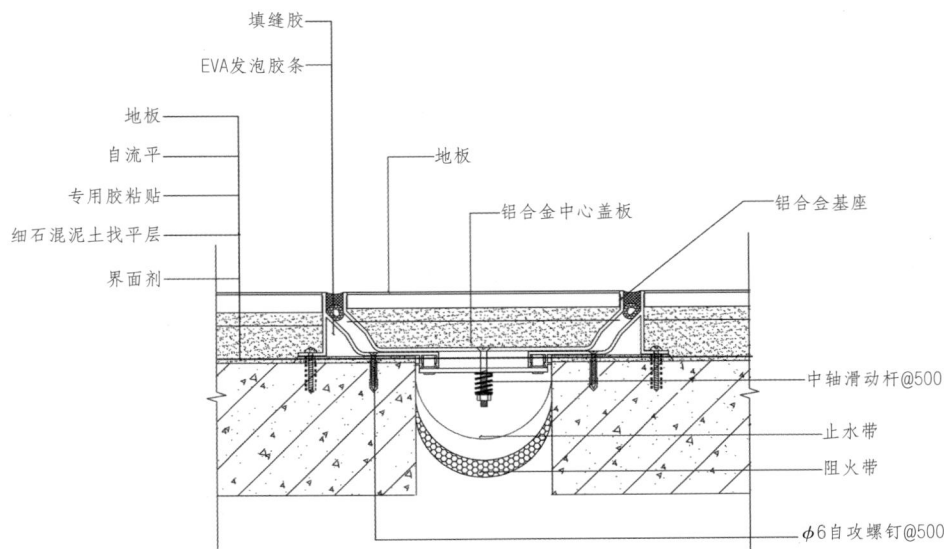

图8.30-1　地面伸缩缝节点

图8.30-2　防火防水封堵

图8.30-3　固定面板

图8.30-4　打胶密封

8.30.3　做法说明

» 8.30.3.1　材料及机具

铝合金或不锈钢面板、石材、热塑性胶条、胀管螺栓、防水卷材、岩棉、铝合金基座、耐候密封胶、钢卷尺、冲击钻、螺丝刀、剪刀、胶枪、美纹纸等。

» 8.30.3.2　工艺流程

基层清理→防火防水封堵→固定滑动杆、盖板→打胶密封。

» 8.30.3.3　主要工艺方法

（1）槽口预留及处理。处理后，在安装基面上摆上铝合金基座，使铝合金基座上平面比地坪完成面低2mm为合适。

（2）贴止水带。将安装基面清理干净，在安装基面和止水带两边贴合部位上刷涂基层胶，待其干燥至不粘手时贴合、压平、压实。

（3）安装铝合金基座。摆上铝合金基座，用红漆将基座上孔的位置标记到安装基面上，在标记位置用电锤钻孔，装上铁膨胀螺栓。摆上铝合金基座，拧上螺栓。

（4）安装滑动杆、盖板。将滑动杆安装位置标记到铝合金基座上，用胶带纸将滑动杆初步固定至要安装的部位，摆上盖板，拧上滑动杆螺栓，打填缝胶并且刮平。

8.31　建筑物墙面变形缝

8.31.1　关键工艺

建筑物墙面变形缝的关键工艺包括板缝压条、板材裁割、注封胶等。

8.31.2　工艺过程图示

工艺过程如图8.31-1～图8.31-4所示。

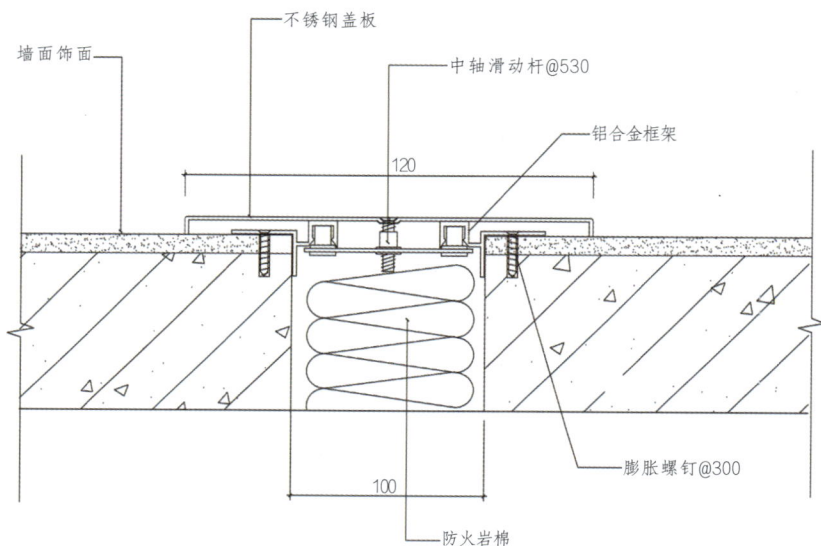

图8.31-1　墙面伸缩缝节点

图8.31-2　安装铝合金支座

图8.31-3　安装滑动杆

图8.31-4　安装盖板

8.31.3　做法说明

» 8.31.3.1　材料及机具

胀管螺栓、木工板、抛光金属板（铝、铜、不锈钢板）、保温材料、耐火纤维、不锈钢衬板、铝塑板、耐候密封胶、胶枪、冲击钻、切割机、白乳胶、油漆刷、螺丝刀等。

» 8.31.3.2　工艺流程

伸缩缝清理→贴止水带→安装铝合金支座、止水胶条→安装滑动杆、盖板。

» 8.31.3.3　主要工艺方法

（1）墙、顶连续饰面层遇结构变形缝处，应设置装饰变形缝。变形缝处装饰骨架应断开。变形缝面板可采用整板单面固定、两块板中间离缝双面固定及滑槽固定连接等形式。面板材料选用金属板或表面粘贴铝塑板，宽度200~250mm。面板基层清理平整后，弹出面板安装边缘控制线，安装面板。变形缝内采用耐火纤维、保温材料和不锈钢衬板封堵严密。

（2）面板用胀管螺钉安装固定，间距不大于300mm，面板应平整无变形，与墙面接触严密，出墙、顶厚度不大于20mm。变形缝的缝隙处用硅酮（聚硅氧烷）胶封填；大于20mm宽的水平缝宜用橡胶条进行镶填。

8.32　建筑物屋面铝合金变形缝

8.32.1　关键工艺

建筑物屋面铝合金变形缝的关键工艺包括板缝压条安装和板材裁割等。

8.32.2　工艺过程图示

工艺过程如图8.32-1~图8.32-4所示。

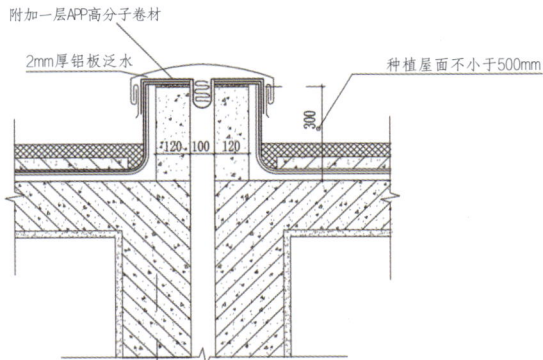

图8.32-1　屋面伸缩缝节点

图8.32-2　安装铝合金支座

图8.32-3　安装盖板

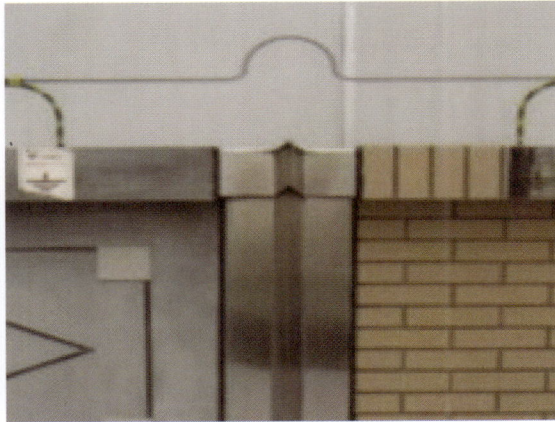

图8.32-4　安装女儿墙盖板

8.32.3 做法说明

» 8.32.3.1 材料及机具

胀管螺栓、木工板、抛光金属板（铝、铜、不锈钢板）、保温材料、耐火纤维、不锈钢衬板、铝塑板、耐候密封胶、胶枪、冲击钻、切割机、白乳胶、油漆刷、螺丝刀等。

» 8.32.3.2 工艺流程

基层表面清理、修整→喷涂基层处理剂→变形缝内填填充材料→粘铺附加层→做防水层→变形缝顶部加扣盖板→清理与检查修理。

» 8.32.3.3 主要工艺方法

（1）基层表面清理、修整。检查基层质量是否符合要求，并加以清扫，若出现缺陷应及时加以修补。

（2）喷涂基层处理剂。在已干燥的檐口的基层上喷涂处理剂，以便卷材与基层黏结牢固。

（3）变形缝内应填充阻燃泡沫板。

（4）附加层。变形两侧交角处应粘铺1～2层卷材附加层。

（5）做防水层。等高变形缝类型中，卷材应满粘铺至墙顶，然后上部用卷材覆盖，覆盖的卷材与防水层粘牢，中间应尽量向缝中下垂，并在其上放置聚苯乙烯泡沫棒，再在其上覆盖一层卷材，两端下垂并与防水层粘牢。高低跨变形缝中，首先低跨的防水卷材应铺至低跨墙顶，然后在其上覆盖一层卷材封盖，其一端与铺至墙顶的防水卷材粘牢，另一端用压条钉压在高跨墙体凹槽内，用密封材料封固，中间应尽量下垂在缝中。

（6）变形缝顶部加扣盖板。等高变形缝类型中，变形缝顶部加扣混凝土盖板或金属盖板；高低跨变形缝类型中，在高跨墙体凹槽上部钉压金属合成高分子盖板，端头用密封材料密封。

第9章 楼梯、坡道、管道封堵和设备基墩

9.1 楼梯

9.1.1 关键工艺

楼梯的关键工艺包括挡水线、滴水线、踢脚线、挡坎等细部节点处理。

9.1.2 工艺过程图示

工艺过程如图9.1-1～图9.1-6所示。

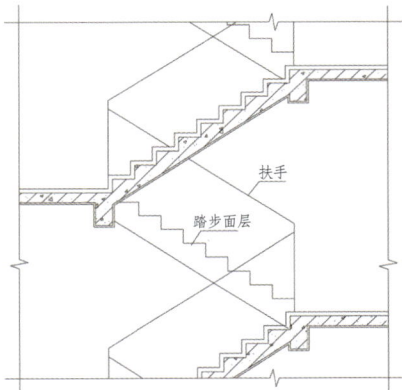

图9.1-1 楼梯剖面

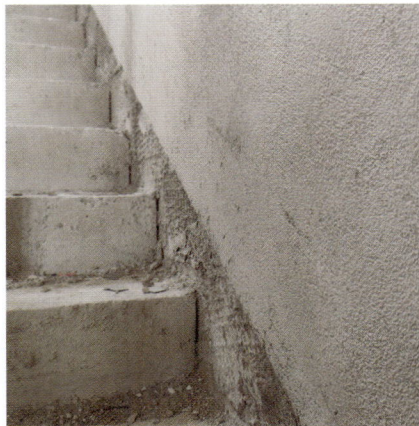

图9.1-2 墙面粉刷不落地

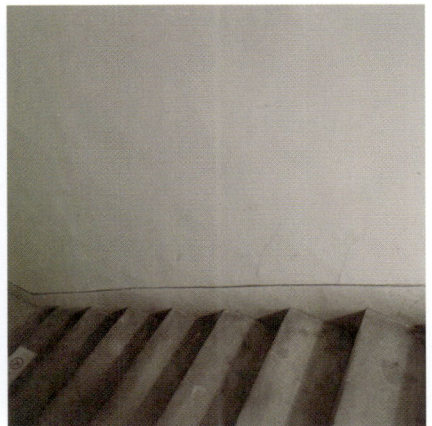

图9.1-3 踏步施工

图9.1-4 滴水线及梯段侧面施工

图9.1-5 抛光砖面层楼梯

图9.1-6 楼梯平台临空栏杆

9.1.3　做法说明

》9.1.3.1　水泥砂浆面层楼梯

（1）材料及机具。水泥、砂、PVC滴水线（10mm×10mm）、铁抹子、水平尺、铝合金、钢卷尺等。

（2）工艺流程。放样、弹线定位→踢脚线→楼梯踏步水泥砂浆面层（三道收光）→防滑线→挡水线→滴水线。

（3）主要工艺方法

①基层表面清理干净，根据设计图纸放样、弹线定位。

②墙面抹灰时留出砂浆踢脚线位置（图9.1-2），完成的踢脚线出墙厚度8～10mm，上口设留塑料线条，控制厚度和直线度。踢脚线上口应与侧面同质同色。

③20mm厚1:2.5水泥砂浆踏步面层，表面撒适量水泥粉，抹压平整，并离踏步边缘30mm，制作宽10mm、深（或高）5mm的防滑条（槽），淋湿养护不小于7d。

④滴水线施工。施工时用水泥浆先将中间及侧面PVC条固定好后，再抹水泥砂浆，水泥砂浆厚度应与PVC条齐，粉刷后及时清理干净，如图9.1-4所示。

⑤梯段侧面抹灰，如图9.1-4所示。

⑥楼梯顶层平台挡坎水泥砂浆面层施工，挡坎高度不小于100mm。

》9.1.3.2　块材面层楼梯

（1）材料及机具。水泥、砂、PVC滴水线（10mm×10mm）、板材（大理石或抛光砖）、铁抹子、橡胶锤、水平尺、钢卷尺等。

（2）工艺流程。梯段：放样（找方）、弹线定位→斜跑段踢脚线→楼梯踏步块材面层→平台面层块材→平台踢脚线→防滑线→挡水线→滴水线。

顶层平台：放样、弹线定位→楼梯平台块材面层→平台踢脚线→挡坎→滴水线。

（3）主要工艺方法

①基层表面清理干净，刷水泥浆结合层一道。

②板材应先试贴，将板材按通线平稳铺下，用橡胶锤垫木块轻击，使砂浆密实。缝隙、平整度满足要求后，揭开板材，发现结合层不密实、有空隙时，应填砂浆搓平，在板材面涂8～10mm厚水泥浆，正式铺贴。用橡胶锤均匀轻击板面，找直、找平。喷水养护不少于7d。

③结合层的水泥砂浆强度达到1.2MPa后，方可上人安装板材踢脚线及挡水线，踢脚线出墙厚度8～10mm。踢脚线上面与侧面应同质同色。

④楼梯踏步侧面宜先于踏步面层施工。平台踢脚线宜迟于平面块材施工，便于平侧对缝。

⑤楼梯顶层挡坎块材面层宜在平台面层施工之后。

⑥滴水线施工。施工时用水泥浆先将中间及侧面PVC条固定好后，再抹水泥砂浆，水泥砂浆厚度应与PVC条齐，粉刷后及时清理干净。

⑦结合层的水泥砂浆强度达到设计要求，经清洗、晾干后，方可（美缝）打蜡擦亮。

⑧室外块材铺贴垫层应设置排湿排气通路（盲沟），块料拼缝宜留设5～8mm，以防块材泛碱。

9.2　坡道

9.2.1　关键工艺

坡道的关键工艺包括排水沟找平、面层防滑、防水砂浆挡坎处理等。

9.2.2　工艺过程图示

工艺过程如图9.2-1～图9.2-6所示。

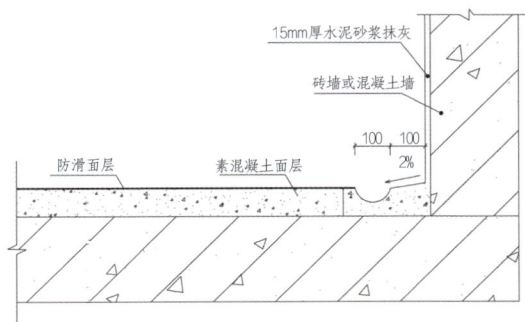

图9.2-1　坡道剖面

图9.2-2　水泥砂浆排水沟施工

图9.2-3　大理石排水沟施工

图9.2-4　大理石面层施工

图9.2-5　环氧耐磨面层汽车坡道

图9.2-6　大理石面层汽车坡道

9.2.3　做法说明

» 9.2.3.1　环氧防滑汽车坡道

（1）材料及机具。水泥砂浆、细石混凝土、环氧树脂、平板振、钢卷尺、刮刀、滚子等。

（2）工艺流程。放样、弹线定位→排水沟→细石混凝土面层→环氧树脂防滑面层。

（3）主要工艺方法

①按照设计图纸弹出坡道面层上口标高及排水沟位置。

②坡道两侧排水沟施工（图9.2-2）：采用1∶2.5水泥砂浆做出弧形（$R=50mm$）排水沟，排水沟内边线离墙100mm。墙地之间应设置防水砂浆挡坎，墙面涂料不落地。

③浇筑细石混凝土找平层，找平层厚度不小于100mm，撒6mm厚水泥基耐磨地坪材料，随打随抹，打磨平整，养护不应少于7d。

④细石混凝土面层（基层）干燥至少3周以上，含水率不高于6%，表面应平整、洁净，无裂纹、脱皮、麻面和起砂现象。

⑤滚涂环氧树脂底漆。环氧树脂底漆A组分、B组分（改性脂环胺固化剂）按质量比6∶1混合。A组分中通常为双酚A型环氧树脂（如E-44、E-51等），占比约60%～80%，添加活性专用稀释剂（如丁基缩水甘油醚）降低黏度，其他为颜料（如钛白粉）、填料（石英粉）及助剂（流平剂、消泡剂）等。把环氧树脂底漆充分搅拌均匀后滚涂满地坪，涂刷厚度为0.2～0.5mm。涂刷完毕后等待4～8min，待涂层干燥并硬化。涂层所处环境温度不能高于30℃。

⑥刮环氧树脂中层腻子。打磨、清洁，刮环氧树脂中层石英砂（用环氧树脂中层漆主剂、固化剂、70～100目石英砂按一定比例搅拌均匀后调成环氧腻子，用刮板满刮两遍，然后对部分有缺陷空洞进行点补），涂刷厚度为1～3mm。

⑦刮5mm厚高固含量环氧树脂、撒布耐磨防滑骨料。将高固含量环氧树脂中层漆主剂和固化剂按一定比例搅拌均匀后，用刮刀刮均匀；同时撒布耐磨防滑骨料，使喷撒的防滑骨料颗粒60%埋在涂料里面，待12h基本固化后再进行下道工序，喷撒的防滑骨料颗粒必须均匀。

⑧涂环氧树脂面漆（色标）两遍，厚度大于0.5mm。

第一道：A组分的比例为2质量份，B组分（有色浆）1质量份，加部分稀释剂搅拌均匀后进行涂刷，涂料必须刷在裸露在外的40%颗粒上，使之达到耐磨防滑效果。

第二道：B组分（有色浆）5质量份，进口防老化涂料1质量份，搅拌均匀后进行涂刷。

» 9.2.3.2　花岗岩汽车坡道

（1）材料及机具。水泥砂浆、细石混凝土、花岗岩、平板振、钢卷尺、泥刀等。

（2）工艺流程。放样、弹线定位→排水沟→细石混凝土面层→花岗岩防滑面层。

（3）主要工艺方法

①按照设计图纸弹出坡道面层上口标高及排水沟位置。

②排水沟施工，如图9.2-3所示。

③浇筑细石混凝土找平层，混凝土强度等级不小于C25，养护不少于7d。

④细石混凝土找平层表面应洁净，无裂纹、脱皮、麻面和起砂现象。

⑤施工花岗岩面层。60mm厚花岗岩（防滑槽：宽50mm、深15mm、间距40mm）应垂直坡道纵向采用1∶2.5水泥砂浆（厚度不小于25mm）铺贴，坡向两侧排水沟，板缝间填1∶2水泥砂浆，用硅胶封缝。

⑥墙地之间应设置防水砂浆挡坎，墙面涂料不落地。

9.3　管道封堵

9.3.1　关键工艺

管道封堵的关键工艺包括止水钢套管预埋、间缝封堵、装饰墩和挡水坎处理等。

9.3.2　工艺过程图示

工艺过程如图9.3-1～图9.3-6所示。

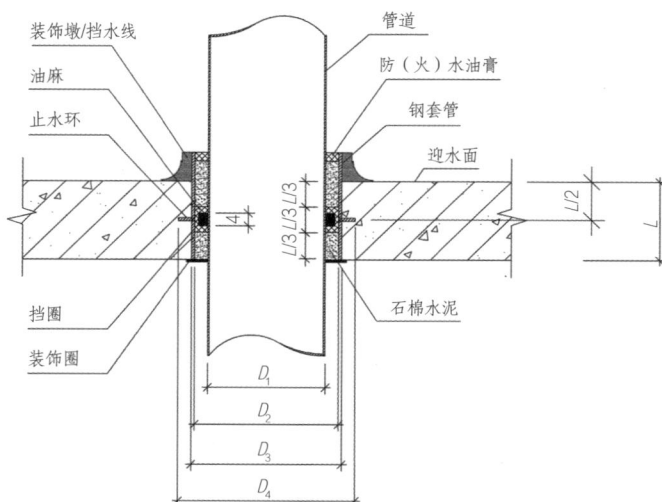

图9.3-1　管道封堵做法

$D_1 \sim D_4$，L尺寸参照防水套管图集02S404。

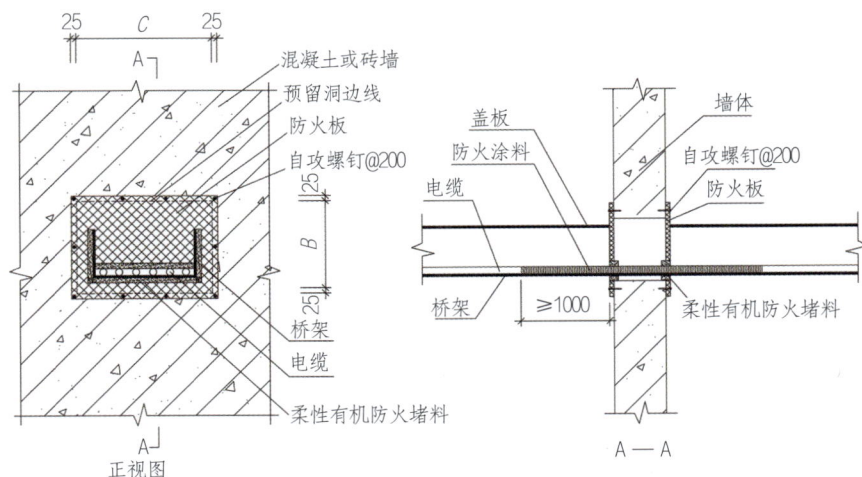

图9.3-2　桥架穿墙封堵做法
B—预留洞口高；C—预留洞口宽

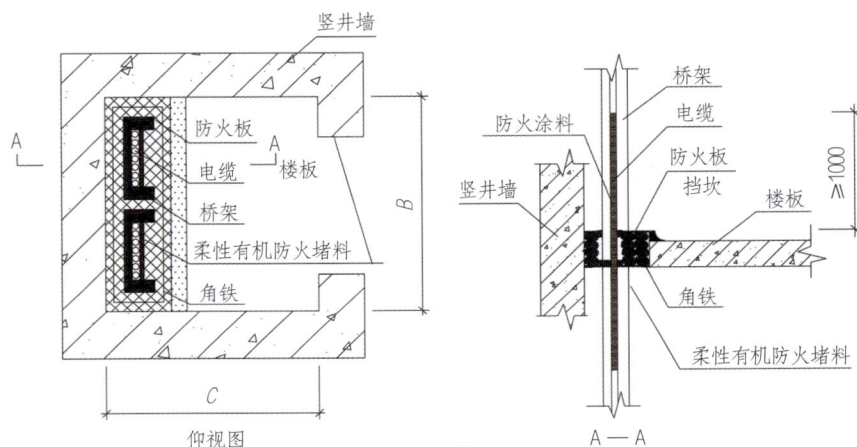

图9.3-3　桥架穿楼板封堵做法
B—竖井宽；C—竖井长

图9.3-4　管道穿楼板

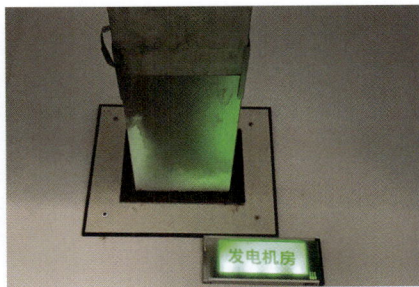

图9.3-5　桥架穿墙

图9.3-6　桥架穿楼板

9.3.3　做法说明

» 9.3.3.1　管道穿墙（楼板）

（1）材料及机具。水泥砂浆、止水钢套管、挡圈、石棉水泥、油麻、防（火）水油膏、铁抹子、钢卷尺等。

（2）工艺流程。放样、弹线定位→预埋止水钢套管→管道安装→封堵→挡水坎（装饰墩）。

（3）主要工艺方法

①套管安装。根据设计图纸要求预埋止水钢套管，套管下端与板底平，上端高处楼面大于50mm。

②套管清理。除管内杂物、铁锈等，并刷两遍防锈漆。

③管道安装。管道的接口不得设置在套管内。

④套管封堵。套管与管道之间的间隙分三次封堵。第一次用油麻填实中间1/3处，第二次用石棉水泥（02S404防水套管图集第15、18页要求）填实迎水面1/3处，第三次用石棉水泥填实内侧1/3处。石棉水泥质量配合比为石棉30%，水泥70%，水灰比宜小于或等于1：5；拌好的石棉水泥应在初凝前用完，填实后的接口应及时淋湿养护。

⑤防水油膏封堵。套管口各留20mm深凹槽，内部用防水油膏填实，端面光滑。

⑥穿楼面挡水坎（装饰墩）施工。管道四周采用细石混凝土浇筑，砂浆抹面，高度应大于楼面50mm。

⑦装饰圈安装。穿楼板底或穿墙管道四周安装圆形黑色PVC装饰圈。

» 9.3.3.2　桥架穿墙（楼板）

（1）材料及机具。水泥砂浆、防火油膏、防火板、三角铁、铁抹子、钢卷尺等。

（2）工艺流程。桥架、电缆安装→防火封堵→防火→挡水坎（装饰墩）。

（3）主要工艺方法

①孔洞预留。根据设计图纸要求在楼板或墙上预埋孔洞。

②桥架安装。根据设计图纸要求安装桥架。

③电缆安装。根据设计图纸要求在桥架内安装电缆。

④防火板安装。防火板四周至少多出洞口25mm，用带垫圈的螺钉固定防火板，固定位置为四个角和四周每隔200mm处。

⑤防火油膏封堵。防火油膏填实防火板与桥架之间的空隙，端面光滑，如图9.3-4和图9.3-6所示。

⑥穿楼面挡水坎（装饰墩）施工。管道四周采用细石混凝土浇筑，砂浆抹面，高度应大于楼面50mm，并在管边设置防火堵泥。

9.4　设备基墩

9.4.1　关键工艺

设备基墩的关键工艺包括混凝土基墩浇筑、排水沟设置、弧形踢脚线施工、防振垫安装等。

9.4.2　工艺过程图示

工艺过程如图9.4-1～图9.4-6所示。

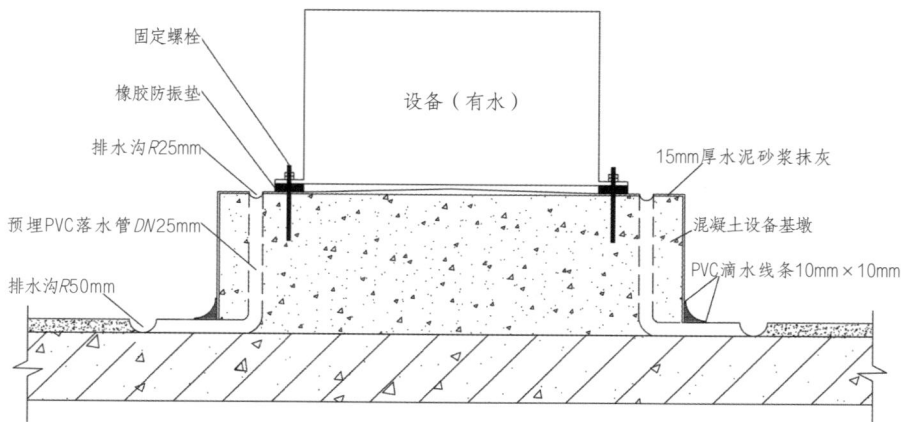

图9.4-1　有水设备基墩剖面

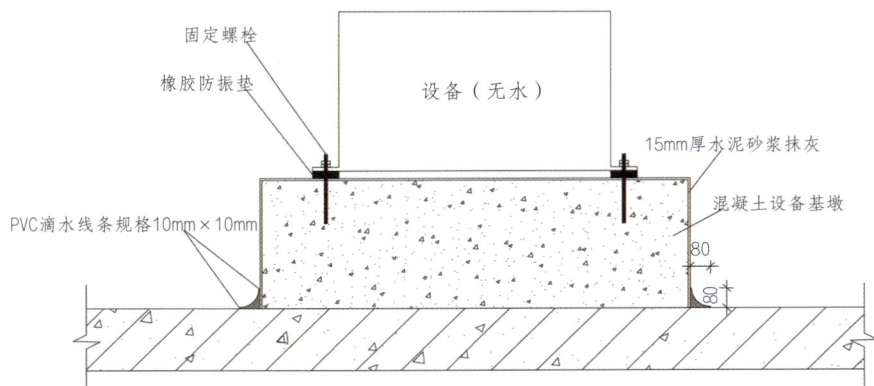

图9.4-2　无水设备基墩剖面

图9.4-3　基墩施工　　图9.4-4　弧形踢脚线施工　　图9.4-5　有水设备基墩　　图9.4-6　无水设备基墩

9.4.3　做法说明

» 9.4.3.1　材料及机具

混凝土、水泥砂浆、PVC排水管 $DN25mm$（用于有水设备基墩）、橡胶防振垫（厚度根据设备技术要求确定）、预埋螺栓（规格根据设备技术要求确定）、模板、钢管、扣件、PVC滴水线条（10mm×10mm）、翻斗车、振动棒、铁抹子、钢卷尺等。

» 9.4.3.2　工艺流程

有水设备基墩放样、弹线定位→支模→固定地脚螺栓及预埋PVC排水管→混凝土浇筑及顶板排水管成型→设备基墩抹灰→设备基墩底部弧形踢脚线施工→设备基墩四周排水沟施工→设备安装。

无水设备基墩放样、弹线定位→支模→固定螺栓预埋→混凝土浇筑→设备基墩抹灰→设备安装→设备基墩底部弧形踢脚线施工。

» 9.4.3.3　主要工艺方法

（1）根据设计图纸放样定位设备基墩位置，支模并浇筑混凝土，混凝土基墩面标高应留有防振垫厚度，以免砂浆抹面遮盖防振垫。

（2）在混凝土浇筑前按照设计要求安装预埋螺栓，有水设备基墩宜在顶部设置排水沟，且宜在两侧或四侧中间各预埋1根 $DN25mm$ 竖向PVC排水管。

（3）设备安装前，基墩顶部应用水泥砂浆找平（有水设备基墩由中心向四周坡度不小于5%）。

（4）设备安装后，基墩侧面水泥砂浆抹灰。

（5）设备基墩底部四周弧形踢脚线（高80～100mm、宽80～100mm）施工，如图9.4-4所示。

（6）有水设备基墩四周应设排水沟，一般为 $R50～100mm$ 水泥砂浆排水沟，如图9.4-5所示。

（7）设备防振垫应高于设备基础水泥砂浆找平层面。

第 10 章　建筑机器人

10.1　水泥混凝土面层

10.1.1　关键工艺

水泥混凝土面层的关键工艺包括机器人调试、机器人整平、机器人抹平、机器人抹光等。

10.1.2　工艺过程图示

工艺过程如图10.1-1～图10.1-6所示。

图10.1-1　机器人调试

图10.1-2　混凝土摊平

图10.1-3　机器人整平

图10.1-4　机器人抹平

图10.1-5　机器人抹光

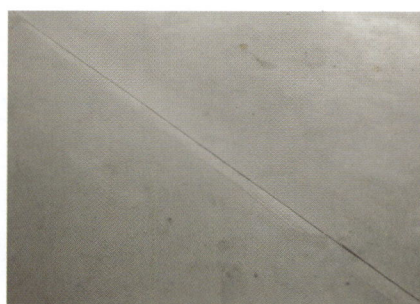

图10.1-6　切缝

10.1.3　做法说明

» 10.1.3.1　材料与机具

混凝土、坍落桶、振捣棒、模板、铁锹、抹子、洒水壶、薄膜、四轮激光地面整平机器人、履带抹平机器人、四盘地面抹光机器人、混凝土切缝机等。

» 10.1.3.2　工艺流程

测量放线→基层清理湿润→刷水泥浆→架立激光发射器→机器人行径路线规划及调试→浇筑混凝土→机器人整平→机器人抹平→机器人抹光→人工修整→切缝→养护。

» 10.1.3.3　主要工艺方法

（1）作业前应进行测量放线，确定设计高度，施工过程中应保证激光发射器的稳定准确，与机器人之间无障碍物遮挡。

（2）浇筑时混凝土坍落度控制在160mm以内，大面积浇筑应分区进行，每小时施工面积400～600㎡为宜，施工速度为0～0.5m/s。

（3）混凝土浇筑从端部开始，使用人工将混凝土大致摊平，虚高20mm，通过操作仪器，遥控四轮激光地面整平机器人一次性完成压实、整平工作，机器人应缓慢后退作业。对机器人的作业盲区，应采用人工压实、整平，表面平整度偏差不应大于5mm。

（4）在混凝土初凝前按照浇筑顺序使用履带抹平机器人进行抹平，板面有凹坑要补浆修整，施工面积300～500㎡为宜，施工速度为0～0.75m/s，抹光次数宜为3遍。

（5）在混凝土终凝前使用四盘地面抹光机器人对地面进行收光施工，抹光结束后12h内开始对混凝土表面覆盖并洒水养护，在常温下连续养护不少于14d。

（6）一般在施工完成后7d开始切缝，切缝深度不应小于混凝土层厚度的1/3。切缝应顺直美观，在柱脚和转角处应闭合连续。

（7）在混凝土养护结束后，缝槽应及时填缝，填缝前保持缝内清洁，无杂物。填缝应在缝槽干燥状态下进行，填缝深度大于40mm时，宜填入柔性衬底材料。

10.2　内墙水泥砂浆一般抹灰

10.2.1　关键工艺

内墙水泥砂浆一般抹灰的关键工艺包括制作灰饼、甩浆挂网、砂浆喷涂、机器人抹平等。

10.2.2　工艺过程图示

工艺过程如图10.2-1～图10.2-6所示。

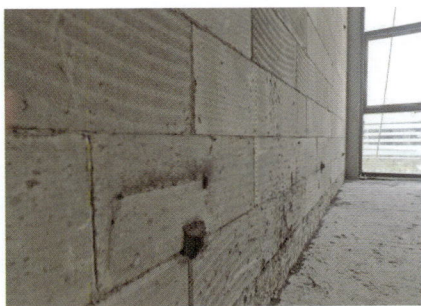

图10.2-1　制作灰饼

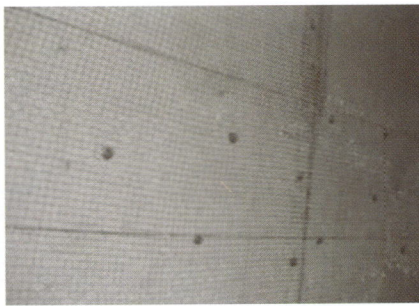

图10.2-2　甩浆挂网

图10.2-3　砂浆制备

图10.2-4　砂浆喷涂

图10.2-5　机器人砂浆抹平

图10.2-6　人工修整

10.2.3　做法说明

» 10.2.3.1　材料与机具

水泥砂浆、钢丝网、灰桶、铁锹、主要机具：螺杆泵喷涂机、抹灰机器人、砂浆搅拌机等。

» 10.2.3.2　工艺流程

基层处理及修整→护角、做灰饼→拉毛甩浆挂网→基层润湿、砂浆制备→机器人行进路线规划及调试→第一遍喷涂→第一遍抹平→人工修整→第二遍喷涂→第二遍抹平→人工修整→验收养护。

» 10.2.3.3　主要工艺方法

（1）抹灰前，基层表面的尘土、污垢和油渍等应清除干净。

（2）机器人喷涂前，需完成护角、冲筋或做灰饼、找方，墙面甩浆挂网。

（3）喷涂作业前，应对墙面喷水湿润，制备砂浆，机器人行进路线规划及调试。

（4）砂浆配合比应符合设计要求，砂子粒径宜选用中砂，底层、面层抹灰砂浆稠度宜控制在70～90mm，并经试喷。

（5）在距墙体底部150mm处间隔1m设置1道50mm×50mm的灰饼，用于抹灰机器人定位，控制砂浆厚度。

（6）砂浆抹平需提前设置抹平高度，在喷涂作业完成后即可开始抹平，操作时应分层、间歇抹灰，单层最大抹平厚度不超过10mm，第二遍抹灰应在第一遍抹灰终凝后进行，对机器人作业盲区，应采用人工修整。

（7）抹灰完成后应采取措施防止抹灰面被沾污和损坏。水泥砂浆抹灰层应在湿润条件下养护，一般在抹灰24h后进行，养护时间不少于7d。

10.3　混凝土密封固化剂地坪

10.3.1　关键工艺

混凝土密封固化剂地坪的关键工艺包括机器人行进路线规划、地面研磨、墙面保护、喷洒固化剂、地面抛光等。

10.3.2　工艺过程图示

工艺过程如图10.3-1～图10.3-6所示。

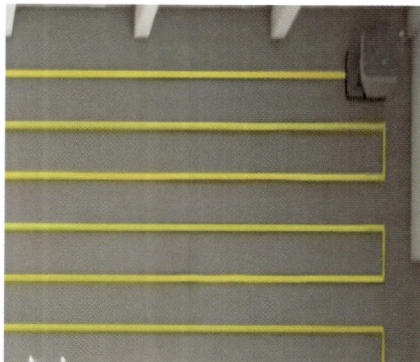

图10.3-1　机器人行进路径规划　　　图10.3-2　机器人粗磨　　　图10.3-3　人工粗磨墙柱边阴角区域

| 图10.3-4　墙面覆膜保护 | 图10.3-5　人工喷洒混凝土密封固化剂 | 图10.3-6　机器人细磨抛光 |

10.3.3　做法说明

» 10.3.3.1　材料与机具

混凝土密封固化剂、树脂磨片、毛刷、保鲜膜、喷壶、手持角磨机、地坪研磨机器人。

» 10.3.3.2　工艺流程

基层处理→测量放线→行进路线规划→一遍粗磨+基层清理（地坪研磨机器人）→人工喷涂第一遍混凝土固化剂→一遍细磨（地坪研磨机器人）→人工喷涂第二遍混凝土固化剂→两遍细磨（地坪研磨机器人）→人工喷洒抛光剂→抛光（地坪研磨机器人）→地面画线→清洁→地坪养护。

» 10.3.3.3　主要工艺方法

（1）作业前应保证地面干净、无积水、无漏水、无杂物堆积。

（2）使用机器人配套的平板电脑进行路径规划，先使用30#四齿合金刀头对原始地面进行打磨处理，再换上80#四齿合金刀头提高地面平整度。粗磨完成后清理地面，换上树脂磨片打磨使水泥孔隙充分显露，研磨时选用的树脂磨片按设计品类要求，逐级由低目数往高目数进行研磨作业，不得跳级研磨施工。

（3）研磨、清洗、污泥收集单次作业面积不宜超过150㎡，基层清理干净后再将混凝土密封固化剂均匀地洒于地坪表面，用长毛刷来回推动，使固化剂均匀渗透1～2h（具体渗透时间根据室温环境确定）。

（4）当地坪表面的固化剂变得滑稠时，在地面洒少量清水（约固化剂用量的1/3），并用长毛推刷均匀推开，以稀释多余的固化剂，促使地面二次渗透。

（5）待固化剂反应2h后，用地坪研磨机器人加配上1000目、2000目树脂片进行细磨。

（6）地面抛光由人工喷洒抛光剂，待抛光剂渗透20min，再用地坪研磨机器人加配2000#的磨片进行全面抛光。

10.4　环氧地坪涂敷

10.4.1　关键工艺

环氧地坪涂敷的关键工艺包括机器人行进路线规划、地面研磨清理、环氧底漆涂敷、砂浆刮涂、环氧腻子刮涂、环氧面漆涂敷、罩光等。

10.4.2　工艺过程图示

工艺过程如图10.4-1～图10.4-6所示。

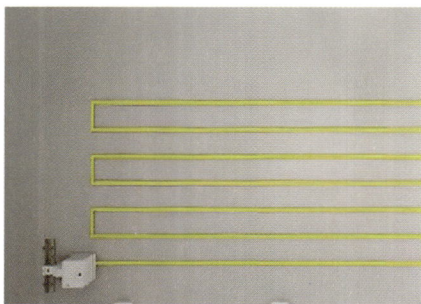

图10.4-1　机器人行进路线规划

图10.4-2　机器人研磨清理

图10.4-3　机器人底涂

图10.4-4　机器人中涂

图10.4-5　机器人面涂和罩光

图10.4-6　完成养护

10.4.3　做法说明

» 10.4.3.1　材料与机具

环氧底漆、环氧树脂砂浆（配合比10：4）、环氧面漆、石英砂、稀释剂、固化剂、树脂磨片（100～300目）、地面研磨机器人、地坪涂敷机器人。

» 10.4.3.2　工艺流程

基层处理及修整→测量放线→行进路线规划及调试→环氧地坪底涂（地坪涂敷机器人）→砂浆中涂找平（地坪涂敷机器人）→地坪涂料涂敷（机器人进行腻子辊涂）→腻子层进行细磨（地坪研磨机器人）→地坪涂料面涂（地坪涂敷机器人）→罩光（地坪涂敷机器人）→人工修整→地面划线→地坪养护。

» 10.4.3.3　主要工艺方法

（1）作业前应保证地面干净，无积水、无漏水、无杂物堆积，平整的表面允许偏差为不大于2.5mm，如落差较大，需用地坪研磨机器人进行打毛。

（2）待腻子层硬化后使用研磨机器人将地面进行打磨，扩大表面孔隙，便于环氧面漆吸附。

（3）环氧地坪底涂混合料需在4h内用完，一般厚度为0.2～0.5mm，底漆硬化时间应不少于8h。

（4）地坪涂料涂敷施工前需确定涂敷方式和机器人施工参数；确定涂敷方式是辊涂、刮涂、镘涂等。底涂宜采用辊涂，厚度一般为0.2～0.5mm，其参数宜设置为135～165mm/s，底漆硬化时间应不少于8h。中涂层厚度宜为1～3mm，石英砂配制树脂砂浆比例（10：4），宜采用刮涂。主料与腻子的配比为1：0.5，宜采用辊涂，其参数宜设置为135～165mm/s，硬化时间宜为8h。面涂层厚度宜为1～3mm，宜采用辊涂，其参数宜设置为165～195mm/s。

（5）面涂层混合料宜在30min内用完。施工完成24h后方可上人。

10.5　墙体砌筑（机器人）

10.5.1　关键工艺

墙体砌筑（机器人）的关键工艺包括测量放样、拉结筋植入、摆砖撂底、人机协同砌体作业等。

10.5.2　工艺过程图示

工艺过程如图10.5-1～图10.5-6所示。

图10.5-1　测量放样

图10.5-2　拉结筋植筋

图10.5-3　摆砖撂底

图10.5-4　机器就位

图10.5-5　人机协同作业

图10.5-6　墙顶斜砖留空

10.5.3　做法说明

» 10.5.3.1　材料与机具

砌筑机器人、砌筑材料（砖块、水泥砂浆）、砌筑刀、批刀、灰桶等。

» 10.5.3.2　工艺流程

基层清理→测量放样→拉结筋植筋→摆砖撂底→设备就位→人机协同砌体作业→养护。

» 10.5.3.3　主要工艺方法

（1）机器人就位，人工调整运动轨道、砌筑角度和距离，准备好所需砌筑材料和砌筑工具，包括砖块和砂浆等。砌筑砂浆采用专用黏结砂浆时，水平灰缝厚度与垂直灰缝厚度宜为3～4mm。采用非专用黏结砂浆时，水平灰缝厚度和竖向灰缝宽度不应超过15mm。

（2）启动机器人，当砌筑材料为300mm×600mm×240mm加气混凝土砌块时应设置砌筑速度为20s/块，砂浆稠度60～80mm，机器人砌筑，人工协同铺浆。

（3）必须按要求设置拉结筋，砌块与拉结筋的连接，应预先在相应位置的砌块上表面开设凹槽；砌筑时，钢筋应居中放置在凹槽砂浆内。

（4）砌体分层施工到梁板底留置高度，待砌体砂浆沉降稳定14d后砌筑斜顶砖。

10.6　外墙涂料喷涂

10.6.1　关键工艺

外墙涂料喷涂的关键工艺包括机器人安装、底层喷涂、面层喷涂等。

10.6.2　工艺过程图示

工艺过程如图10.6-1～图10.6-6所示。

图10.6-1　基层处理

图10.6-2　机器人安装

图10.6-3　底层喷涂

图10.6-4　第一遍面层喷涂

图10.6-5　第二遍面层喷涂

图10.6-6　描缝处理

10.6.3　做法说明

» 10.6.3.1　材料与机具

柔性腻子、底漆、面漆、钢丝网、抹子、滚刷、刮板、美纹纸、外墙喷涂机器人、吊篮等。

» 10.6.3.2　工艺流程

基层处理与修整→机器人安装→机器人行进路线规划及调试→机器人腻子喷涂（机器人）→腻子找平、打磨（机器人）→底层喷涂（机器人）→细部处理→第一遍面涂（机器人）→罩面喷涂（机器人）→人工修整→成品保护。

» 10.6.3.3　主要工艺方法

（1）施工基面应清洁平整，无任何污染物，并应充分干燥，无疏松及空鼓现象。新粉水泥砂浆墙面需养护14d以上。

（2）机器人安装完成后，借助吊篮机架或无人机，进行喷涂作业前应选定区域进行调枪、现场打样，调试喷涂压力，保证成品质量符合设计要求。选定范围一般按设计分格及线条进行分区分块。喷涂横向间距4～6m。

（3）外墙喷涂使用机器人配套的平板电脑进行路径规划，路径规划时需考虑机器人的作业半径、料斗仓容量限制等，一次投料单次作业面积不宜超过100㎡，每台机器人单日连续作业面积宜在

2000㎡以内。

（4）外墙3mm厚的耐水腻子作业，第一遍腻子喷涂速度宜控制在60mm/s，喷涂厚度宜为1.8mm；第二遍腻子喷涂速度宜控制在230mm/s，喷涂厚度宜为0.8mm。喷涂应横向行进，自上而下分层施工。

（5）应对机器人无法施工的阴角等部分进行腻子人工修补，确保墙面腻子一次成型。人工收刮宜在墙面腻子半干状态下进行，收刮时注意上下衔接，收刮速度均匀一致，确保平整度不大于3mm。对混凝土墙面应刮腻子找平，墙面平整度偏差不大于4mm且无接排印。

（6）腻子层充分干燥固化后，机器人喷涂封闭底漆，喷涂参数宜设置为8～12mm/s，上漆前应保证墙面相对湿度不大于8%，严格按照规定的稀释比例进行稀释，并充分搅拌，保证均匀。

（7）根据涂料品类不同，喷涂参数宜设置为12～20mm/s，面漆喷涂参数宜设置为20～28mm/s。薄涂料普通涂饰表面平整度偏差应在3mm以内，高级涂饰在2mm以内。厚涂料普通涂饰在3mm以内，高级涂饰在2mm以内。

（8）在底漆施工完毕24h后可以进行中涂施工，在底漆施工完毕24h后可以进行第一遍面涂施工，面涂材料应严格按照规定进行稀释，稀释剂采用厂家指定的材料和稀释比，并应充分搅拌均匀。第二遍面涂应在第一遍面涂完成后24h进行，同一面墙必须使用同一批次的面漆，以保证颜色的统一性。

10.7　实测实量（测量机器人）

10.7.1　关键工艺

实测实量（测量机器人）的关键工艺包括扫描测量和设备测量数据处理等。

10.7.2　工艺过程图示

工艺过程如图10.7-1～图10.7-6所示。

图10.7-1　场地清理

图10.7-2　架设与扫描测量

图10.7-3　数据采集与上传

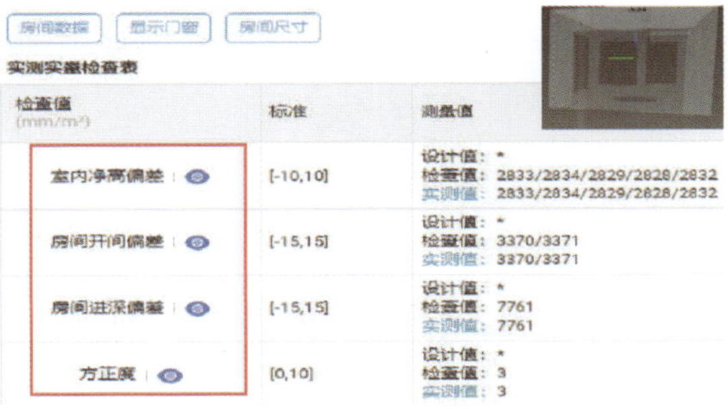

图10.7-4　数据处理（一）

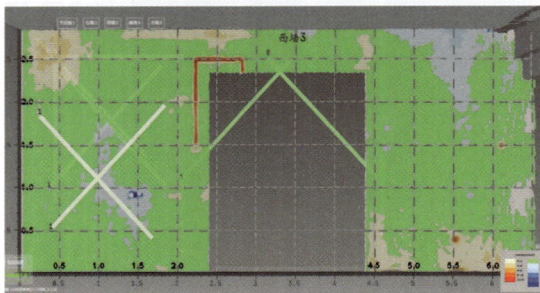

图10.7-5 数据处理（二）

图10.7-6 导出数据报告

10.7.3 做法说明

» 10.7.3.1 材料与机具

测量机器人、三脚架、配套云端计算设备等。

» 10.7.3.2 工艺流程

场地清理→架设测量机器人→测量机器人调试→机器扫描采集数据→数据处理→分析和报告。

» 10.7.3.3 主要工艺方法

（1）测量前应进行清理，测量范围内无明显障碍物，包括废弃堆杂物、建筑材料，保证墙角、柱、窗台及阴阳角部位，不能有混凝土块残留。场地无振动设备作业。

（2）根据测量范围选定测量点，测量半径不宜超过10m。宜根据测量任务选取多个测量点，架设测量机器人，检查机器人的运行状态，勾选测量参数，例如平整度、垂直度、空间宽度与进深、阴阳角方正等。

（3）扫描测量区域，人-机-云协同作业，平均3.5min一个房间，测量精度可达1.5mm。

（4）机器人将采集到的数据传输到配套计算设备的APP上，计算设备分析处理后的数据，获得所需的测量结果并生成数据报告，查验实测实量结果。

10.8 逆向建模（测量机器人）

10.8.1 关键工艺

逆向建模（测量机器人）的关键工艺包括扫描测量、点云数据处理、点云模型拼接、逆向模型生成等。

10.8.2 工艺过程图示

工艺过程如图10.8-1～图10.8-6所示。

图10.8-1 架设与扫描测量

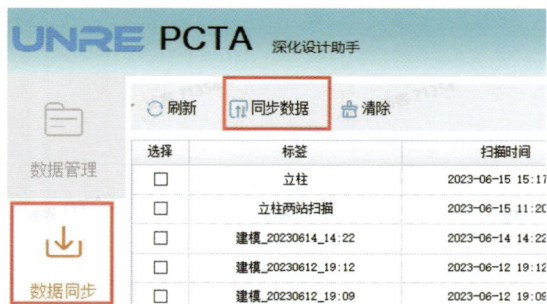

图10.8-2 数据采集与同步

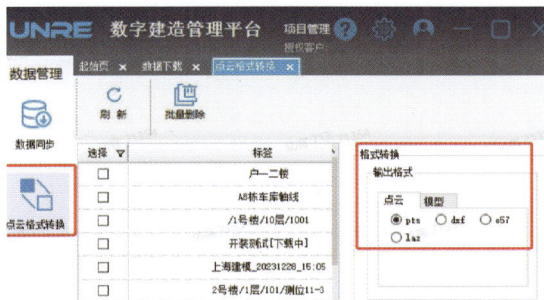

图10.8-3　点云格式转换

图10.8-4　点云数据处理

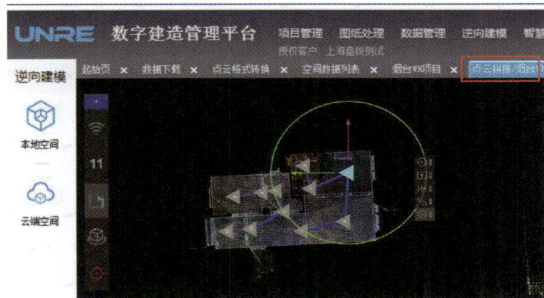

图10.8-5　点云拼接与合并

图10.8-6　导入Revit进行深化

10.8.3　做法说明

» 10.8.3.1　材料与机具

测量机器人、三脚架、配套云端计算设备等。

» 10.8.3.2　工艺流程

场地勘察清理→规划测设点→数据采集→数据拼接处理→合并点云数据→数据导出逆向建模。

» 10.8.3.3　主要工艺方法

（1）测量任务进行前应保证测量范围内无明显障碍物，包括废弃堆杂物、建筑材料等。场地无振动设备作业。

（2）根据测量范围选定测量点，测量半径不宜超过10m，宜根据测量任务选取多个测量点，应确保充分覆盖测量区域。

（3）架设测量机器人，检查运行状态。

（4）全方位扫描测量，并将采集到的点云数据、图像和其他相关数据上传至配套设备的APP上。

（5）测量机器人将点云数据进行处理，包括去噪、滤波、点云配准和坐标转换，以创建整洁且与建筑结构对应的三维模型。将摄像头获取的图像进行处理，用以图像配准、特征提取和空间拼接。

（6）测量机器人经过同步-转换-拼接-合并一系列处理后将点云数据和图像数据导出，数据支持以点云及模型2种方式输出，点云支持Pts、Dxf、E57、Laz格式，模型支持Ply格式，方便后续导入Revit进行逆向建模，用于模型深化设计。

（7）生成的模型需要与实际建筑物进行对比和验证，以确保其准确性和完整性。

第 11 章　建筑安装

11.1　给水钢塑复合管道

11.1.1　关键工艺

给水钢塑复合管道的关键工艺包括支吊架安装、管道切割加工、管道连接等。

11.1.2　工艺过程图示

工艺过程如图11.1-1和图11.1-2所示。

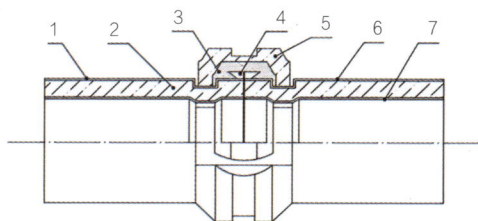

图11.1-1　沟槽接头安装节点做法

1—钢塑管；2—密封圈；3—端面防护环；
4—卡箍；5—外涂层；6—内涂层

图11.1-2　沟槽接头安装

11.1.3　做法说明

» 11.1.3.1　材料及机具

（1）钢塑复合管、复合管件和附件、橡胶件、防锈密封胶等。

（2）自动套丝机、锯床、切削加工机、复合管专用卡压工具、管钳、水平尺、直尺、钢卷尺、线坠等。

» 11.1.3.2　工艺流程

安装准备→测量放线→支吊架安装→管道切割加工→管道连接→试压→消毒、清洗。

» 11.1.3.3　主要工艺方法

（1）直管需截管时，宜采用锯床或手工锯切割，不得采用砂轮切割。锯面应垂直于管轴心，允许偏差小于等于1mm。

（2）套丝应采用自动套丝机，套丝机应采用润滑油润滑。管道安装后的管螺纹端部应有2～3扣的外露螺纹，多余的麻丝应清理干净并做防腐处理。

（3）衬塑管的管端应采用专用铰刀进行清理加工，将衬塑层按其厚度的1/2进行倒角，倒角坡度宜为10°～15°；涂塑管应采用削刀削成内倒角。

（4）管端、管螺纹清理加工后，宜采用防锈密封胶和聚四氟乙烯生料带缠绕螺纹。

（5）沟槽加工时，沟槽应与机具紧靠牢固。在切削加工或滚槽机滚压沟槽过程中，管子不得出现纵向位移和角位移。

（6）钢塑复合管内衬涂层必须延伸至法兰端面，严禁将端面衬、涂防腐层切掉。

（7）室内钢塑复合给水管道安装完毕，应进行水压试验。水压试验压力均为工作压力的1.5倍，但不得小于0.6MPa。水压试验应在管道灌满水后，缓慢升至试验压力，且在试验压力下观测10min，压力降不应大于0.02MPa，然后降到工作压力进行检查，应不渗不漏。同时检查各连接处有无渗漏，水压试验方为合格。

（8）生活给水系统管道在交付前必须冲洗和消毒，并经具备相应资质的检测机构取样检验，符合《生活饮用水卫生标准》后方可使用。

11.2　给水聚丙烯（PPR）管道

11.2.1　关键工艺

给水聚丙烯（PPR）管道的关键工艺包括支吊架安装、管材加工、热熔温度控制等。

11.2.2　工艺过程图示

工艺过程如图11.2-1~图11.2-4所示。

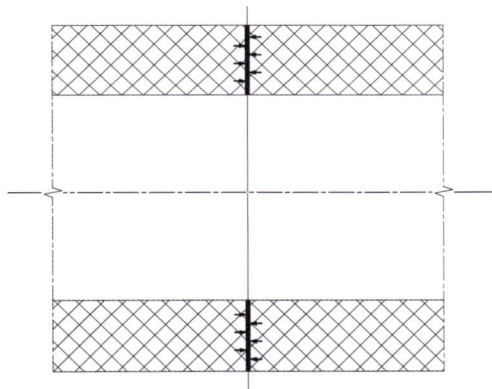

图11.2-1　热熔对接节点做法

图11.2-2　热熔连接后实物

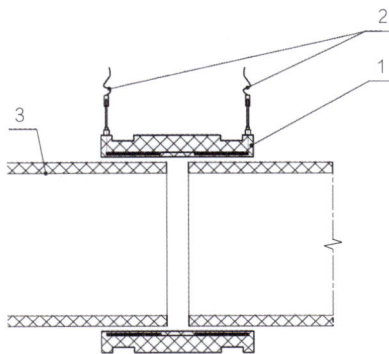

图11.2-3　电熔连接做法

1—电熔套管；2—连接电源；3—PPR管件

图11.2-4　电熔连接后实物

11.2.3　做法说明

» 11.2.3.1　材料及机具

（1）聚丙烯管材、管件等。

（2）管道切割机、热熔焊机、电熔焊机、电焊机、试压泵、短管器、管子剪、钢锯、扳手、钳子、螺丝刀、水平尺、线坠、钢卷尺、角尺等。

» 11.2.3.2　工艺流程

安装准备→测量放线→支吊架安装→管道切割加工→管道连接→试压→消毒、清洗。

» 11.2.3.3　主要工艺方法

（1）管子采用热熔连接，专用热熔机具应由管材供应厂商提供或确认。安装部位狭窄处，采用电熔连接。直埋铺设的管道不得采用螺纹或法兰连接，如图11.2-2和图11.2-4所示。

（2）热熔连接时，机具接通电源，达到工作温度（260℃±20℃）、指示灯亮后方能用于接管。

（3）热熔连接前管材端部宜去掉40~50mm，切割管材时，应使端面垂直于管轴线。管材切割宜使用管子剪或管道切割机，也可使用钢锯，切割后的管材断面应去除毛边和毛刺。

（4）电熔连接前，应检查机具与电熔管件。连接时，通电电源的电压和加热时间应符合电熔管件生产厂的规定。根据使用的电压和电流强度及电源特性，提供相应的电保护措施。

（5）电熔连接冷却期间，不得移动连接件或在连接件上施压任何外力。

（6）电熔承插连接管材的连接端应切割垂直，并运用洁净棉布擦净管材和管件上的污物后，标出插入深度，刮除其表皮。

（7）电熔连接的目测检查，当熔瘤凸头凸出时，表明已经熔接好。

（8）管材和管件连接端面应清洁、干燥、无油。

（9）处理好的水管在支吊架就位后，逐个用螺丝刀拧紧管卡，注意转弯处是受力点，管口一定要拧紧。

（10）暗铺管道应在隐蔽前进行水压试验。

（11）在冬期施工时，应注意聚丙烯管道的低温脆性特点，当气温低于5℃时，应采取保护措施，调整施焊吸热时间。

（12）管道试验压力必须符合设计要求。当设计未规定时，管道试验压力应为管道系统最大工作压力的1.5倍，且不得小于0.60MPa。

（13）水压试验时，压力表应安装在管道系统的最低点，加压泵宜设在压力表附近；管道内应充满水，彻底排净管道内空气；利用加压泵将压力缓慢升至试验压力，然后停止升压，在试验压力下稳压1h，压力降不得超过0.05MPa；然后降压至管道系统最大工作压力的1.15倍，停止降压，稳压2h，压力降不得超过0.03MPa，同时检查各连接处，不得有渗漏，水压试验方为合格。

（14）给水管道系统在验收前，应进行通水冲洗。冲洗水流速不宜小于2m/s。冲洗时应不留死角，每个配水点龙头都应打开，系统最低点应设在放水口处，清洗时间控制在冲洗出口处排水的水质与进水相当为止。

（15）生活给水系统管道在交付前必须冲洗和消毒，并经具备相应资质的检测机构取样检验，符合《生活饮用水卫生标准》后方可使用。

11.3　立式水泵

11.3.1　关键工艺

立式水泵的关键工艺包括基础验收、找平找正、配套管道安装等。

11.3.2　工艺过程图示

工艺过程如图11.3-1～图11.3-4所示。

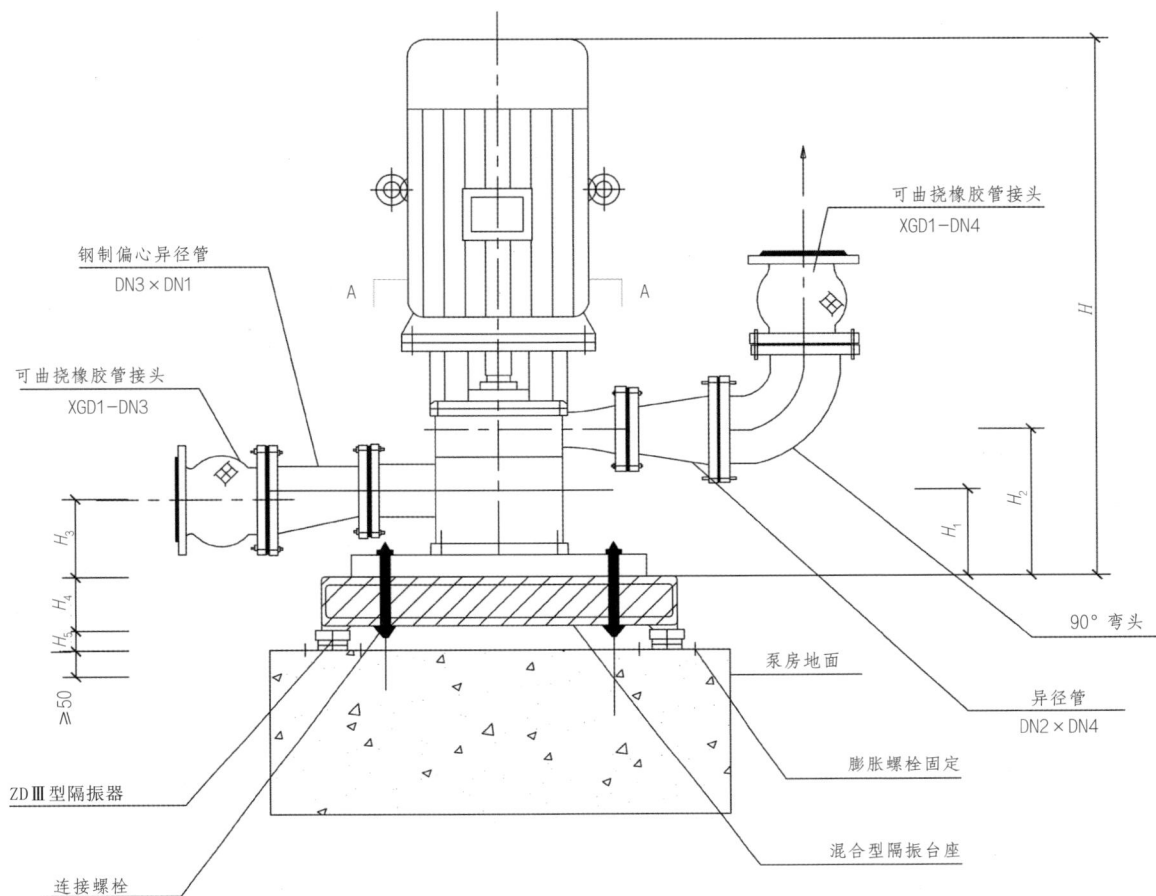

钢制偏心异径管
DN3×DN1

可曲挠橡胶管接头
XGD1-DN3

可曲挠橡胶管接头
XGD1-DN4

90°弯头

异径管
DN2×DN4

泵房地面

膨胀螺栓固定

混合型隔振台座

ZD Ⅲ型隔振器

连接螺栓

图11.3-1　立式水泵安装示意

H_1—隔振台座上表面至钢制偏心异径管中心高度；H_2—隔振台座上表面至钢制异径管中心高度；H_3—隔振台座上表面至泵机中部高度；H—隔振台座上表面至泵机顶高度；H_4—隔振台座上表面至可曲挠橡胶管接头中心高度；H_5—隔振台座高度；H_6—隔振器高度

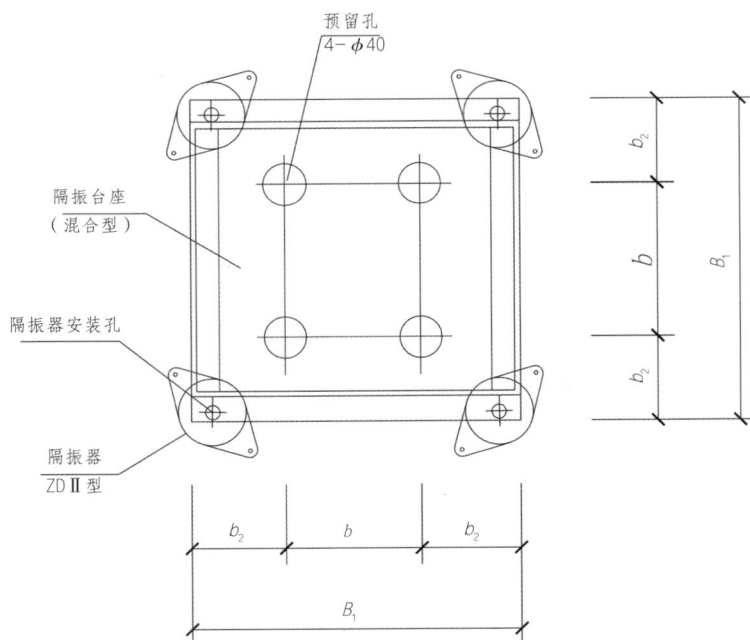

预留孔
4-ϕ40

隔振台座
（混合型）

隔振器安装孔

隔振器
ZD Ⅱ型

图11.3-2　隔振器布置

图11.3-3　隔振器安装　　　　　　　　　图11.3-4　立式水泵安装实例

11.3.3　做法说明

» 11.3.3.1　材料及机具

（1）水泵、型钢、垫铁、过滤网、管材、阀门、保温材料等。

（2）切割机、电气焊机、套丝机、打磨机、水平仪、钢卷尺、扳手、滑轮、倒链等。

» 11.3.3.2　工艺流程

基础检验→开箱检查→设备找平、找正、固定→配套管道安装→水泵试运转。

» 11.3.3.3　主要工艺方法

（1）基础检验

①水泵就位前应对水泵基础混凝土或钢基础强度、坐标标度、尺寸和螺栓孔位置进行检查核定，必须符合设计规定，如图11.3-1所示。

②水箱的支架或底座安装后，应检查其尺寸及位置，埋设平整平固，并应符合设计规定。

（2）开箱检查。设备运至现场后，应会同监理单位、建设单位、供货方进行开箱检查，核对设备型号是否符合设计要求，按照设备技术文件的规定，清点设备的零部件，并应无缺件、损坏和锈蚀等。管口保护物和堵盖应完好，核对设备的主要安装尺寸并应与工程设计相符。水泵的泵壳不应有裂纹、砂眼及凹凸不平等缺陷，水箱表面应平整光滑，圆形水箱应弧形均匀，不应有裂纹、砂眼等缺陷。

（3）水泵找平、找正、固定

①立式水泵应保证垂直度，较大型水泵宜采用吊装。

②水泵找平的每组底座垫铁数量不应超过3块，立式水泵的减振装置不应采用弹簧减振器，如图11.3-2和图11.3-3所示。

③如有基架，使泵体稳固在基架上，拧紧螺栓。如无基架，打入地脚螺栓。用1∶2的水泥砂浆将水泵底盘内的空隙填满，捣实，待水泥砂浆达到强度后，再紧固螺栓。

（4）配套管道安装

①水泵配管安装应在水泵定位找平正、稳固后进行，水泵设备不得承受管道的重量，水泵配

管及阀门应设独立固定支架。

　　②泵进、出口柔性连接管与泵件之间不应设置支架，管道安装时不应让柔性连接管承重预拉伸或预压缩。

　　③水泵从水池进水时，进水管段压力表应采用真空压力表，进水管的变径管应采用焊接法兰连接工艺的偏心异径管，安装时偏心异径管上部与管道相平，上平下斜以防形成气室，如图11.3-4所示。

　　（5）水泵试运转

　　①泵试运转前检查电机的转向应与泵的转向相符，各固定连接部位牢固无松动，盘车灵活无异常。

　　②各指标仪表、安全保护装置及电控装置均应灵敏、准确、可靠。

　　③水泵试运转应在有介质情况下进行，试运转时间不少于2h，各固定连接部位不应有松动；转子及各运动部件运转正常，不得有异常声响和摩擦现象；附属系统运转正常，管道连接应牢固，无渗漏；轴承温升必须符合设备说明书的规定；泵的安全保护和电控装置及各仪表均应灵敏、正确、可靠。

11.4　卧式水泵

11.4.1　关键工艺

　　卧式水泵的关键工艺包括基础验收、找平找正、配套管道安装等。

11.4.2　工艺过程图示

　　工艺过程如图11.4-1～图11.4-4所示。

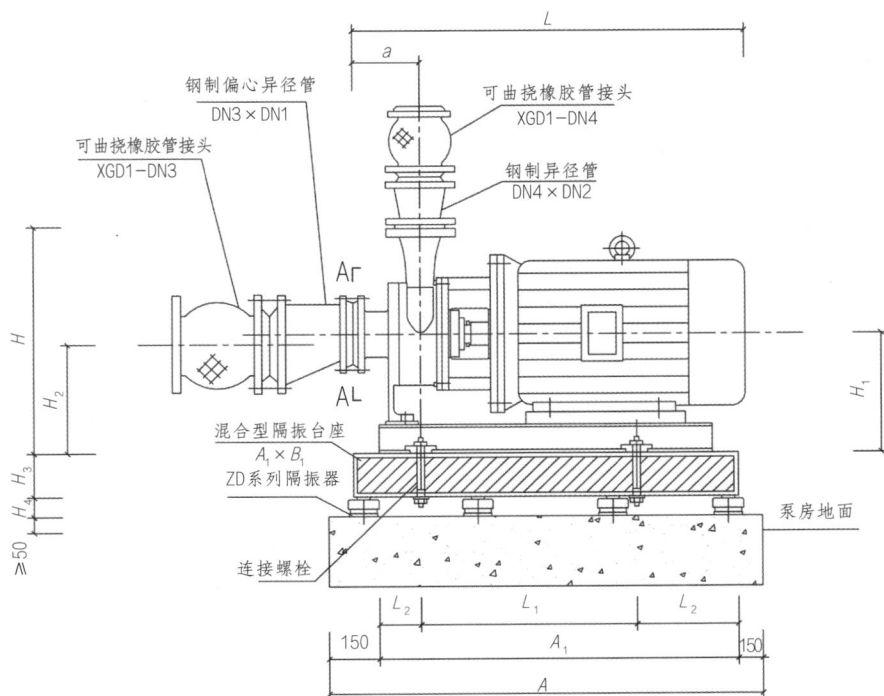

图11.4-1　卧式水泵安装（字母安装尺寸详见图集04S204第84页）

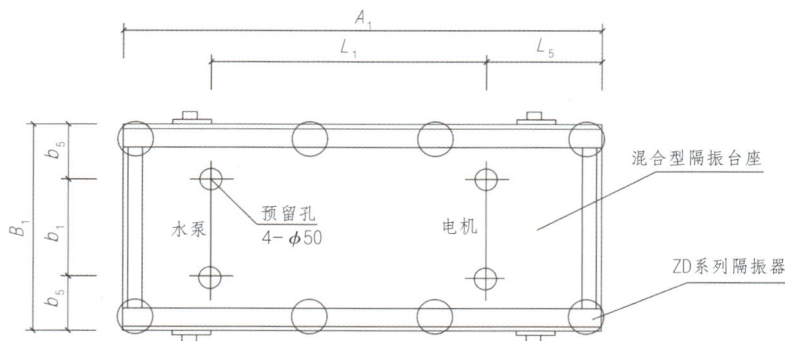

图11.4-2 隔振器布置（字母安装尺寸详见图集04S204第84页）

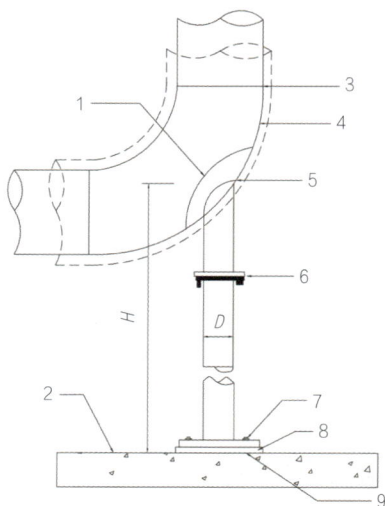

图11.4-3 水泵出水立管支撑

1—弧形板；2—地面；3—保温（有保温时）；4—水管；5—满焊焊缝；
6—法兰；7—膨胀螺栓；8—柱脚板；9—减振垫
D—支柱管径；H—支柱高度

图11.4-4 卧式水泵安装实例

11.4.3 做法说明

» 11.4.3.1 材料及机具

（1）水泵、型钢、垫铁、过滤网、管材、阀门、保温材料等。

（2）切割机、电气焊机、套丝机、打磨机、水平仪、钢卷尺、扳手、滑轮、倒链等。

» 11.4.3.2 工艺流程

基础检验→开箱检查→设备就位→配套管道安装→设备试运行。

» 11.4.3.3 主要工艺方法

（1）基础检验

①水泵就位前应对水泵基础混凝土或钢基础强度、坐标标度、尺寸和螺栓孔位置进行检查核定，必须符合设计规定，如图11.4-1所示。

②水箱的支架或底座安装后，应检查其尺寸及位置，埋设平整稳固，并应符合设计规定。

（2）开箱检查。设备运至现场后，应会同监理单位、建设单位、供货方进行开箱检查，核对设备型号是否符合设计要求，按照设备技术文件的规定，清点设备的零部件，并应无缺件、损坏和锈蚀等。管口保护物和堵盖应完好，核对设备的主要安装尺寸并应与工程设计相符。水泵的泵壳不应有裂纹、砂眼及凹凸不平等缺陷，水箱表面应平整光滑，圆形水箱应弧形均匀，不应有裂纹，砂眼等缺陷。

（3）水泵找平、找正、固定

①水泵的泵体应水平，较大型水泵宜采用吊装。

②水泵安装后的联轴器应同心，地脚螺栓应牢固。

③水泵找平的每组底座垫铁数量不应超过3块，如图11.4-2所示。

④如有基架，使泵体稳固在基架上，拧紧螺栓。如无基架，打入地脚螺栓。用1：2的水泥砂浆将水泵底盘内的空隙填满，捣实，待水泥砂浆达到强度后，再紧固螺栓。

（4）配套管道安装

①水泵配管安装应在水泵定位找平正、稳固后进行，水泵设备不得承受管道的重量，水泵配管及阀门应设独立固定支架，如图11.4-3所示。

②泵进、出口柔性连接管与泵件之间不应设置支架，管道安装时不应让柔性连接管承重预拉伸或预压缩。

③水泵从水池进水时，进水管段压力表应采用真空压力表，进水管的变径管应采用焊接法兰连接工艺的偏心异径管，安装时应使偏心异径管上部与管道相平，上平下斜以防形成气室，如图11.4-1所示。

（5）水泵试运转

①泵试运转前检查电机的转向应与泵的转向相符，各固定连接部位牢固无松动，盘车灵活无异常。

②各指标仪表、安全保护装置及电控装置均应灵敏、准确、可靠。

③水泵试运转应在有介质情况下进行，试运转时间不少于2h，各固定连接部位不应有松动；转子及各运动部件运转正常，不得有异常声响和摩擦现象；附属系统运转正常，管道连接应牢固，无渗漏；轴承温升必须符合设备说明书的规定；泵的安全保护和电控装置及各仪表均应灵敏、正确、可靠。

11.5　室内消火栓系统

11.5.1　关键工艺

室内消火栓系统的关键工艺包括消防箱体安装、箱内组件组装、管道连接等。

11.5.2　工艺过程图示

工艺过程如图11.5-1～图11.5-6所示。

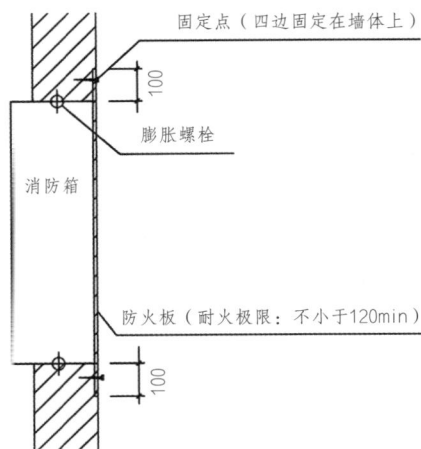

图11.5-1　暗装消防箱背部防火板

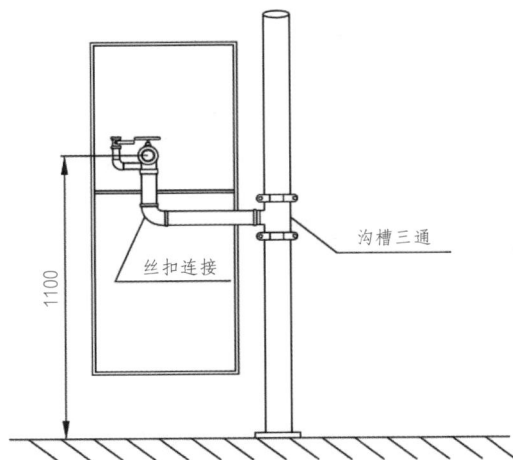

图11.5-2　消火栓管道安装

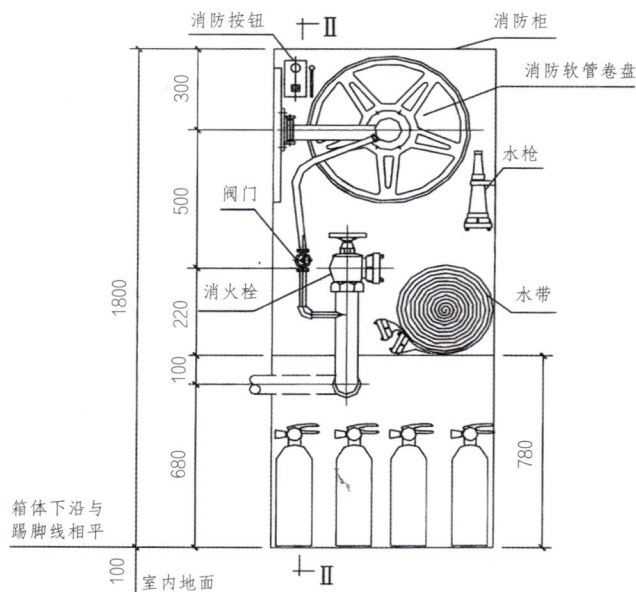

图11.5-3　消火栓箱暗装

图11.5-4　开门见栓、见钮，箱门开启≥120°

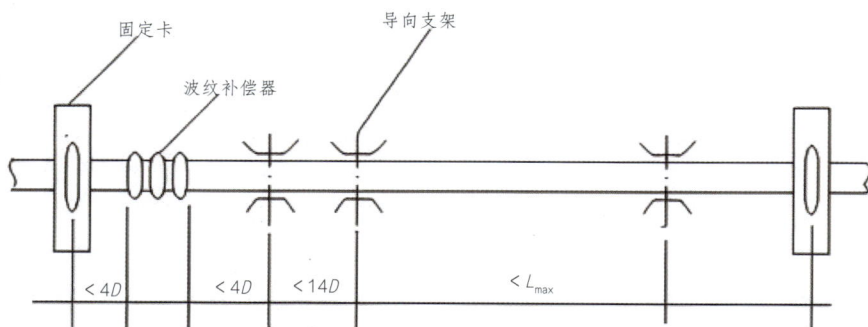

图11.5-5　管道补偿器安装
D—管径

图11.5-6　管道补偿器实物

11.5.3　做法说明

» 11.5.3.1　材料及机具

（1）钢管、阀门、消火栓箱体等。

（2）套丝机、滚槽机、割管机、电焊机、红外线水平仪、钢卷尺等。

» 11.5.3.2　工艺流程

管道安装→消火栓箱安装→供水设施安装→管道系统试压、严密性试验、冲洗→消火栓配件安装→系统调试→防腐与色标。

» 11.5.3.3　主要工艺方法

（1）消火栓系统管道安装应根据设计要求使用管材，热镀锌钢管严禁采用焊接连接。

（2）管道穿越建筑物伸缩缝及沉降缝时，应采用波纹管和补偿器等技术措施。

①补偿器靠近第一个固定支架应小于4D（D表示管径）且设置导向支架，如图11.5-5所示。

②安装中预拉伸固定拉杆不能拆除，螺母可松开。在工作状态时，耳板内侧螺母松开至总补偿量的1/2，外侧螺母拧紧。若是管道式以拉伸为主的话，则将耳板外侧螺母松开补偿量的距离，内侧螺母拧紧，如图11.5-6所示。

（3）消火栓管道在变径时不宜采用补心，管径大于 DN50mm 的管道不应使用螺纹活接头，消防立管与水平管沟槽连接，应采用沟槽式管件，不应采用机械三通，如图11.5-2所示。

（4）消火栓支管要以栓阀的坐标、标高甩口定位。核定后再固定消火栓箱体，箱体找正稳固后再将栓阀安装好。箱门开启应灵活，安装在防火墙上的消防箱体背部墙体耐火极限应要满足相应规范要求，如图11.5-1所示。

（5）箱体组件安装。消防水龙带应折好放在挂架上卷实、盘紧放在箱内，消防水枪要竖放在箱体内侧。消防水龙带与水枪、快速接头的连接，一般用14#铁丝绑扎两道，每道不少于两圈，使用金属卡箍时，应在里侧加一道铁丝，如图11.5-3和图11.5-4所示。

（6）消火栓口的中心标高应距地面1.1m，消火栓口出水方向宜向下或与设置消火栓的墙面成90°，栓口不应安装在门轴侧，如图11.5-3所示，侧向旋转型消火栓口应设置旋转方向指示标识。

（7）消火栓箱门的开启不应小于120°，消火栓箱门上应用红色字体注明"消火栓"及使用操作说明，如图11.5-4所示。

（8）消火栓管道安装好以后，应按设计要求进行压力试验。试压也可分段进行。试压用的压力表不应少于2个，精度不应低于1.6级，量程应为试验压力值的1.5~2倍。

（9）消防管道外应刷红色油漆或涂红色环圈标识，并应注明管道名称和水流方向标识。

11.6　消防喷淋系统

11.6.1　关键工艺

消防喷淋系统的关键工艺包括喷淋头定位、管道支架安装、末端试水装置安装等。

11.6.2　工艺过程图示

工艺过程如图11.6-1~图11.6-6所示。

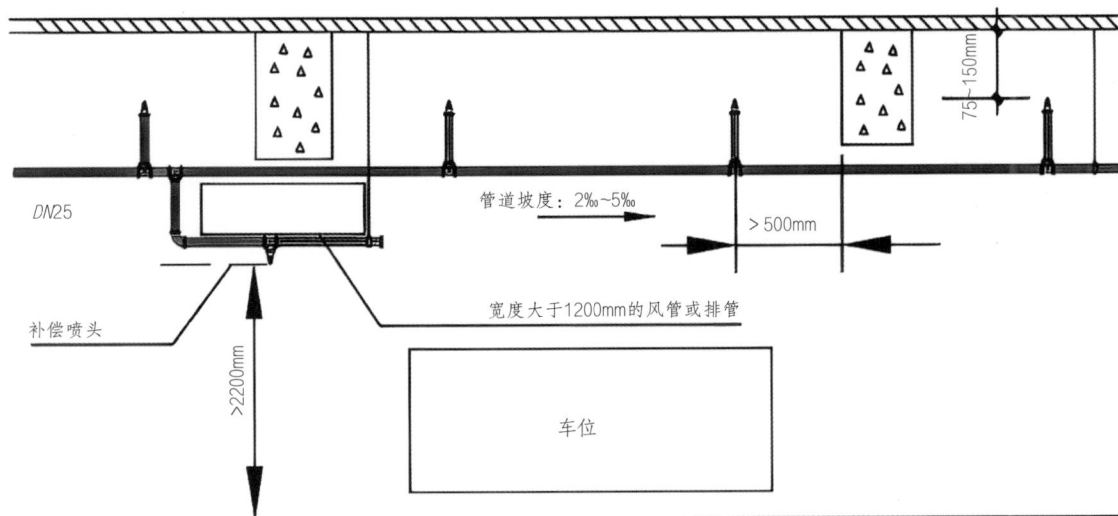

图11.6-1　喷淋头定位

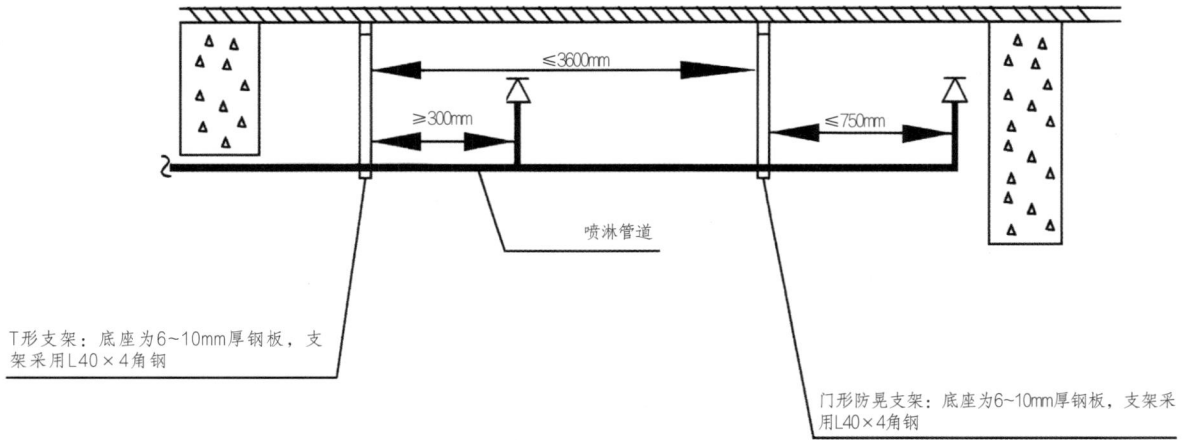

T形支架：底座为6~10mm厚钢板，支架采用L40×4角钢

门形防晃支架：底座为6~10mm厚钢板，支架采用L40×4角钢

≤3600mm

≥300mm

≤750mm

喷淋管道

图11.6-2　喷淋管支架安装

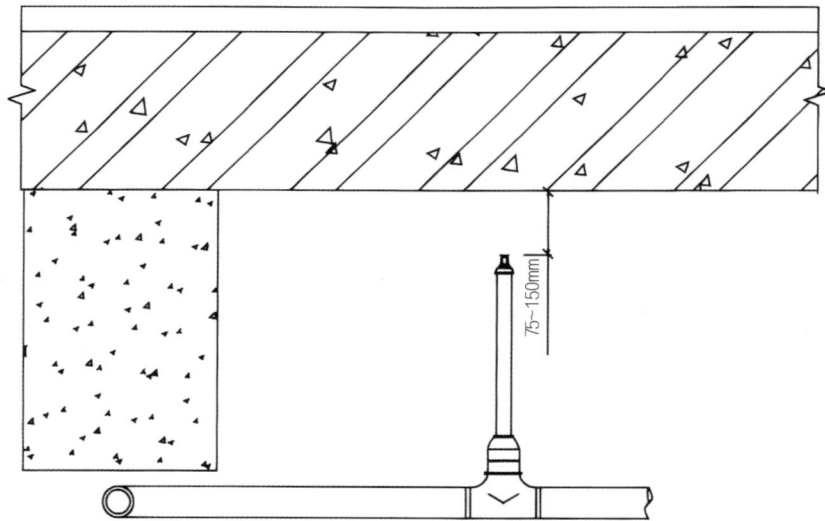

75~150mm

图11.6-3　直立或下垂型喷头溅水盘与顶板的距离

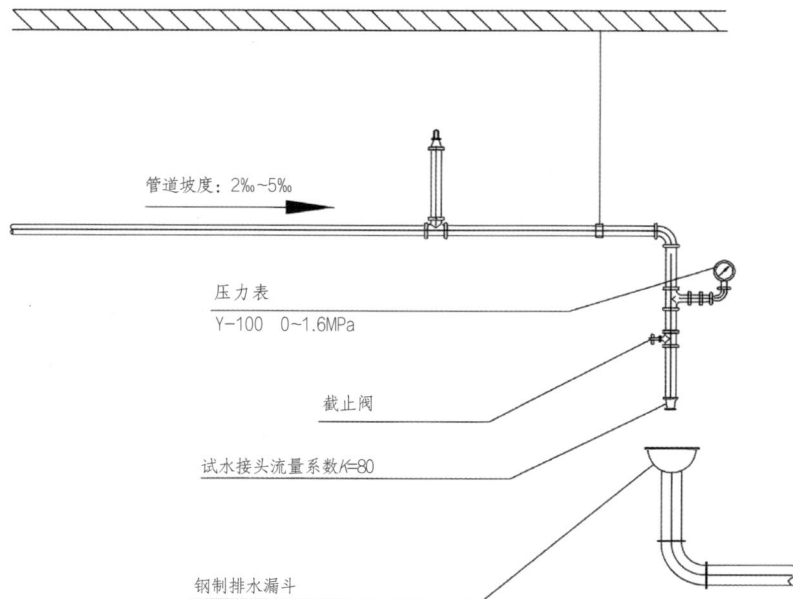

管道坡度：2‰~5‰

压力表
Y-100　0~1.6MPa

截止阀

试水接头流量系数K=80

钢制排水漏斗

图11.6-4　末端试水装置安装

图11.6-5　部分喷淋支管

图11.6-6　管道标识

11.6.3　做法说明

» 11.6.3.1　材料及机具

钢管、阀门、压力开关、水流指示器、套丝机、滚槽机、割管机、电焊机、红外线水平仪等。

» 11.6.3.2　工艺流程

管道及其支吊架安装→报警阀安装→水流指示器、信号阀等组件安装→供水设施安装→管道系统试压、严密性试验、冲洗→报警阀组安装→喷头、报警阀配件、末端试验装置等组件安装→系统调试→防腐与色标。

» 11.6.3.3　主要工艺方法

（1）管道安装应根据设计要求使用管材，热镀锌钢管严禁采用焊接连接。

（2）水平管道安装宜设2‰～5‰的坡度，且应坡向排水管，如图11.6-1所示。

（3）配水支管上每个直管段，相邻两喷头之间的管段设置的吊架不应少于一个，每个配水支管宜设1个防晃支架，如图11.6-2和图11.6-5所示。

（4）管道支吊架的安装位置不应妨碍喷头的喷洒效果，管道支架、吊架与喷头之间的距离不宜小于300mm，与末端喷头之间的距离不宜大于750mm，如图11.6-2所示。

（5）竖向安装主干管应在起始端和终端设防晃支架，其安装位置距地面或楼板的距离宜为1.5～1.8m。

（6）报警阀组应安装在明显、易操作的位置，距地高度宜为1.2m，两侧与墙的距离不应小于0.5m，报警阀处地面应具备有组织排水措施，警铃应设置在消防水泵房外部，并应设置水力警铃分区标识。

（7）水流指示器的安装应在管道试压和冲洗合格后进行。

（8）信号阀应安装在水流指示前的管道上，与水流指示器之间的距离不宜小于300mm。

（9）喷头安装应在管道试压和冲洗合格后进行。喷头安装时，溅水盘与吊顶、梁的距离详见图11.3-3。

（10）末端试水装置应由试水阀、压力表以及试水接头组成；试水接头出水口的流量系数，应等同于同楼层或防火分区内的最小流量系数洒水喷头；末端试水装置的出水，应采取孔口出流的方式排入排水管道，末端试水装置和试水阀应有明显标识，距地面的高度宜为1.5m，如图11.6-4所示。

（11）管道外应刷红色油漆或涂红色环圈标识，并应注明管道名称和水流方向标识，如图11.6-6所示。

11.7　铸铁排水管道

11.7.1　关键工艺

铸铁排水管道的关键工艺包括支架安装、管道切割、横管坡度控制、管道安装等。

11.7.2　工艺过程图示

工艺过程如图11.7-1～图11.7-3所示。

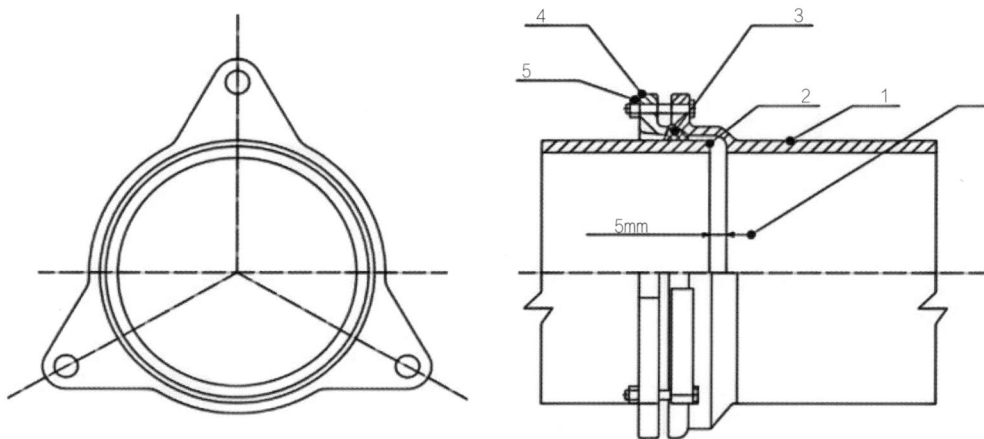

图11.7-1　沟槽连接安装节点做法

1—承口端；2—插口端；3—橡胶密封圈；4—法兰压盖；5—紧固螺栓；6—安装间隙5mm

图11.7-2　铸铁排水管沟槽连接

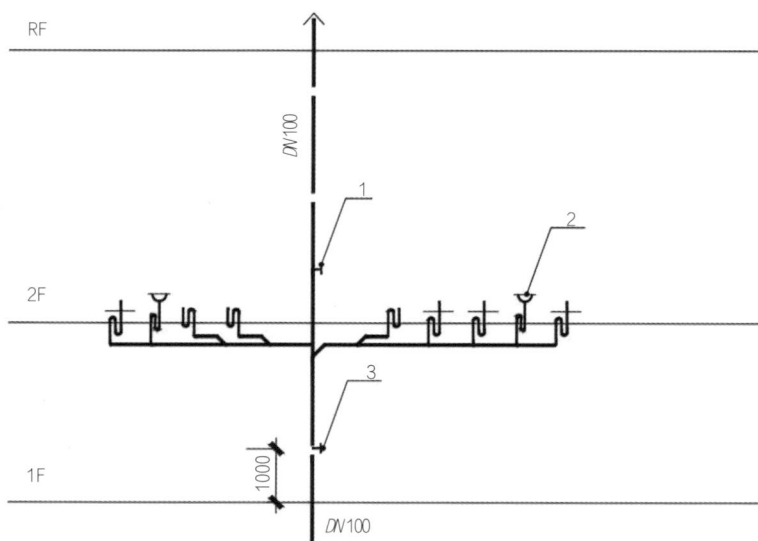

图11.7-3　铸铁排水管灌水区域节点

1—检查口；2—地漏；3—塞入管道封堵气囊

11.7.3 做法说明

» **11.7.3.1 材料及机具**

柔性接口铸铁排水管、管件、法兰压盖螺栓、管道切割机、滚槽机、电焊机、水准仪、水平尺、卡尺、角尺、线坠等。

» **11.7.3.2 工艺流程**

测量放线→支吊架安装→管道切割加工→管道连接、安装→管道灌水→通球试验→验收。

» **11.7.3.3 主要工艺方法**

（1）铸铁管材采用机械方法切割，不得采用火焰切割；切割时，切口端面与管轴线垂直，切口处打磨光滑，直径不大于300mm的球磨铸铁管使用直径500mm的无齿锯直接转动切割。

（2）安装前，先将直管及管件内外表面的污垢、杂物和接口处外壁的泥沙等附着物清理干净。

（3）按承口的深度，在插口上画出安全线，使插入的深度与承口的实际深度间留有5mm安装空隙，以保证管道的柔性抗振性能。

（4）在插口端先套入法兰压盖，相继再套入橡胶密封圈，使橡胶圈小头朝承口方向，大头与安装线对齐。

（5）将直管或管件的插口端插入承口，插入管与承口管的轴线应在同一条直线上，橡胶密封圈应均匀紧贴在承口的倒角上。

（6）将法兰压盖与承口处法兰盘上的螺孔对正，紧固连接螺栓，使橡胶密封圈均匀受力，三孔压盖应交替拧紧，四孔及以上压盖应按对角线方向依次逐步拧紧。

（7）检查口和清扫口的设置。在立管上隔一层设置一个检查口，在最底层和有卫生器具的最高层必须设置；两层建筑可仅在底层设置立管检查口，有乙字弯时在该层乙字弯管的上部设置检查口；检查口中心高度距操作地面一般为1m，允许偏差±20mm；检查口的朝向应便于检修；暗装立管应在检查口处安装检修门。

（8）灌水试验检验方法。满水15min，水面下降后，再灌满观察5min，液面不降，管道及接口无渗漏为合格。

（9）灌水试验需分层分段进行，灌水前排水主管上检查口处采用管道封堵气囊进行封堵，再由水平管道开口处向试验管道内进行灌水，如图11.7-3所示。

（10）灌水高度不应低于该层卫生器具的上边缘或者底层地面高度。

（11）横管放坡的坡度应符合表11.7-1中的要求。

表 11.7-1　横管放坡的坡度要求（一）

序号	管径/mm	标准坡度/‰	最小坡度/‰	序号	管径/mm	标准坡度/‰	最小坡度/‰
1	50	35	25	4	125	15	10
2	75	25	15	5	150	10	7
3	100	20	12	6	200	8	5

11.8　室内排水硬聚氯乙烯管道（PVC-U）

11.8.1　关键工艺

室内排水硬聚氯乙烯管道（PVC-U）的关键工艺包括支吊架安装、横管坡度控制、管件连接安装等。

11.8.2　工艺过程图示

工艺过程如图11.8-1～图11.8-3所示。

11.8.3　做法说明

» 11.8.3.1　材料及机具

（1）硬质聚氯乙烯（PVC-U）管子、管件、管卡、阻火圈、胶黏剂、型钢、螺栓、螺母等。

（2）激光定位仪、手电钻、砂轮切割机、扳手、水平尺、线坠、手锯、毛刷、棉布等。

» 11.8.3.2　工艺流程

安装准备→预制加工→支吊架制作、安装→干管安装→支管安装→通水试验→通球试验→灌水试验→交工验收。

» 11.8.3.3　主要工艺方法

（1）承插黏结方法。将配好的管材按规定试插，使插口插入承口深度不得过深或过浅，同时还要测定管端插入承口的深度，并在其表面画出标记，使管端插入承口的深度符合表11.8-1的规定。试插合格后，用干布将承插口黏结部分的水、灰尘擦干净，然后实施黏结，多口黏结时应注意预留口方向。

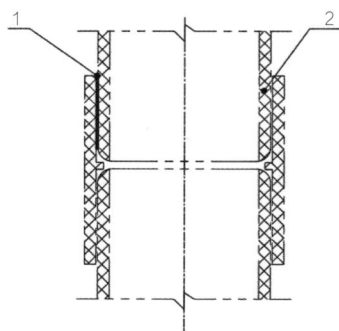

图11.8-1　黏结接口节点
1—双面黏结；2—PVC-U排水管

图11.8-2　PVC-U排水管

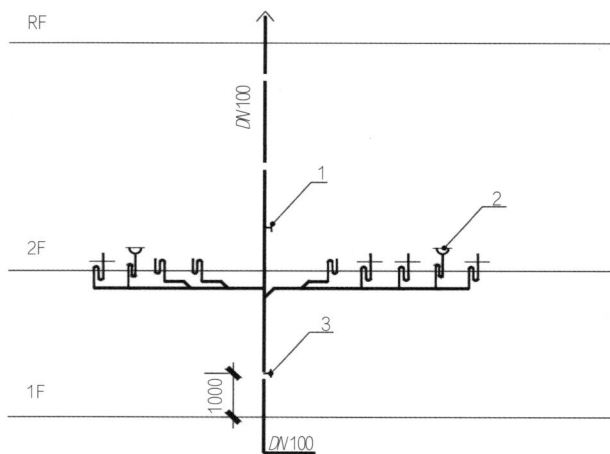

图11.8-3　PVC-U排水管灌水区域节点
1—检查口；2—地漏；3—塞入管道封堵气囊

表 11.8-1　管端插入承口的深度

公称外径/mm	承口深度/mm	插入深度/mm
50	25	19
75	40	30
110	50	38
160	60	45

（2）横管上设置伸缩节时，每个伸缩节都应按要求设置固定支座。

（3）立管穿越楼板处可按固定支座设计；管道井内的立管固定支座，应支撑在每层楼板处或井内设置的刚性平台和综合支架上。

（4）固定支座的支架应用型钢制作并锚固在墙或柱上；悬吊在楼板、梁或屋架下的横管固定支座的吊架，应用型钢制作并锚固在承重结构上。

（5）灌水试验检验方法。满水15min水面下降后，再灌满观察5min，液面不降，管道及接口无渗漏为合格。

（6）灌水试验需分层分段进行，灌水前在排水主管上检查口处采用管道封堵气囊进行封堵，再由水平管道开口处向试验管道内进行灌水，如图11.8-3所示。

（7）灌水高度不应低于该层卫生器具的上边缘或者底层地面高度。

（8）卫生洁具安装完成后，排水系统管道的立管、主干管应进行通球试验。

（9）立管通球试验。应由屋顶透气口处投入不小于管径2/3的试验球，在室外第一个排水井内临时设网截取试验球，用水冲试验球至室外第一个检查井，取出试验球为合格。

（10）干管通球试验要求。从干管起始端投入塑料小球，并向干管内通水，在户外第一个检查井处观察，发现小球流出为合格。

（11）立管穿越楼层处为固定支承且排水支管在楼板之下接入时，伸缩节应设置于水流汇合管件之下。

（12）立管穿越楼层处为固定支承且排水支管在楼板之上接入时，伸缩节应设置于水流汇合管件之上。

（13）立管穿越楼层处为不固定支承时，伸缩节应设置于水流汇合管件之上或之下。

（14）横管伸缩节的设置。横支管、横干管无汇合管道接入，且与立管相连管段的长度大于2.2m时，在靠近汇合管件的横管侧设置伸缩节。当排水立管设置在管井内时，在靠近管井井壁的外侧设置伸缩节。另外横管伸缩节承口附近应设置固定支架。

（15）横管伸缩节不得使用立管伸缩节，且横管专用伸缩节承压性能不得小于0.08MPa。

（16）当设计对伸缩量未说明时，管端插入伸缩节处预留的间隙应为：夏季，5~10mm；冬季，15~20mm。

（17）横管放坡的坡度应符合表11.8-2中的要求。

表 11.8-2　横管放坡的坡度要求（二）

序号	管径/mm	标准坡度/‰	最小坡度/‰
1	50	25	12
2	75	15	8
3	110	12	6
4	125	10	5
5	160	7	4

11.9　卫生器具

11.9.1　关键工艺

卫生器具的关键工艺包括卫生器具配件预装、稳装、与墙/地缝隙处理等。

11.9.2　工艺过程图示

（1）高水箱蹲便器安装见图11.9-1和图11.9-2。

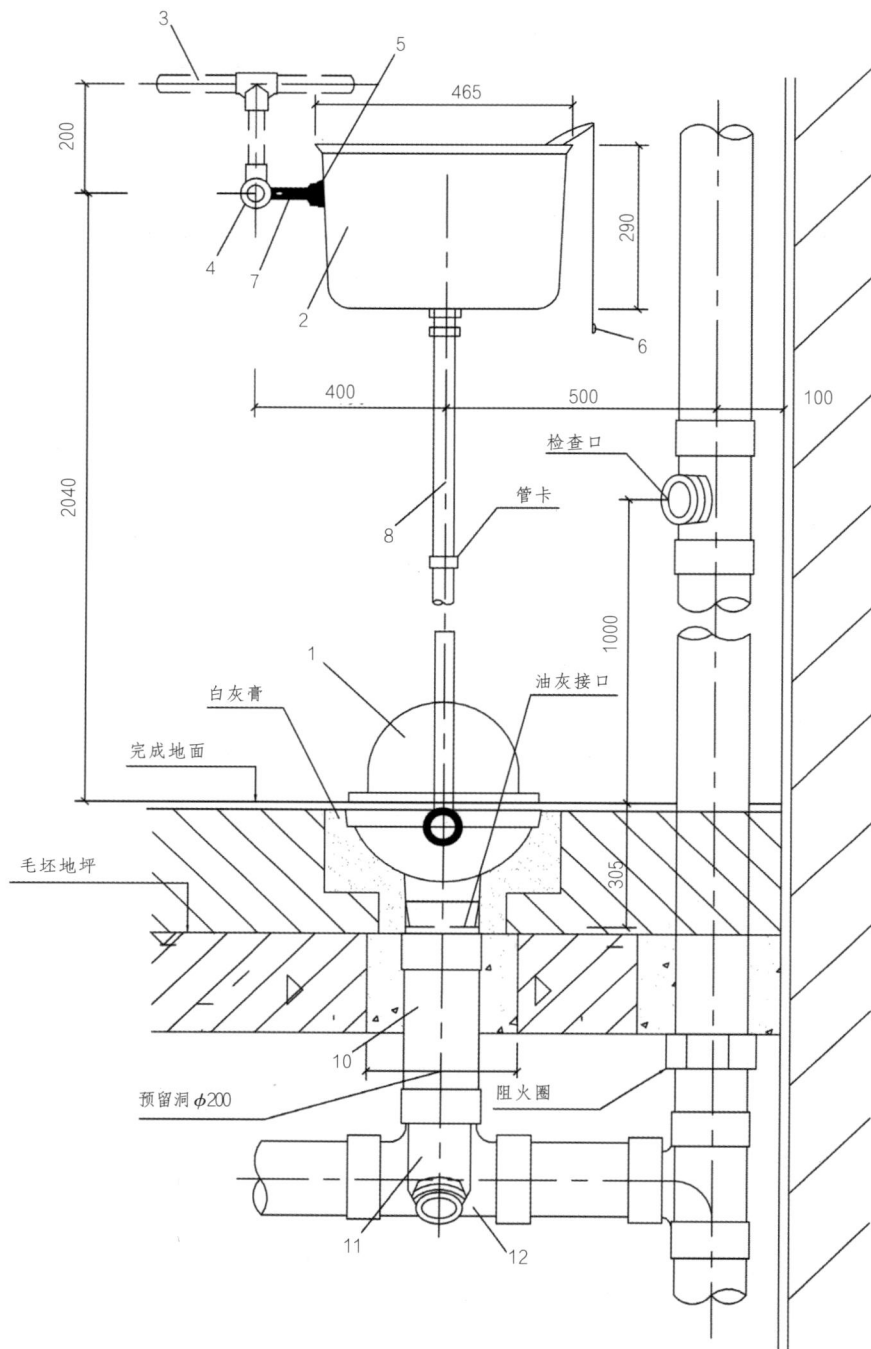

图11.9-1　高水管蹲便器剖面

1—蹲便器；2—高水箱；3—冷水管；4—角式截止阀；5—进水阀配件；6—高水箱拉手；7—进水管；8—冲洗弯管；
9—胶皮碗；10—排水管；11—90°弯头；12—90°顺水三通

预留墙槽

完成墙面

245

2

13

周边防霉硅胶密封

完成地面

8

200

200

400

1

填干砂

9

150

305

止水翼环

150

150

C20细石混凝土

毛坯地坪

40～60

10

12

11

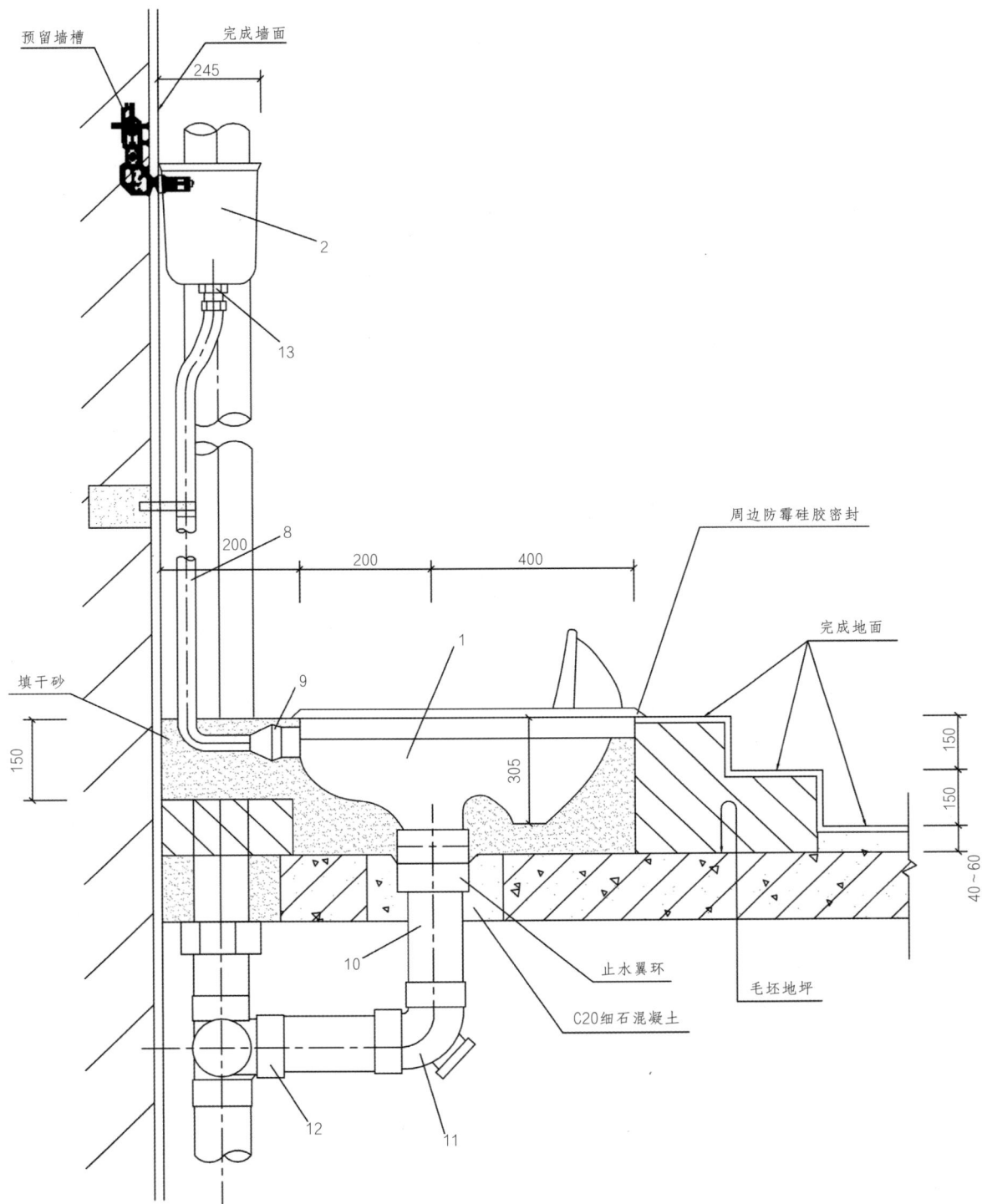

图11.9-2　高水管蹲便器剖面

1～12同图11.9-1，13—高水箱排水配件

（2）坐便器安装见图11.9-3和图11.9-4。

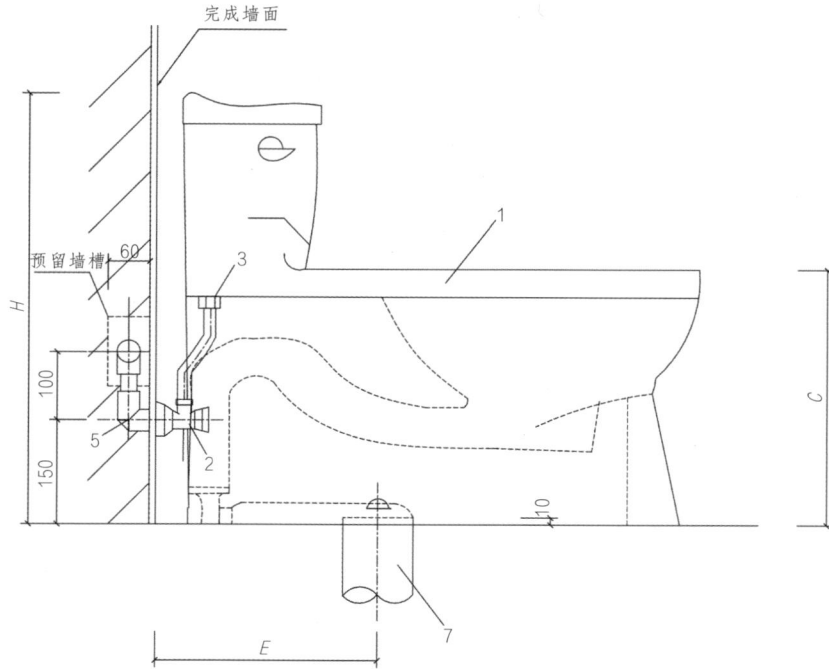

图11.9-3　下排水坐便器安装

1—连体坐便器；2—角式截止阀；3—进水阀配件；5—内螺纹弯头；6—冷水管；7—排水管；8—排水管连接件
C—便盆上表面离地高度；H—水箱上表面离地高度；E—排水管中心至墙面距离

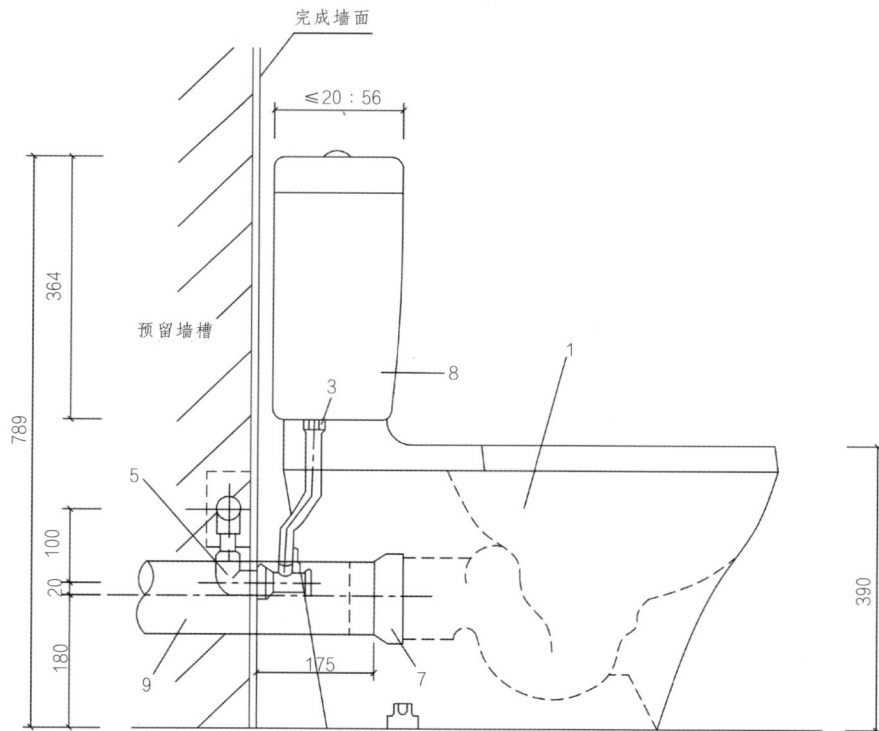

图11.9-4　后排水坐便器安装

1—坐便器；3—进水阀配件；5—内螺纹弯头；7—排水连接件；8—分体式低水箱；9—排水管

（3）洗脸盆安装见图11.9-5～图11.9-8。

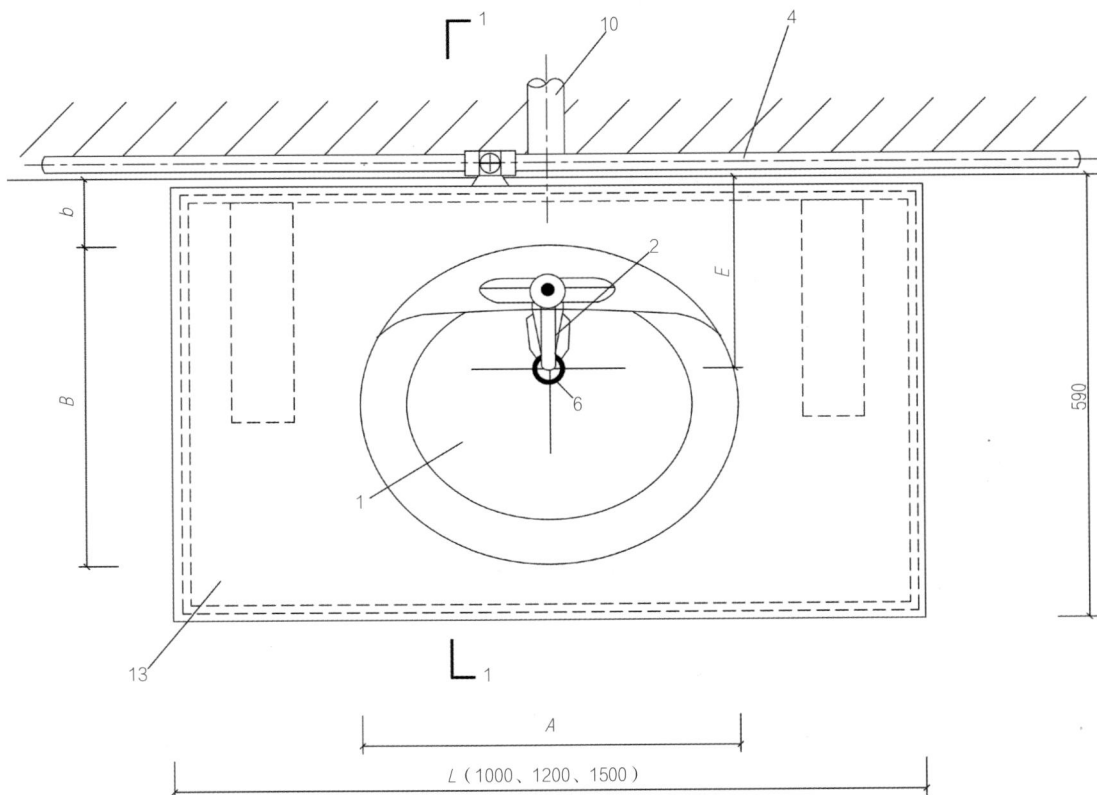

图11.9-5 台式洗脸盆安装平面

1—台上式洗脸盆；2—4″单柄混合水嘴；4—热水管；6—提接排水栓；10—排水管；13—人造大理石台面
A—台盆宽；B—台盆开槽宽；L—台盆长；E—下水口至墙面距离；b—洗脸盆距墙面距离

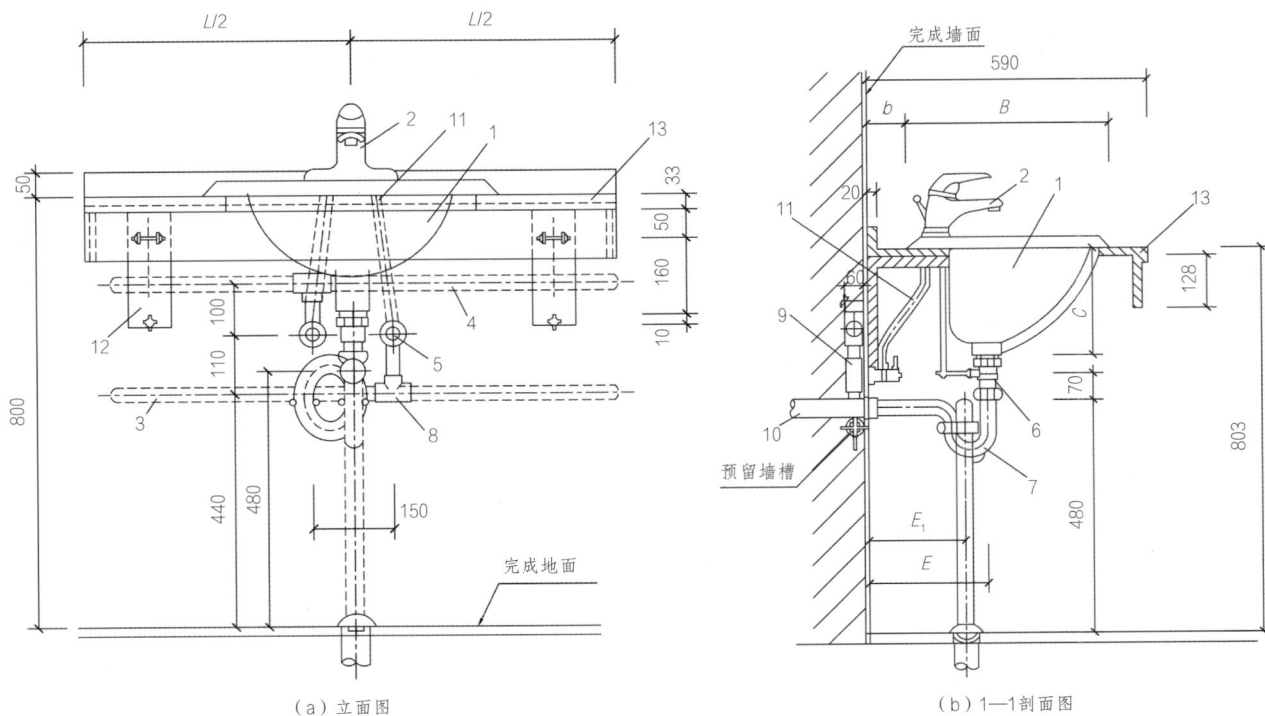

（a）立面图

（b）1—1剖面图

图11.9-6 台式洗脸盆安装立剖面

3—冷水管；5—角式截止阀；7—存水弯；8—三通；9—内螺纹弯头；11—进水软管；12—台板支撑架；其余同图11.9-5
B—台盆开槽宽；C—台盆深；E—提拉排水栓中心到墙面距离；E₁—排水管中心至墙面距离；b—洗脸盆距墙面的距离

图11.9-7　台式洗脸盆安装（一）

图11.9-8　台式洗脸盆安装（二）

（4）小便器安装见图11.9-9～图11.9-12。

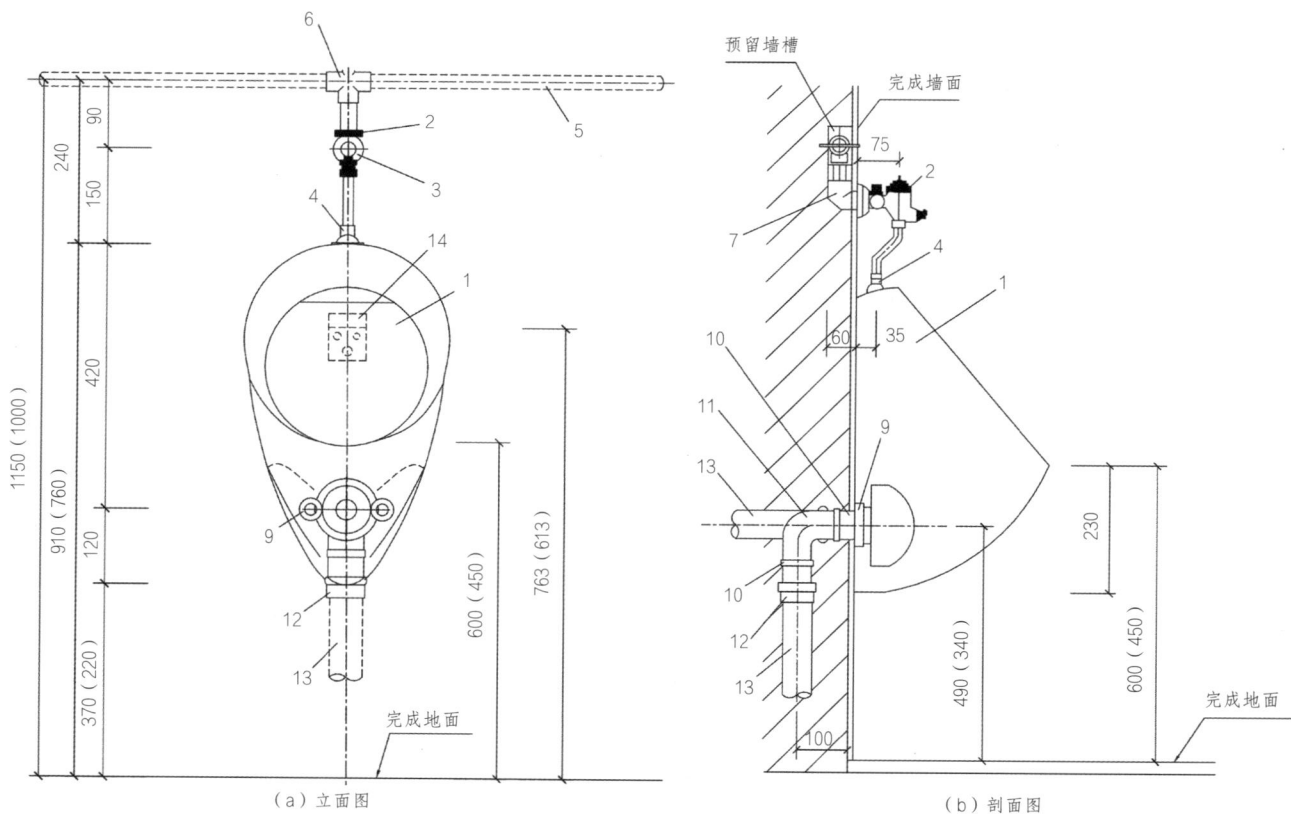

（a）立面图

（b）剖面图

图11.9-9　壁挂式小便器安装

1—壁挂式小便器；2—自闭式冲洗阀；3—装饰盖；4—进水口连接件；5—冷水管；6—三通；7—内螺纹弯头；8—橡胶密封圈；
9—排水法兰盘；10—外螺纹短管；11—内螺纹弯管；12—转换接头；13—排水管；14—挂钩

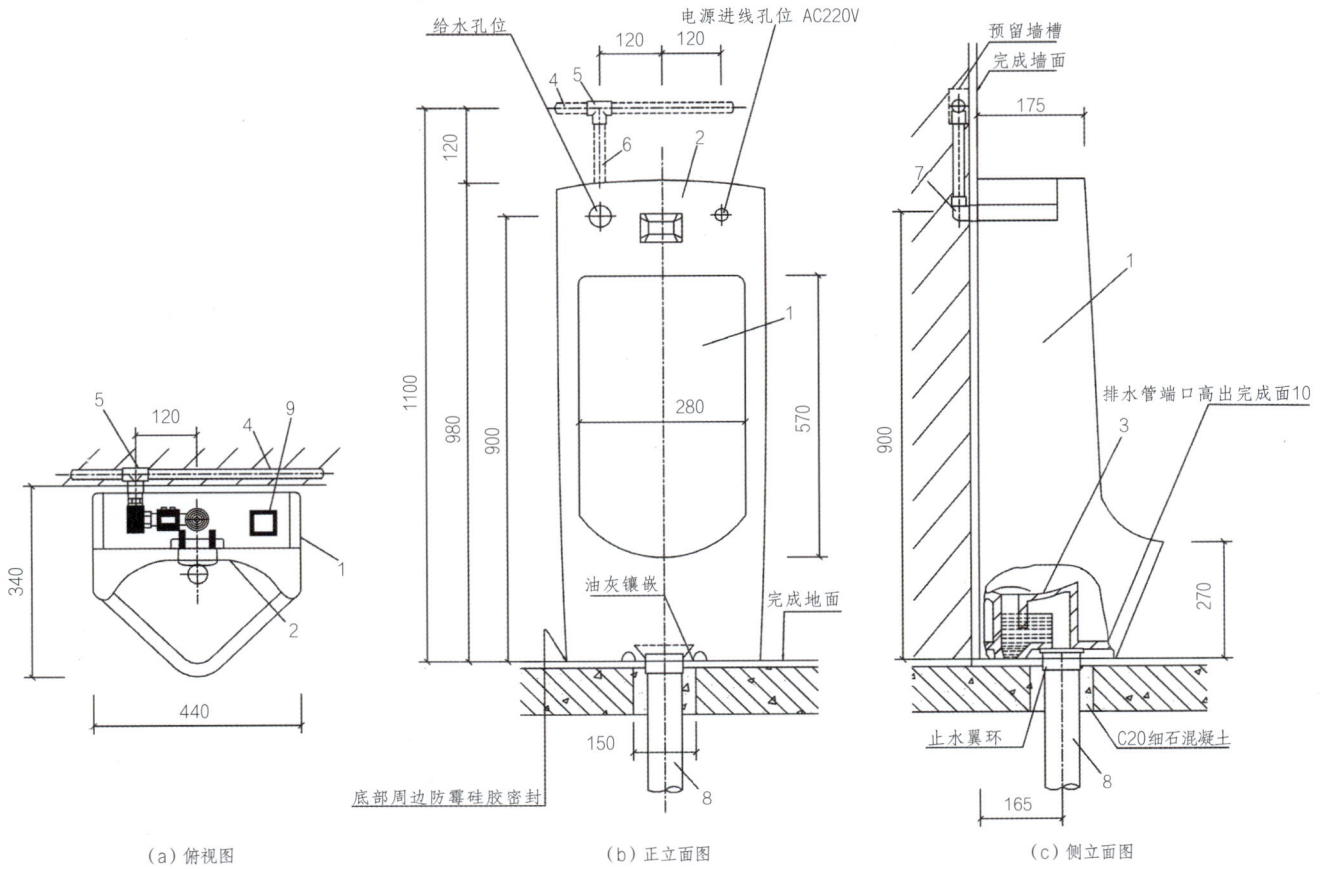

（a）俯视图　　　　　　　　（b）正立面图　　　　　　　　（c）侧立面图

图11.9-10　落地式小便器安装

1—落地式小便器；2—内藏式感应冲水器；3—水封脱臭器；4—冷水管；5—异径三通；6—冷水管；
7—内螺纹弯头；8—排水管；9—电源适配器

图11.9-11　壁挂式小便器

图11.9-12　落地式小便器

（5）洗涤盆安装见图11.9-13～图11.9-16。

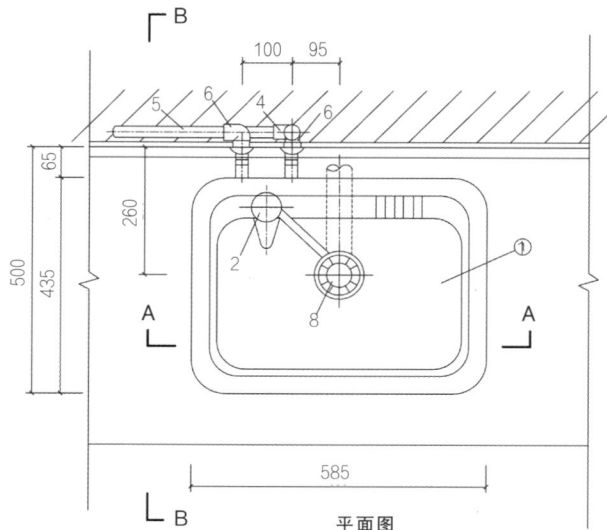

图11.9-13　洗涤盆安装

1—洗涤盘；2—水龙头；3—下水口；4—热水管；5—冷水管；6—弯头；8—排水栓

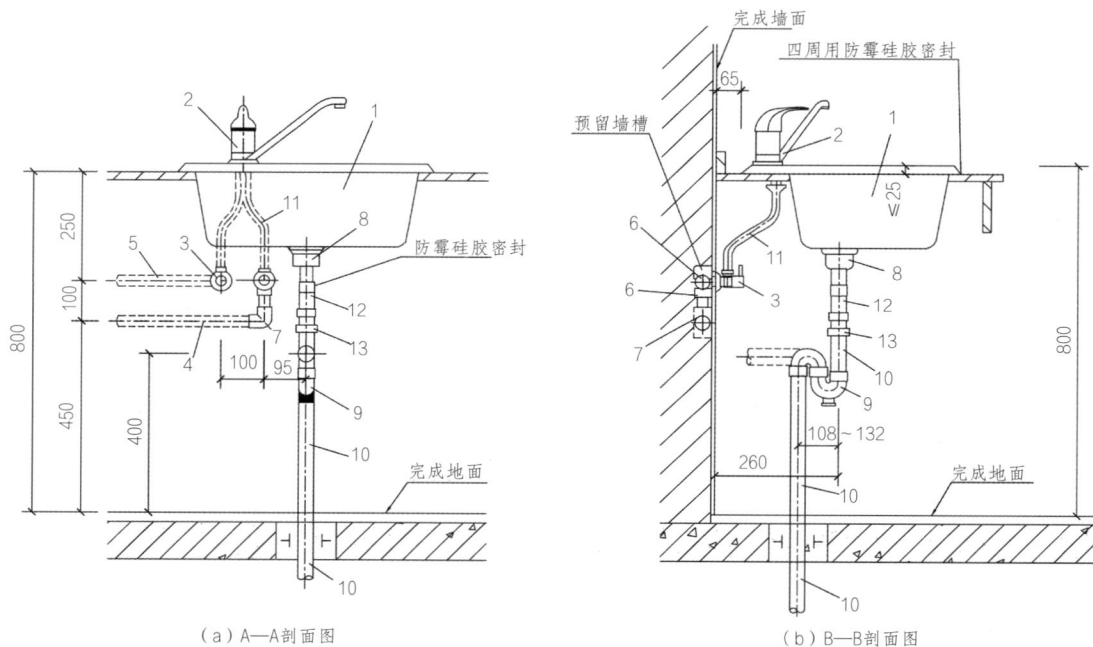

（a）A—A剖面图　　　　　　　　　　　　（b）B—B剖面图

图11.9-14　洗涤盆安装剖面

1—单槽洗涤槽；2—单柄厨房水嘴；3—角式截止阀；4—冷水管；5—热水管；6—内螺纹弯头；7—弯头；
8—排水栓；9—存水弯；10，12—排水管；11—水嘴进水管；13—异径接头

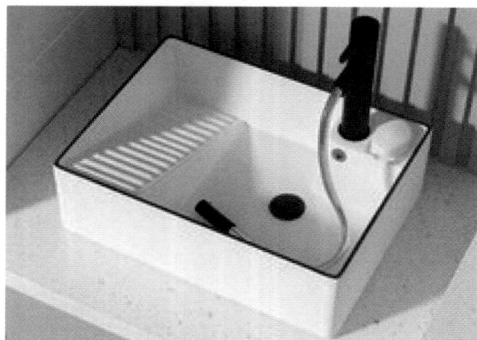

图11.9-15　陶瓷洗涤盆安装

图11.9-16　不锈钢洗涤盆安装

11.9.3　做法说明

» 11.9.3.1　材料及机具

（1）卫生器具、管件、铜阀、冲洗阀、三角阀、水嘴、丝扣返水弯、排水口等。

（2）套丝机、砂轮机、砂轮锯、手电钻、冲击钻、水平尺、划规、线坠、小线、盒尺等。

» 11.9.3.2　工艺流程

安装准备→卫生器具及配件检验→卫生器具配件预装→卫生器具安装→卫生器具与墙、地缝隙处理→卫生器具外观检查→满水、通水试验。

» 11.9.3.3　主要工艺方法

（1）卫生器具的固定件应采用预埋件和膨胀螺栓，凡是固定卫生器具的螺母，垫圈均应使用橡胶垫，膨胀螺栓只限于混凝土板、墙，轻质隔墙及砖墙不得使用。

（2）器具下水管与排水管连接处应用油麻和密封胶或玻璃胶封严。

（3）浴盆的周边与墙面接触的部位应用玻璃胶封严。

（4）洗脸盆和家具盆支架安装必须牢固，器具与支架接触紧密，不得使用垫块的方法调整标高，各类支架均应做好防腐及面漆。

（5）卫生洁具安装过程中应注意排水口的及时封堵。

（6）地漏水封深度不得小于50mm，地漏箅子顶面应低于地面。

（7）洁具安装后交工前，洁具成品保护措施应到位，无划痕、破损、掉裂痕，五金配件齐全，无丢失、损坏，使用通畅，无漏水、堵塞等现象。

（8）坐便器地脚螺栓不得小于M6，便器背水箱固定螺栓不小于M10，螺母下面必须铺平光垫和橡胶垫（厚3mm），螺栓外露螺母长度应为螺栓直径的一半，如图11.9-3和图11.9-4所示。

（9）脸盆安装平稳牢固，与台面接触缝打胶均匀，排水、溢水口通畅，如图11.9-5和图11.9-6所示。

（10）小便斗安装牢固，与墙体接触严密，与墙接触缝打胶均匀，标高正确，如图11.9-9所示。

（11）落地式小便器安装前应检查给、排水预留管口是否在一条垂线上，间距是否一致，符合要求后按照管口找出中心线。将下水管周围清理干净，取下临时管堵，抹好油灰，在落地式小便器下铺垫水泥、白灰膏的混合灰（比例为1:5）。将落地式小便器稳装找平、找正。与墙面、地面缝隙嵌入白水泥浆抹平、抹光、打胶，如图11.9-10所示。

11.10　金属风管与配件制作

11.10.1　关键工艺

金属风管与配件制作的关键工艺包括咬口制作、板材拼接、风管焊接等。

11.10.2　工艺过程图示

工艺过程如图11.10-1～图11.10-4所示。

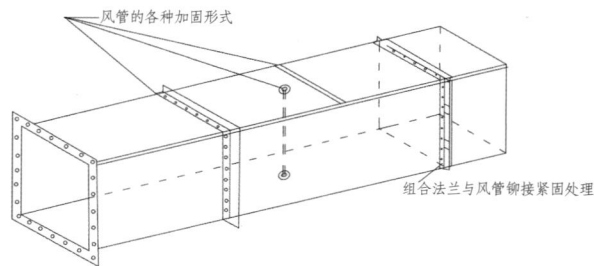

图11.10-1　风管制作

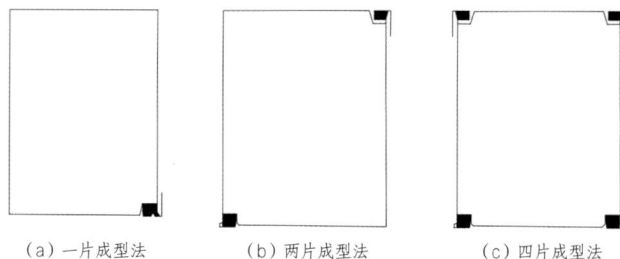

（a）一片成型法　　（b）两片成型法　　（c）四片成型法

图11.10-2　风管成型法

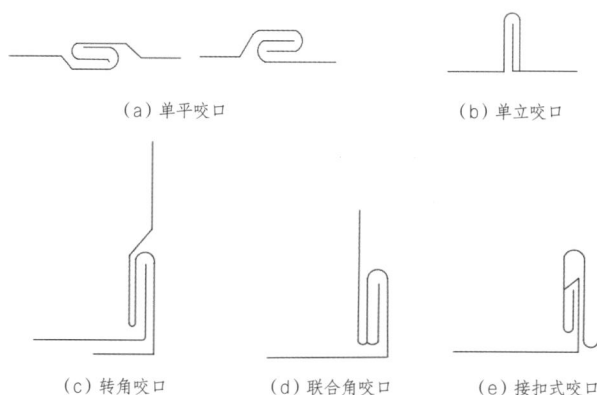

（a）单平咬口　　　　　（b）单立咬口

（c）转角咬口　　（d）联合角咬口　　（e）接扣式咬口

图11.10-3　咬口

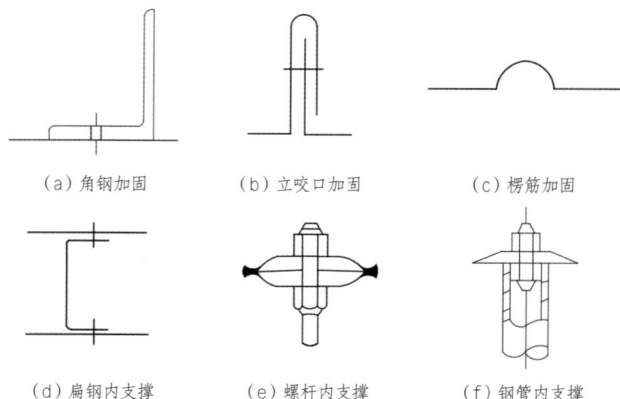

（a）角钢加固　　（b）立咬口加固　　（c）楞筋加固

（d）扁钢内支撑　　（e）螺杆内支撑　　（f）钢管内支撑

图11.10-4　风管加固节点

11.10.3　做法说明

» 11.10.3.1　材料及机具

（1）板材（镀锌钢板、不锈钢板材、铝板材）、型钢、焊条、焊丝、螺栓、螺母等。

（2）龙门剪板机、振动式线剪板机、手持式电动剪、单平咬口轧口机、按扣式咬口轧口机、联合角咬口轧口机、压筋机、压力机、折方机翻边机、合缝机、卷板机、圆弯头咬口机、型钢切断机、法兰弯机、电动拉铆枪、台钻、手电钻、冲孔机、条法兰机、螺旋卷管机、电焊机、氩弧焊机、空气压缩机、不锈钢板尺、钢直尺、铁锤、计算机自动剪切和压筋、等离子切割机等。

» 11.10.3.2　工艺流程

展开下料→板材剪切→咬口制件→折方、卷圆、焊接→风管加固→金属法兰制作→风管与法兰装配→部件制作。

» 11.10.3.3　主要工艺方法

（1）下料与压筋

①在加工车间按风管用料清单选定镀锌钢板厚度，将镀锌钢板从上料架装入调平压筋机中，开机剪去钢板端部。上料时要检查钢板是否倾斜，试剪一张钢板，测量剪切的钢板切口线是否与边线垂直，对角线是否一致。

②按照用料清单的下料长度和数量输入电脑，开动机器，由电脑自动剪切和压筋。板材剪切必须进行用料的复核，以免有误。

③特殊形状的板材用ACL3100等离子切割，零星材料使用现场电剪刀进行剪切，使用固定式动剪时两手要扶钢板，手离刀口不小于5mm，用力均匀适当。

（2）倒角与咬口。采用咬口连接的风管其咬口宽度和留量根据板材厚度而定，咬口宽度见表11.10-1。

表 11.10-1　咬口宽度

钢板厚度/mm	角咬口宽度/mm	平咬口宽度/mm
0.75	8～10	7～8
1.0～1.2	10～12	9～10
1.5	12～14	10～11

（3）法兰加工。方法兰由四根角钢组焊而成，画线下料时应注意使焊成后的法兰内径不能小于风管的外径，用砂轮切割机按线切断；下料调直后放在钻床上钻出铆钉孔及螺栓孔，通风空调系统孔距应大于150mm，排烟系统孔距不应大于100mm。均匀分成冲孔后的角钢放在焊接平台上进行焊接，焊接时按各规格模具卡紧压平，焊接完成后，在台钻上钻螺栓孔，螺栓孔距相同，均匀分布。

（4）折方。咬口后的板料按画好的折方线放在折方机上，置于下模的中心线上。操作时使机械上刀片中心线与下模中心重合，折成所需要的角度。折方时应互相配合并与折方机保持一定距离，以免被翻转的钢板或配重碰伤。

（5）风管合缝。对于咬口完成的风管，采用手持电动缝口机进行缝合，缝合后的风管外观质量应折角平直，圆弧均匀，两端面平行，无翘角，表面凹凸不大于5mm。

（6）上法兰。风管与法兰组合成型时，允许偏差见表11.10-2。

表 11.10-2　风管法兰制作允许偏差

金属风管和配件其外径或外边长	允许偏差/mm	法兰内径或内边长允许偏差/mm	平度允许差/mm	法兰两对角线之差/mm
小于或等于300mm	≤-1	1～3	2	<3
大于300mm	≤-2	1～3	2	<3

风管与法兰铆接前先进行技术质量复核，合格后将法兰套在风管上，风管折方线与法兰平面应垂直，然后使用液压铆钉钳或手动夹眼钳用5mm×10mm铆钉将风管锚固，并将四周翻边，翻边应平整，不应小于6mm，四角应铲平，不应出现豁口，以免漏风。

（7）共板法兰（无法兰）风管制作

①共板法兰风管制作的基本要求同角钢法兰风管，在板材冲角、咬口后进入共板式法兰机压制法兰。

②压好法兰后的半成品运至工地，折方、缝合、安装法兰角，调平法兰面，检验风管对角线误差，最后在四角用密封胶剂进行密封处理。

（8）不锈钢风管制作。制作不锈钢风管时，板材的拼接采用氩弧焊接。焊接时，焊材与母材相匹配，并防止焊接飞溅物粘污表面，焊后将焊渣及飞溅物清除干净。风管制作完成后，必须对所有焊缝进行酸洗及钝化处理，以防锈蚀。不锈钢风管间的连接全部采用法兰连接。法兰的制作材料为不锈钢扁钢，法兰与风管间的连接采用氩弧焊接。

（9）金属风管的加固

①金属风管压筋加固。边长小于或等于800mm的风管宜采用压筋加固，风管压筋加固间距不应大于300mm，靠近法兰端面的压筋与法兰间距不应大于200mm，风管管壁压筋的凸出部分应在

风管外表面。

②金属风管型钢加固。中压和高压系统风管，其长度大于1250mm时，应采用型钢加固补强，加固应排列整齐，间隔应均匀对称，与风管的连接应牢固，铆钉间距不应大于200mm。

③风管采用镀锌螺杆内支撑加固时，镀锌加固垫圈应置于管壁内外两侧；正压风管密封圈应设置于外侧单边，负压风管需在内外两侧设置密封圈。当风管四壁均需加固时，两根支撑杆应以十字交叉形式布置，交叉角度为90°±1°，且交点距风管端部不小于200mm。

（10）矩形风管弯头边长大于或等于500mm，且内弧半径与弯头端口边长比小于或等于1∶4时，应设置导流叶片，其间距L可采用等距或渐变设置，数量可采用平面边长除以500的倍数来确定，最多不宜超过4片，导流叶片的弧度应与弯管的角度相一致。

（11）薄钢板风管法兰密封，角件与薄钢板风管法兰四角接口应牢固、端面平整，并在四角填充密封胶，避免漏风。密封胶固化后应保证有弹性，密封胶应具有防霉特性。

11.11　非金属风管（酚醛彩钢板复合风管）与配件制作

11.11.1　关键工艺

非金属风管（酚醛彩钢板复合风管）与配件制作的关键工艺包括放样、切割压弯、密封等。

11.11.2　工艺过程图示

工艺过程如图11.11-1～图11.11-4所示。

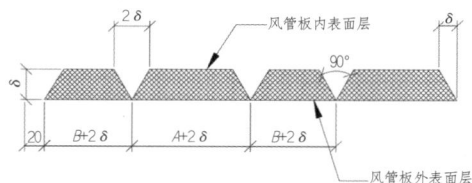

图11.11-1　V形槽口切割
A—风管宽；B—风管高；δ—分管板厚度

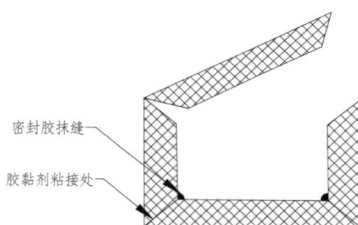

图11.11-2　围合风管侧板

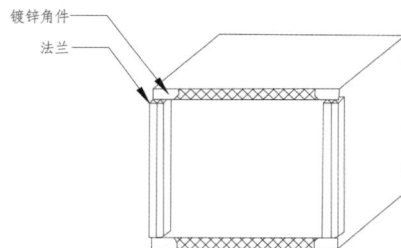

图11.11-3　安装法兰和镀锌角铁

11.11.3　做法说明

» 11.11.3.1　材料及机具

（1）彩钢复合酚醛保温板、镀锌角件、铆钉等。

（2）刨刀、钢尺、角尺、刮板、折弯机、手枪钻、拉铆枪、切割机等。

» 11.11.3.2　工艺流程

板材放样→制作风管→切割→压弯→风管法兰制作→风管组合。

» 11.11.3.3　主要工艺方法

（1）放样

①矩形风管放样。一般复合板材供货板宽为1.2m，长度为4m，根据风管边长尺寸及板材宽

图11.11-4　成品风管

度，矩形直风管的放样采用如图11.11-1所示的组合方法。A和B随板材厚板而变化（B=2A），使用不同组合方法时放样尺寸不一样，按风管制作任务单规定的组合方式计算放样尺寸。按计算的放样尺寸用钢直尺或钢卷尺在板材上丈量，用方铝合金靠尺和画笔在板材上画出板材切断、V形槽线、45°斜坡线。

②T形矩形风管放样。T形矩形风管由两根矩形直管组成，按矩形直风管放样的方法，分别放样。主管在设计位量开孔，开孔尺寸为对应支管边长。用钢尺丈量，用画笔和方铝合金靠尺画出切断线、V形槽线、45°斜坡线。

③矩形弯管的放样（弯头，S形弯管）。矩形弯管一般由四块板组成。先按设计要求，在板材上放出侧样板，然后测量侧板弯曲边的长度，按侧板弯曲边长度，放内外弧板长方形样。画出切断线、45°斜坡线、压弯区线。

④矩形变径管的放样（靴形管）。矩形变径管一般由四块板组成。先按设计要求，在板材上对侧板放样，然后测量侧板变径边长度，按测量长度对上板放样。画出切断线、45°斜坡线、压弯处线或V形槽线。

⑤矩形分叉管的放样。分叉管种类很多，现按r形分叉管说明放样方法。首先，对风管上下盖板放样，测量内弧管板长度并放样，再测量外弧管板长度并放样。画出切断线、45°斜坡线。

（2）切割、压弯

①检查风管板材放样是否符合风管制作任务单的要求，画线是否正确，板材是否损坏。检查刀具刀片安装是否牢固。检查刀片伸出高度是否符合要求，直刀刨刀片伸出高度应能切断板材，不划伤桌面地毯，单刀刨刀片和双刀刨刀片伸出高度能切断上层铁皮和芯材。双刀刨两刀片间距约2mm。按切边要求选择左45°单刀刨或右45°单刀刨。将板材放置在工作台上，方铝合金靠尺应固定在恰当位置。手持刀具，将刀具基准边靠紧方铝合金靠尺，刨面压紧板材，刀具基准线对准放样线，向前推或向后拉刀具，直刀刨将板材切断，单刀刨将板材切边，双刀刨将板材开槽。进行角度切割时，要求工具的刀片安装时向左或向右倾斜45°，以便切出的V形槽口成90°，便于折成直角，切割时刀具要紧贴靠尺以保证切口平直并防止切割尺寸误差。板材切断成单块风管板后，将风管板编号，以防弄错不同风管板。

②对于弯曲面的板材，将切割下料后的板材用压弯机在压弯区内压弯。扎压风管曲面时，扎压间距一般为300~700mm。内半径小于150mm时，扎压间距为30mm；内弧半径为150~300mm时，扎压间距为35~50mm；内弧半径大于300mm时，扎压间距为50~70mm。扎压深度不宜超过5mm。板材压弯时利用折弯机的接缝要尽可能紧密，这样便于风管的粘接成型，且粘接牢固。

（3）成型。按风管加工单核验板材规格及厚度符合设计要求。使用专用清缝工具清除切割面粉末残留，采用丙酮溶剂（纯度大于等于99.5%）清洗油污与水渍。使用25mm猪鬃毛刷在切割面均匀涂布单组分聚氨酯胶黏剂（湿膜厚度0.8~1.2mm）。待胶层表干至开放时间（温度25℃、相对湿度50%条件下20~30min）进行精准对位粘接，采用50mm硅胶刮板双向施压（压力0.15~0.2MPa），局部不平整处使用橡胶锤（邵氏硬度80±5）整平。粘接固化后，采用V形镀锌铁皮护角（厚度大于等于0.8mm）包覆四角，护角与板边搭接长度大于等于15mm。使用ϕ4.8mm钨钢钻头在护角表面按150~200mm间距预钻ϕ5.2mm孔，采用ϕ15mm×12mm不锈钢抽芯铆钉（抗拉强度大于等于2.2kN）进行铆固，铆接力矩2.5~3.0N·m。完成加固后，用无纺布蘸取专用界面处理剂清洁接缝区域。采用气动密封胶枪（工作压力0.6~0.8MPa）在风管内角接缝处连续注入MS改性硅烷密封胶（挤出速率300~400g/min），胶条截面呈三角形（底宽 8~10mm，高度4~

5mm）。密封胶封堵后，压实。用钢尺和角尺检查粘接成形的风管质量。

（4）加固。一般采用全丝螺杆进行加固，与风管连接处采用双螺母固定，并用密封胶密封。在要求严格的地方，需要采用单片角钢法兰或者双片角钢法兰进行加固。

11.12　金属风管系统

11.12.1　关键工艺

金属风管系统的关键工艺包括标高控制、风管与部件连接、支吊架安装等。

11.12.2　工艺过程图示

工艺过程如图11.12-1～图11.12-6所示。

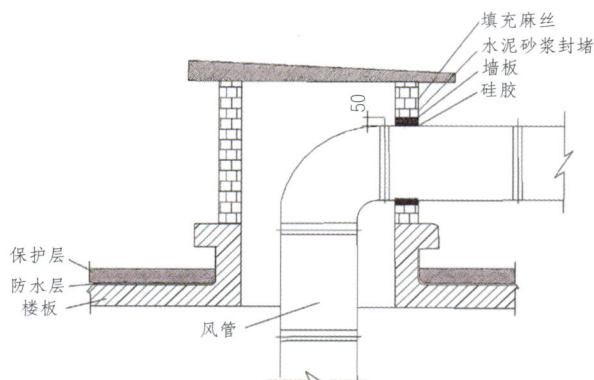

图11.12-1　风管穿外墙封堵安装节点

图11.12-2　风管穿墙与风机相连安装

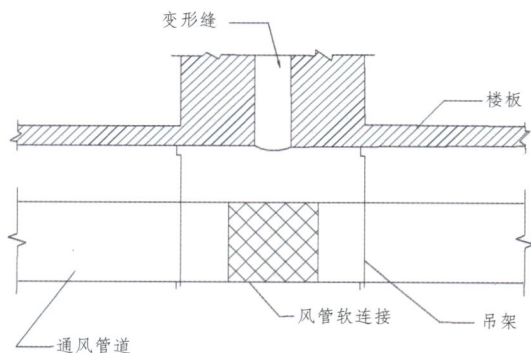

图11.12-3　风管穿过变形缝软接安装示意

图11.12-4　风管穿过变形缝软接安装

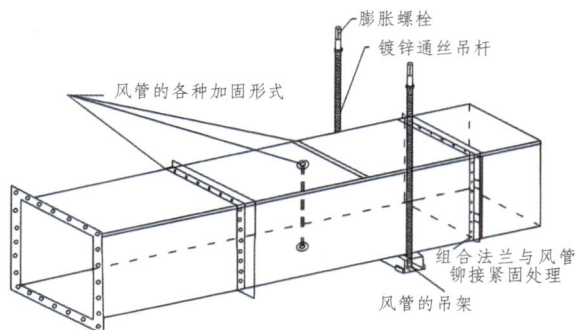

图11.12-5　风管组装成型

图11.12-6　镀锌风管安装

11.12.3　做法说明

» 11.12.3.1　材料及机具

（1）金属风管、型钢、吊杆、焊条、焊丝、螺栓、螺母等。

（2）吊车、倒链、滑轮、钢丝绳、麻绳、千斤顶等起重工具；折叠式台梯、合梯、升降操作台、脚手架、冲击电钻、手电钻、手电剪、台钻、电焊机、扳手、螺丝刀、拉铆枪、钢卷尺、水平尺等。

» 11.12.3.2　工艺流程

现场测量放线→制作支、吊架→安装支、吊架→风管预组配→风管连接→风管安装就位，找平找正。

» 11.12.3.3　主要工艺方法

（1）风管支吊架安装。风管吊杆直径不得小于8mm，吊杆与风管之间距离为30mm，吊杆螺栓孔应钻孔，固定吊杆螺栓上下加锁母。保温风管应加木质衬垫，其厚度不小于保温材料厚度，吊架间距不大于4m。风管垂直安装时，风管支架安装平整牢固，与风管接触紧密。

（2）风管防晃支吊架的设置。当水平悬吊的主、干风管直线长度超过20m时，应设置防止摆动的防晃支吊架，转弯处、分支处、始末端应设置防止摆动的防晃支吊架。

（3）风管水平安装。长边尺寸小于等于400mm，支吊架最大间距不大于4m；大于或等于400mm，支吊架最大间距不大于3m。风管垂直安装，支吊架间距不应大于4m，但每根立管固定点不应小于2个。

（4）风阀安装。风管安装前应检查框架结构是否牢固，调节、制动、定位等装置是否准确灵活。风阀的安装同风管的安装，将其法兰与风管或设备的法兰对正，加上密封垫片，上紧螺栓，使其与风管或设备连接牢固、严密。风阀安装时，应使阀件的操纵装置便于人工操作。其安装方向应与阀体外壳标注的方向一致。安装完的风阀，应在阀体外壳上有明显和准确的开启方向、开启程度的标志。

（5）风管软连接安装。风管软接头与角钢法兰连接时，可采用条形镀锌钢板压条的方式，通过铆接连接。压条翻边宜为6～9mm，紧贴角铁法兰，铆接连接平顺，铆钉间距宜为60～80mm，帆布软接头的长度为150～250mm。安装时必须为直线连接，不得使用软连接做变径使用。

（6）风管穿防火隔墙安装。风管穿过需封闭的防火、防爆墙体，设钢板套管厚度不小于1.6mm的钢制防护套管，风管与防护套管之间应填充不燃、柔性且对人体无危害的防火材料封堵严密。

（7）风管内严禁其他管线穿越，输送含有易燃、易爆气体或安装在易燃、易爆环境中的风管系统应有良好的接地，通过生活区或其他辅助生产房间时必须严密，并不得设置接口，室外立管的固定拉索严禁接在避雷针或避雷网上。

（8）风管安装就位，找平，找正。

（9）管道标识。字体大小、颜色和位置要满足整体美观和规范要求，气流方向应予以明确标识，为满足美观要求，管道标识应做专项交底，统一标识，不应各自随意标识。若采用粘贴材料，应采用阻燃材料。

（10）金属风管现有角钢法兰和共板法兰两种连接施工工艺方式，应注意按施工图设计要求施工。

11.13　非金属风管系统（酚醛彩钢板复合风管）

11.13.1　关键工艺

非金属风管系统（酚醛彩钢板复合风管）的关键工艺包括标高控制、风管连接、风管与部件连接等。

11.13.2　工艺过程图示

工艺过程如图11.13-1～图11.13-4所示。

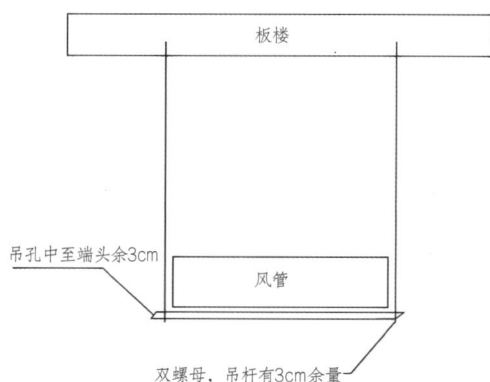

图11.13-1　风管吊装

图11.13-2　酚醛彩钢板复合风管安装

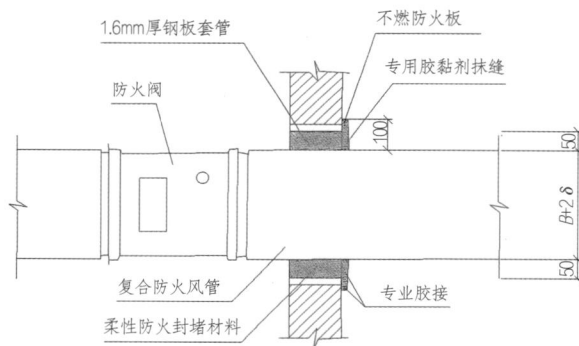

图11.13-3　风管组装成型
B—风管内净高

图11.13-4　水平风管穿火墙

11.13.3　做法说明

» 11.13.3.1　材料及机具

（1）酚醛彩钢板复合风管、型钢、吊杆、防火布、焊条、焊丝、螺栓、螺母等。

（2）折叠式台梯、合梯、升降操作台、脚手架、冲击电钻、手电钻、手电剪、台钻、电焊机、扳手、螺丝刀、拉铆枪、钢卷尺、水平尺等。

» 11.13.3.2　工艺流程

现场测量放线→制作支吊架→安装支吊架→风管连接→风管安装就位→找平找正。

» 11.13.3.3　主要工艺方法

（1）现场测量放线

①根据设计图纸并参照土建基准线找出风管安装标高。矩形风管标高从管底算起，而圆形风

管标高从风管中心算起。

②建筑出管主、支管安装中心轴线。

（2）制作支、吊架

①按照风管系统所在空间位置和风系的形式、结构，确定风管支、吊架形式。

②风管水平安装，大边长小于1m，其间距不超过2.5m；大边长大于或等于1m，不应大于2m。对消声器、加热器等在风管上安装的设备，其两端风管应各设一个支、吊点。风管直线长度超过20m时，应设置防止摆动的防晃支吊架；转弯处、分支处、始末端应设置防止摆动的防晃支吊架。

③风管支吊架制作方法和用料规格应参照国家通风安装标准图集。支吊架的钻孔位置在调直后画出，严禁使用气割螺孔。支吊架制作完毕后，应进行除锈，刷一遍防锈漆。用于不锈钢、铝板风管的支吊架应做防腐绝缘处理，防止电化学或晶间腐蚀。

（3）支吊架安装`

①支架安装。支架采用膨胀螺栓固定，先找出螺栓位置。对于膨胀螺栓孔，应严格按照螺栓直径钻孔，不得偏大，支架的水平度应采用钢垫片调整，过墙螺栓的背面必须加挡板。支架在现浇混凝土墙、柱上时，可将支架焊接在预埋件上。如无预埋件，应用膨胀螺栓固定支架。柱上安装支架也可用螺栓、角铁或抱箍将支架卡箍在柱上。

②吊架安装。按风管中心线找出吊杆铺设位置，双吊杆吊架应以风管中心轴线为对称主风管轴铺设，吊杆应离开管壁20~30mm。靠墙安装的垂直风管应用悬臂托架或有斜撑支架，不靠墙、柱穿楼板安装的垂直风管宜采用抱箍支架，室外或屋面安装立管应用井架或拉索固定。为防止圆形风管安装后变形，应在风管支、吊架接触处设置托座。

（4）风管安装

①风管安装前，应先对其安装部位进行测量放线，确定管道中心线位置。

②风管与风管间采用专用法兰、插条等进行连接。主风管上直接开口连接支风管可采用90°连接件或其他专用连接件，连接件四角处应涂抹密封胶。当支管边长不大于500mm，也可采用切45°坡口直接连接。

③风管与风量调节阀和防火阀等带法兰的阀部件连接时，宜根据实际位置大小采用强度符合要求的专用连接件，专用连接件由PVC或铝合金材料制成。法兰与风管连接前法兰和阀部件要钻出符合规格的螺栓孔，螺栓孔的间距应不大于100mm，法兰四角应设螺栓孔，风管与阀部件的连接也可以采用插接方式。

④风管与风口连接采用H形或F形法兰，连接方式分为直接连接、短管连接和软连接三种。风口与风管的连接应严密、牢固，与装饰面紧贴，表面平整、不变形，调节灵活、可靠。

⑤风管与减振器、风量调节阀、消音器等部件连接常采用U形法兰。

⑥水平风管安装时，应先将各管段置于临时支撑架上进行初步定位，再逐节调整至设计位置并永久固定在支吊架上，然后调整高度，达到要求后再进行组合连接。风管垂直安装应采取自下而上逐节安装、逐节连接、逐段固定的方法。

⑦风管与风机、风机箱、空气处理机等设备相连处应设置柔性短管，其长度为150~300mm或按设计规定。柔性短管不应作为找正、找平的异径连接管，风管穿越结构变形缝处设置的柔性短管，其长度应大于变形缝宽度100mm。

⑧风管穿过防火、防爆的楼板或墙体时，应设置壁厚不小于1.6mm的钢制预埋管或防护套管，

建筑工程关键工序施工工艺

风管与防护套管之间应采用不燃且对人体无害的柔性材料封堵。

（5）风管安装就位、找平、找正。风管吊装前应对连接好的风管平直度及支管、阀门、风口等的相对位置进行复查，并应进一步检查支、吊架的位置、标高、强度，确认无误后按照的先干管后支管、先水平后垂直的顺序进行安装。

（6）管道标识。字体大小、颜色和位置要满足整体美观和规范要求，气流方向应予以明确标识，为满足美观要求，管道标识应做专项交底，统一标识，不应各自随意标识。若采用粘贴材料，应采用阻燃材料。

11.14　落地式风机

11.14.1　关键工艺

落地式风机的关键工艺包括基础处理、找平找正等。

11.14.2　工艺过程图示

工艺过程如图11.14-1～图11.14-6所示。

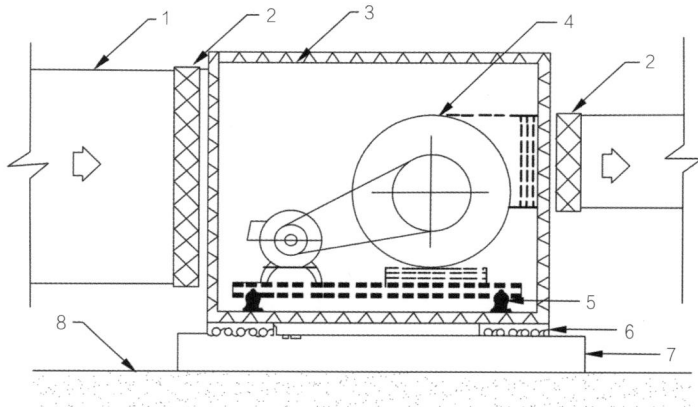

图11.14-1　风机箱安装

1—风管；2—软连接管；3—机箱；4—离心风机；5—弹簧减振；6—橡胶垫；7—风机基础；8—地面

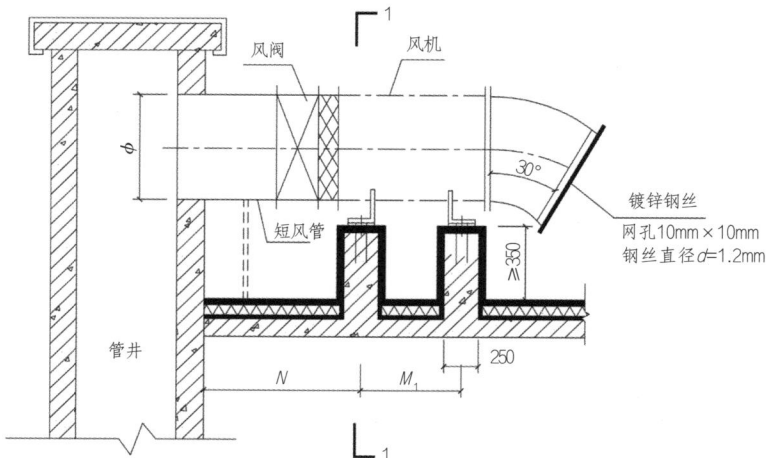

图11.14-2　屋面风机安装

N—支墩离墙距离；M—两支墩间距；φ—风管直径

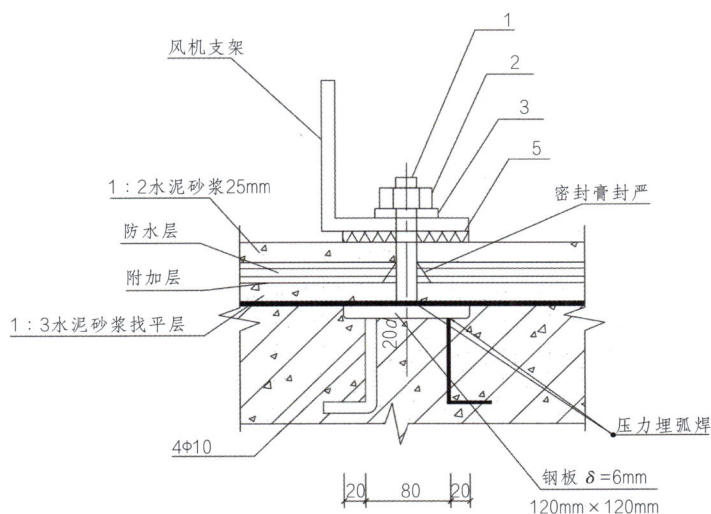

图11.14-3　风机支架与基础固定连接
1—螺栓；2—螺母；3—弹簧垫圈；4—垫片；5—耐热橡胶垫片
d—钢筋直径

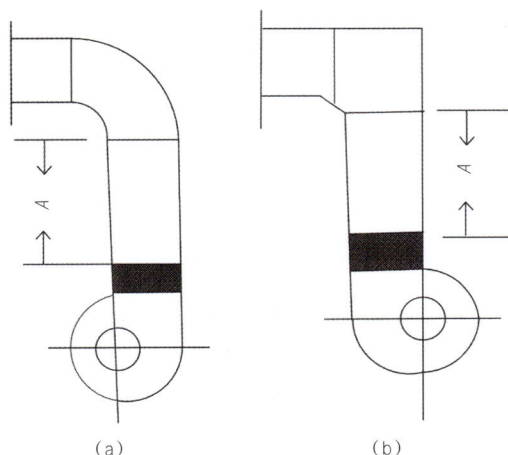

图11.14-4　风机接出风管
A—出口至弯管的距离

11.14.3　做法说明

» 11.14.3.1　材料及机具

（1）风机、角钢、槽钢、镀锌薄钢板等。

（2）倒链、滑轮、绳索、撬棍、活动扳手、铁锤、钢丝钳、螺丝刀、水平尺、钢板尺、钢卷尺、线坠、平板车、高凳、电锤、油桶、刷子、棉布、棉丝等。

» 11.14.3.2　工艺流程

基础验收→开箱检查→搬运→清洗→就位、找平、找正→试运转、检查验收。

» 11.14.3.3　主要工艺方法

（1）风机设备安装就位前，按设计图纸并依据建筑物的轴线、边缘线及标高线放出安装基准线。将设备基础表面的油污、泥土杂物清除，地脚螺栓预留孔内的杂物清除干净。

（2）整体安装风机吊装时直接放置在基础上，用垫铁找平找正，垫铁一般应放在地脚螺栓两侧，斜垫铁必须成对使用。设备安装好后同一组垫铁应点焊在一起，以免受力时松动，如图11.14-1、图11.14-2所示。

（3）风机安装在无减振器支架上，应垫上4~5mm厚的橡胶板，找平找正后固定牢固，排烟风机（独立功能）不应设橡胶减振装置。

（4）风机安装在有减振器的机座上时，地面要平整，各组减振器承受的荷载压缩量应均匀，不偏心，安装后采取保护措施，防止损坏。

（5）风机与电动机的传动装置外露部分应安装防护罩，风机的吸入口或吸入管直通大气时，应加装保护网或其他安全装置，图11.14-5所示。

图11.14-5　风机接出风管

图11.14-6 风机接出风管

（6）通风机出口的接出风管应顺叶轮旋方向接出弯管。在现场条件允许的情况下，应保证出口至弯管的距离A大于或等于风口出口长边尺寸1.5～2.5倍。如果受现场条件限制达不到要求，应在弯管内设导流叶片弥补，如图11.14-4所示。

（7）风机试运转，经过全面检查，手动盘车，供应电源相序正确后方可送电试运转，运转前必须添加适度的润滑油，并检查各项安全措施，叶轮旋转方向必须正确，在额定转速下试运转时间不得少于2h。运转后，再检查风机减振基础有无移位和损坏现象，做好记录。

11.15　吊挂式风机

11.15.1　关键工艺

吊挂式风机的关键工艺包括吊架制作安装、安装找平找正等。

11.15.2　工艺过程图示

工艺过程如图11.15-1～图11.15-6所示。

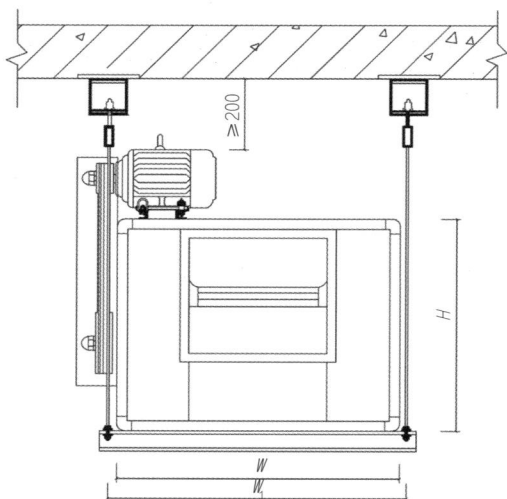

图11.15-1　柜式离心机悬挂安装

W—风机柜宽；W₁—风柜吊杆间距；H—风柜高

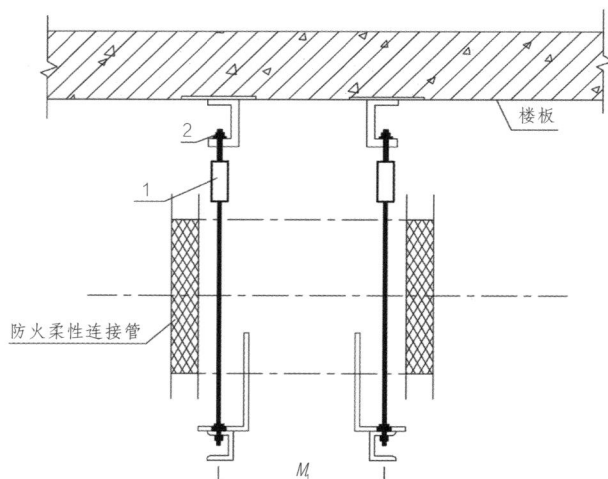

图11.15-2　轴流风机楼板下吊装

1—减振吊钩；2—根部吊架
M₁—吊杆间距

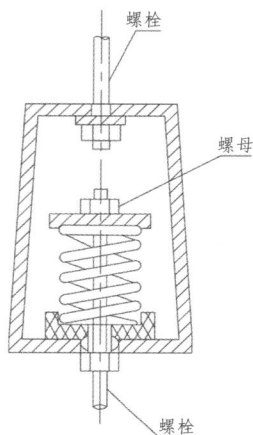

图11.15-3　减振吊钩

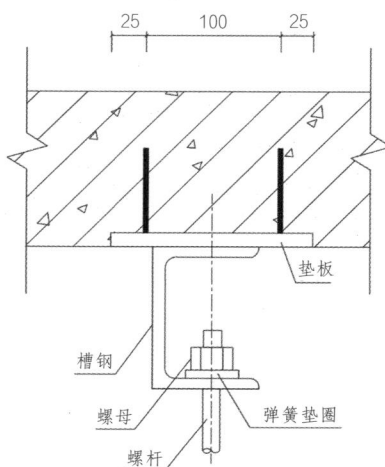

图11.15-4　吊架根部做法

图11.15-5　柜式悬挂安装

图11.15-6　楼板下吊装

11.15.3　做法说明

» 11.15.3.1　材料及机具

（1）风机、角钢、槽钢、镀锌薄钢板等。

（2）倒链、滑轮、绳索、撬棍、活动扳手、铁锤、钢丝钳、螺丝刀、水平尺、钢板尺、钢卷尺、线坠、平板车、高凳、电锤、油桶、刷子、棉布、棉丝等。

» 11.15.3.2　工艺流程

支吊架制作、安装→开箱检查→搬运→清洗→就位、找平、找正→试运转、检查验收。

» 11.15.3.3　主要工艺方法

（1）风机在安装前应检查叶轮与机壳间的间隙是否符合设备技术文件的要求。

（2）风机的支、吊（托）架应设隔振装置，并安装牢固，如图11.15-1～图11.15-3所示。

（3）通风机放在支架上时，应垫以厚度为4～5mm的橡胶垫板，并用螺栓固定，排烟风机（独立功能）不设橡胶减振装置，如图11.15-4所示。

（4）检查叶片根部应无损伤，紧固螺母应无松动。

（5）通风机出口的接出风管应顺叶轮旋方向接出弯管。在现场条件允许的情况下，应保证出口至弯管的距离大于或等于风口出口长边尺寸1.5～2.5倍。如果受现场条件限制达不到要求，应在弯管内设导流叶片弥补。

（6）风机试运转，经过全面检查，手动盘车，供应电源相序正确后方可送电试运转，运转前必须添加适度的润滑油，并检查各项安全措施，叶轮旋转方向必须正确，在额定转速下试运转时间不得少于2h。运转后，再检查风机减振基础有无移位和损坏现象，做好记录。

11.16　风机盘管

11.16.1　关键工艺

风机盘管的关键工艺包括吊架安装、风机盘管找正/固定、连接配管等。

11.16.2　工艺过程图示

工艺过程如图11.16-1～图11.16-4所示。

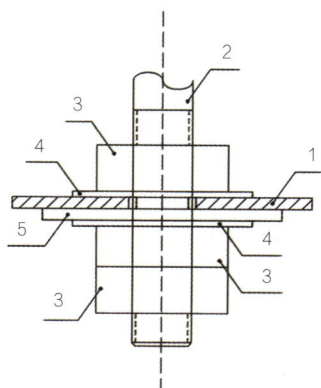

图11.16-1　风机盘管与吊架吊杆连接

1—风机盘管吊孔部位；2—吊杆；3—螺母；
4—平垫圈；5—橡胶隔振垫圈

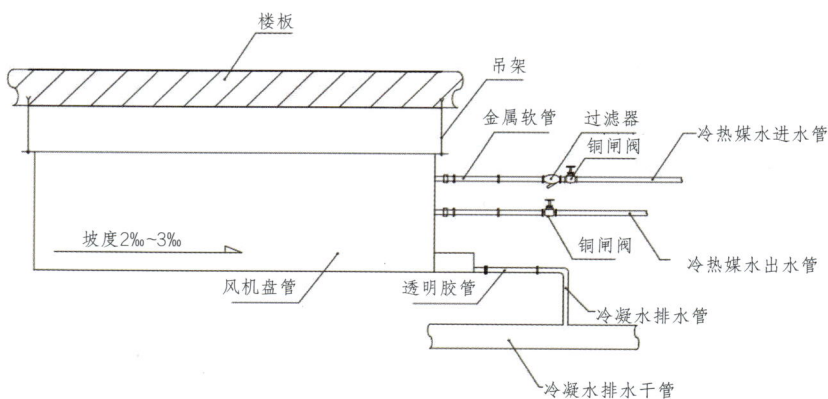

图11.16-2　风机盘管接管

图11.16-3　风机盘管吊装就位后与吊架吊
杆固定

图11.16-4　成排风机盘管与管道

11.16.3　做法说明

» 11.16.3.1　材料及机具

（1）风机盘管、圆钢、管子、膨胀螺栓、垫圈、螺母、材料、五金件等。

（2）水压试验设备、升降工作台、套丝工具、梯子、电锤、扳手、水平尺、线坠等。

» 11.16.3.2　工艺流程

盘管安装前压力试验→通电试运转→吊架制作安装→风机盘管就位、找正、固定→连接配管。

» 11.16.3.3　主要工艺方法

（1）风机盘管安装前，应逐台进行水压试验。试验压力为系统压力的1.5倍，在试验压力下，观察2min，不渗漏为合格。

（2）风机盘管安装前，每台应通电进行单机三速试运转试验。通电试运转试验，以风机转动灵活、转动方向正确、转速正常、声音正常为合格。

（3）风机盘管应设独立支、吊架，固定应牢固，便于检修。

（4）吊架吊杆采用圆钢，两端加工螺纹，螺纹长度应为螺母紧固后外露螺纹2~3扣。

（5）吊架吊杆安装位置应正确，吊杆应垂直。

（6）风机盘管的安装位置、高度、坡度应正确，坡度应为2‰~3‰，坡向冷凝水盘，如图11.16-2所示。

（7）风机盘管与吊架吊杆固定，吊孔上方装设一个平垫圈加一个螺母，吊孔下方应有橡胶隔振垫圈、平垫圈加双螺母紧固，如图11.16-1和图11.16-3所示。

（3）风机盘管与冷、热媒水管道连接，应在冷、热媒水管道冲洗之后进行。风机盘管与冷、热水管道的连接，宜采用金属软管，软管连接应严密、牢固，坡向正确，无扭曲和瘪管现象，如图11.16-2所示。

（9）冷凝水管道与风机盘管连接时，宜设置透明胶管，长度不宜大于150mm。冷凝水排水管的坡度应符合设计要求。当设计无要求时，管道坡度宜大于或等于8‰，且应坡向出水口。设备与排水管的连接应采用软接，并应保持畅通，如图11.16-2所示。

（10）多台风机盘管成排布置时，使用同一根横向冷凝水排水干管的所有风机盘管，应排列整齐、标高一致，并高于冷凝水排水干管，如图11.16-4所示。

11.17　电缆桥架

11.17.1　关键工艺

电缆桥架的关键工艺包括支吊架安装、接地连接、防火封堵等。

11.17.2　工艺过程图示

工艺过程如图11.17-1～图11.17-6所示。

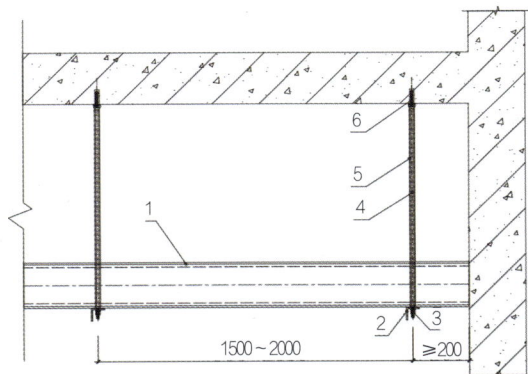

图11.17-1　桥架水平安装示意
1—桥架；2—角钢横担；3—防松螺栓；4—吊杆；
5—套管；6—膨胀螺栓

图11.17-2　桥架水平安装

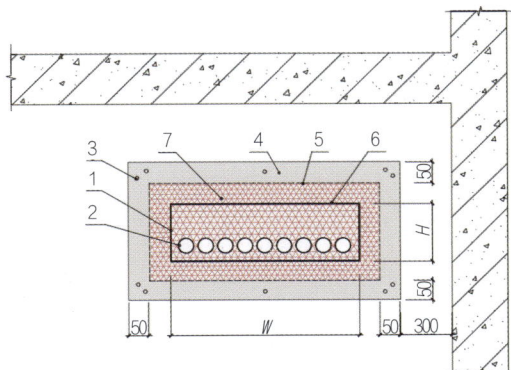

图11.17-3　桥架穿墙防火封堵安装示意
1—桥架；2—电缆；3—M6自攻螺钉；4—防火隔板；5—墙洞；
6—防火泥收口；7—防火包封堵，防火泥填缝
H—桥架高；*W*—桥架宽

图11.17-4　桥架穿墙防火封堵安装

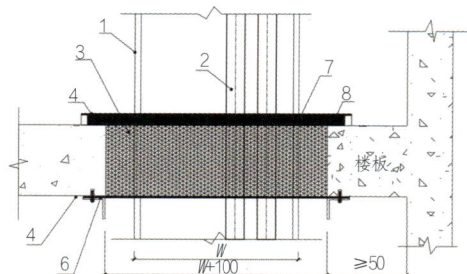

图11.17-5 桥架穿楼板防火封堵安装示意

1—桥架；2—电缆；3—防火包封堵、防火泥填缝；4—防火隔板；
5—楼板；6—固定角钢；7—防火泥收口；8—止水台
W—桥架宽

图11.17-6 桥架穿楼板防火封堵安装

11.17.3 做法说明

» 11.17.3.1 材料及机具

（1）支架、吊架、横担、适配螺栓、金属桥架及附件、跨接地线、爪形垫圈、封堵材料、标识等。

（2）红外线定位仪、记号笔、钢卷尺、移动式脚手架、人字梯、切割机、电钻、扳手、绝缘摇表等。

» 11.17.3.2 工艺流程

测量定位→支、吊架安装→桥架就位、连接→桥架跨接→接地安装→防火封堵→标识。

» 11.17.3.3 主要工艺方法

（1）桥架定位、连接固定

①测量定位。利用红外线定位仪确定支架及桥架安装位置、标高，并画线定位。

②支、吊架安装。根据定位点，用膨胀螺栓将支、吊架固定于墙、梁或顶板上，如图11.17-1所示。安装支、吊架时，先安装两边的支架，然后拉线找直，再安装中间的支架。水平安装的支架间距宜为1.5～2m，垂直安装的支架间距不应大于2m；分支处或端部0.3～0.5m处应有固定支架。

③桥架连接固定。桥架安装时，用红外线定位仪找直，然后将桥架用螺栓与支架连接固定。直线段桥架采用专用连接片连接，转弯、分支处采用成品配件连接，其弯曲半径不应小于铺设电缆的最小允许弯曲半径。当直线段钢制电缆桥架长度超过30m时，铝合金或玻璃钢制电缆桥架长度超过15m时，应设置伸缩节；当电缆桥架跨越建筑变形缝处时，应设置补偿装置。

④接地安装。电缆桥架本体之间的连接应牢固可靠，与保护导体的连接应符合下列规定。

a.金属桥架全长不大于30m时，不应少于两处与保护导体可靠连接；全长大于30m时，每隔20～30m应增加一个连接点，起始端和终点端均应可靠接地。

b.非镀锌电缆桥架本体之间连接板的两端应跨接接地线（可采用绝缘铜芯线或镀锡铜编织带进行"冂"形连接），接地线的截面积应符合设计要求；接地导体使用爪形垫圈安装，安装顺序为：爪形垫片-端子-平垫片-防松螺母。镀锌桥架不跨接接地线时，连接板每端不应少于2个有防松螺母或防松垫圈的连接固定螺栓。

⑤桥架标识。桥架安装完成后，应喷涂或粘贴正确、清晰的标识。

（2）桥架穿墙防火封堵

①施工准备。清理、修整洞口边缘。理顺电缆、清除电缆表面的灰尘、油污，宜沿电缆的走向均匀涂刷防火涂料，穿墙两端电缆防火涂料的长度距建筑不小于1m。

②防火封堵。防火封堵在电缆铺设后进行。采用防火包封堵，防火泥填缝方式。防火包逐层按次序在洞内及电缆桥架内摆放整齐，厚度与墙体厚度一致，不能超出墙体。洞口空隙、防火包间空隙、防火包与桥架间及线缆间空隙用防火泥填补密实。填补区域应平整、美观。

③防火隔板安装。由四块厚度8mm的梯形防火隔板拼接，防火隔板裁切尺寸视实际情况而定，超出洞口边缘应不小于50mm，用M6塑料胀管自攻螺钉加平垫片组合进行固定，如图11.17-3所示。

④防火泥收口。桥架与防火隔板接口、防火隔板拼接缝等处均匀涂抹一层防火泥，端面压实、光滑，如图11.17-4所示。

（3）桥架穿楼板火封堵

①施工准备。清理、修整洞口边缘。理顺电缆，清除电缆表面的灰尘、油污，宜沿着电缆的走向均匀涂刷防火涂料，穿楼板上下电缆防火涂料的长度不小于1m。

②底防火隔板安装。板上开孔数量依实际情况确定，用M6塑料胀管自攻螺钉加平垫片组合在楼板下方固定底防火隔板，防火隔板厚度不小于10mm，如图11.17-5所示。

③防火堵料封堵。阻火堵料逐层按次序在洞内及电缆桥架内摆放整齐，厚度与楼板平齐。各缝隙用防火泥进行填补密实。

④顶防火隔板安装。同底防火隔板安装。

⑤砌筑止水台。防火隔板安装完成后，沿隔板外边缘砌筑止水台，高度不得低于50mm，宽度为60～80mm，表面用水泥砂浆抹灰收光。

⑥防火泥收口。防火隔板与桥架、止水台接口等处均匀涂抹一层防火泥，端面压实、光滑。

⑦标识。对止水台、顶防火隔板表面涂刷黄绿或黄黑色漆，进行标识，如图11.17-6所示。

11.18　母线槽

11.18.1　关键工艺

母线槽的关键工艺包括支吊架安装、封闭母线安装、防火封堵等。

11.18.2　工艺过程图示

工艺过程如图11.18-1～图11.18-6所示。

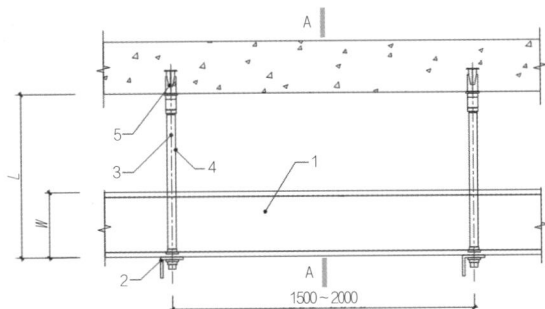

图11.18-1　母线槽水平安装（正面）

1—封闭母线；2—角钢支架；3—吊杆；4—套管；5—膨胀螺栓
L—母线槽下表面离顶距离；W—母线槽高

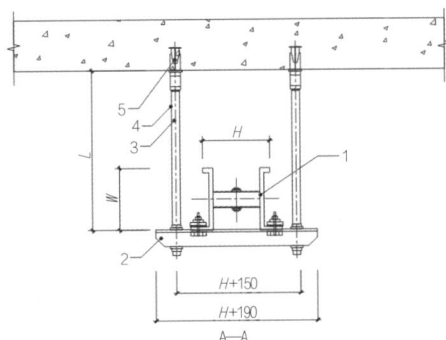

图11.18-2　母线槽水平安装（剖面）

1—封闭母线；2—角钢支架；3—吊杆；4—套管；5—膨胀螺栓
H—封闭母线高；W—封闭母线宽；L—角钢支架上表面离顶距离

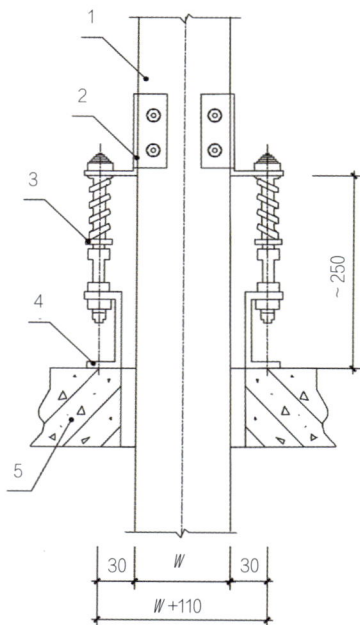

图11.18-3　母线槽弹簧支架安装（正面）

1—封闭母线；2—支件；3—减振弹簧；4—槽钢支架；5—楼板
W—封闭母线宽

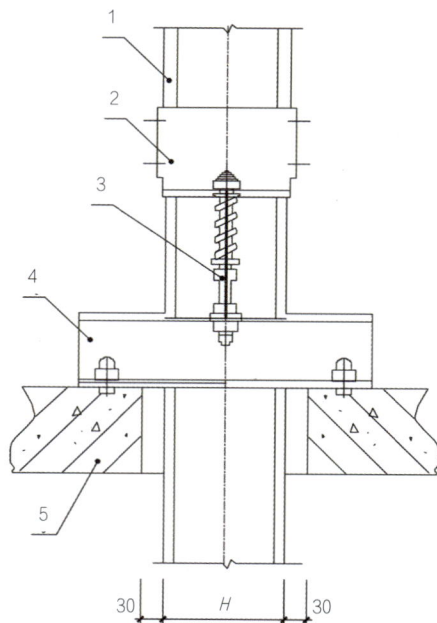

图11.18-4　母线槽弹簧支架安装（剖面）

1—封闭母线；2—支件；3—减振弹簧；4—槽钢支架；5—楼板
H—封闭母线高度

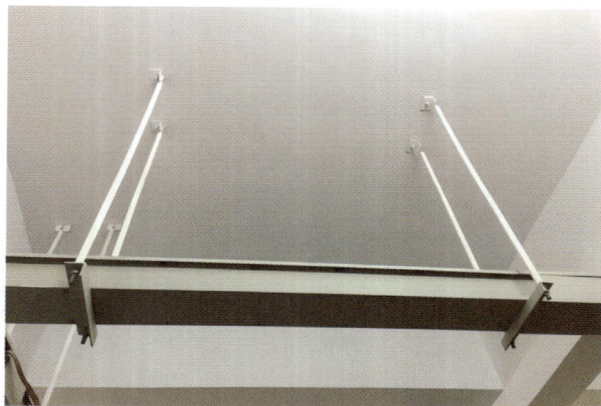

图11.18-5　母线槽弹簧支架安装（一）

图11.18-6　母线槽弹簧支架安装（二）

11.18.3　做法说明

» 11.18.3.1　材料及机具

（1）支架、吊架、横担、适配螺栓、封闭母线及附件、弹簧支架、铜软连线、防火堵料、标识等。

（2）红外线定位仪、记号笔、钢卷尺、移动式脚手架、人字梯、切割机、电钻、扳手、绝缘摇表等。

» 11.18.3.2　工艺流程

母线检查→定位画线→支、吊架安装→封闭母线安装→防水台制作→防火封堵→标识。

» 11.18.3.3　主要工艺方法

（1）母线检查。检查母线规格、数量、种类符合设计要求，防潮密封良好，各段编号标识清晰，附件齐全，外壳不变形，螺栓搭接面平整、无毛刺，镀层覆盖完整，无起皮和麻面。

（2）定位画线。根据图纸桥架路径，利用红外线定位仪，画出支、吊座锚点。

（3）支、吊架安装

①用膨胀螺栓固定支架，配电母线槽的圆钢吊杆直径不小于8mm，照明母线槽的圆钢吊杆直径不小于6mm，适配防松螺栓安装固定支架。支架安装应牢固，无明显扭曲，如图11.18-5所示。采用金属吊架时，应设置相适配的防晃支架（抗振支架）。

②水平或垂直的母线槽固定点应每段设置一个，且每层不得少于一个支架，距拐弯0.4～0.6m处应设置支架，固定点位置不应设置在母线槽的连接处或分接单元处。垂直过楼板处设置相适配的弹簧支架，如图11.18-3和图11.18-4所示。

③支架及支架与预埋件焊接处刷防腐油漆，涂刷应均匀，无遗漏，不得污染建筑物。

（4）封闭母线安装

①组装前对每节母线进行绝缘电阻测试，绝缘电阻值应大于20MΩ。

②母线直接用螺栓固定在支架上，螺栓加装平垫和弹簧垫圈固定牢固。

③母线槽的金属外壳等外露可导电部分应与保护导体可靠连接，每段母线槽的金属外壳间都应连接可靠，且母线槽全长与保护导体可靠连接不应少于两处，分支母线槽的金属外壳前端应与保护导体可靠连接。

（5）防水台制作。母线穿越楼板的孔洞应设置高度不小于50mm的防水台。

（6）防火封堵。母线穿越楼板和隔墙的孔洞采用防火包封堵，防火泥塞缝、收口，如图11.18-6所示。

11.19　接地装置

11.19.1　关键工艺

接地装置的关键工艺包括支持件安装、接地体连接、接地端子制作、除锈防腐等。

11.19.2　工艺过程图示

工艺过程如图11.19-1～图11.19-6所示。

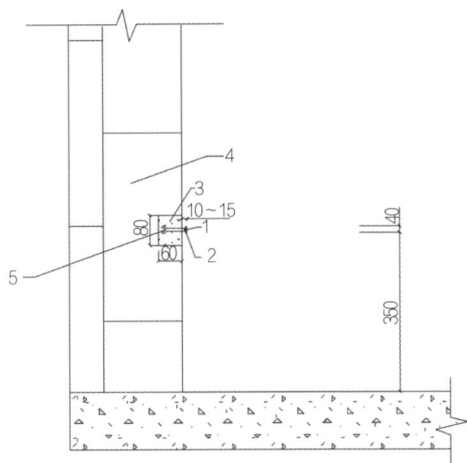

图11.19-1　接地干线沿砌体墙固定安装
1—接地母线；2—小绝缘子；3—M10砂浆填补；4—砌体墙
（空心砖或加气砖）；5—燕尾形预埋件

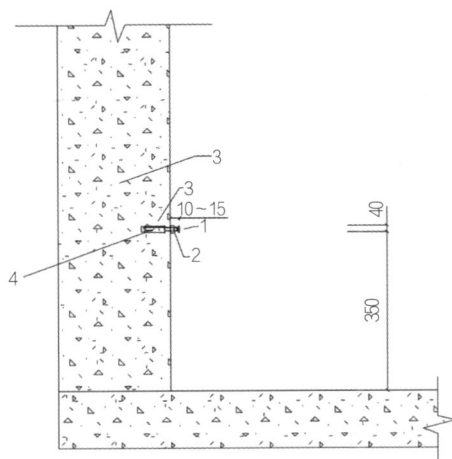

图11.19-2　接地干线沿混凝土墙固定安装
1—接地母线；2—小绝缘子；3—混凝土墙（实心墙）；
4—膨胀螺栓

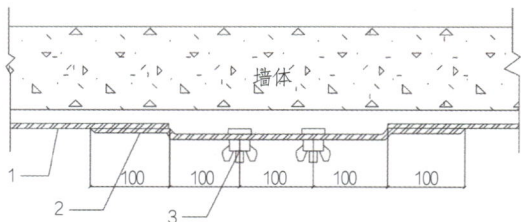

图11.19-3　接地端子制作安装

1—镀锌扁铁；2—整体弯折或焊接；3—蝶形螺母

图11.19-4　接地端子制作安装

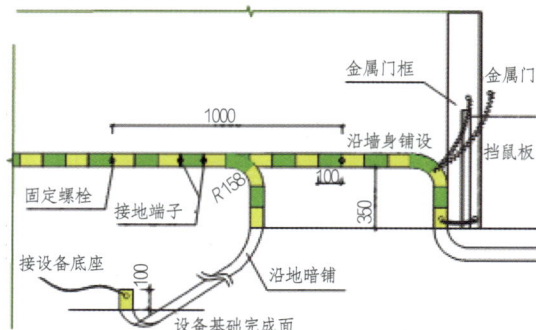

图11.19-5　接地网连接

图11.19-6　金属门和挡板跨接地安装

11.19.3　做法说明

» 11.19.3.1　材料及机具

（1）镀锌接地扁铁、接地螺栓、蝶形螺母、小绝缘子、防腐防锈材料、黄绿色漆、标识等。

（2）钢卷尺、钢刷、切割机、弯曲机、电焊机、角磨机、电锤、电钻、扳手、兆欧表等。

» 11.19.3.2　工艺流程

定位画线→支持件安装→接地体铺设固定→接地体连接→除锈防腐处理→色带涂刷→标识。

» 11.19.3.3　主要工艺方法

（1）支持件安装采用DMC绝缘子配合ϕ8mm膨胀螺栓固定，支持件间隔1m均匀布置，与墙距离一致。

（2）在砌体墙上安装时，支持件安装应采用空心砖专用膨胀螺栓，或采用开孔方式预埋支件，支件末端宜为燕尾形，埋设深度不小于50mm，用M10砂浆填充固定，如图11.19-1所示。

（3）接地母线采用50mm×5mm镀锌扁铁，应先调直、打眼、煨弯加工后，将扁铁沿墙吊起，在支持件一端将扁铁固定住。接地母线距墙面间隙为10～15mm，离地高度为350mm，如图11.19-5所示。

（4）接地母线在连接处采用焊接，搭接长度不小于扁钢宽度的2倍且三面施焊。接地线的焊接应焊缝饱满，无咬边、气孔、夹渣等缺陷，除埋设在混凝土中的接地线外，其余焊接接头都应刷防腐油漆。

（5）接地母线应刷黄绿相间标识油漆，油漆涂刷均匀，分色清晰，条纹间距100mm，如图11.19-4所示。

（6）变配电室接地干线上应设置不少于2个供临时接地用的接地点，临时接地点处螺栓与节点干线接触处不应刷漆，保留原金属面；接地螺栓采用蝶形螺母，临时接地点应有明显标识。

（7）配电室接地网至少要有3处与建筑接地系统可靠相连；电缆沟内利用沟壁通长镀锌扁铁

接地，且至少有两处与接地干线相连。配电室门与门框应与接地干线进行有效连接，如图11.19-5和图11.19-6所示。

（8）配电室接地网安装完毕，需进行接地电阻测试，实测接地电阻值应符合设计要求。

11.20　明装配电箱

11.20.1　关键工艺

明装配电箱的关键工艺包括箱体安装、导管与箱体连接、接地连接等。

11.20.2　工艺过程图示

工艺过程如图11.20-1～图11.20-6所示。

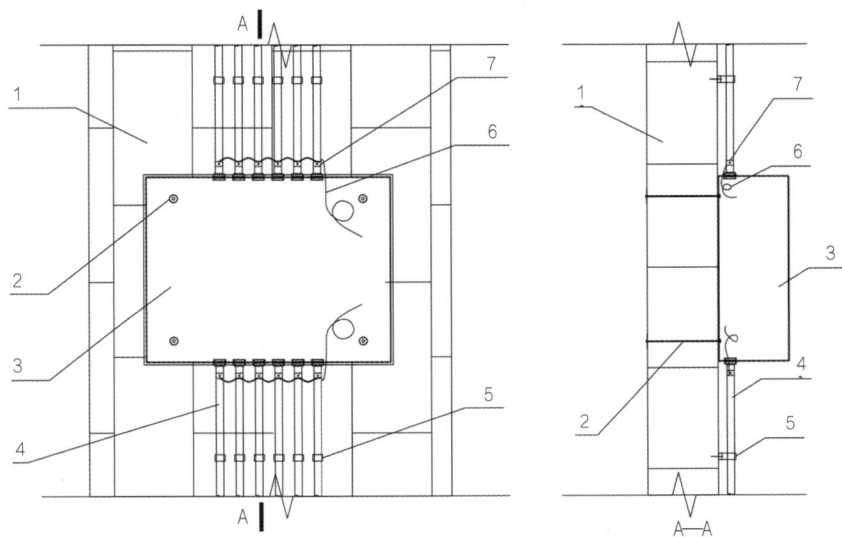

图11.20-1　配电箱在砌体墙上明装（一）

1—砌体墙（空心砖或加气砖）；2—穿墙螺栓件；3—箱体；4—配管；5—管卡；6—接地线；7—接地卡

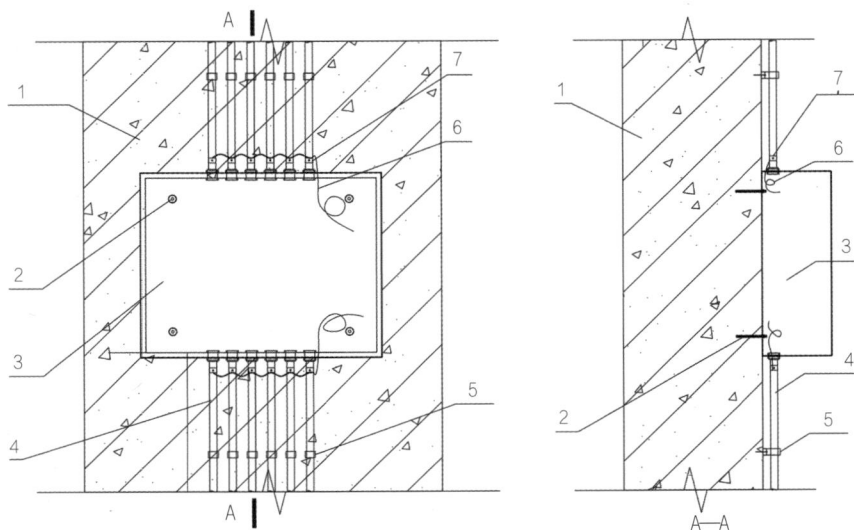

图11.20-2　配电箱在混凝土墙上明装（二）

1—混凝土墙；2—膨胀螺栓；3—箱体；4—配管；5—管卡；6—接地线；7—接地卡

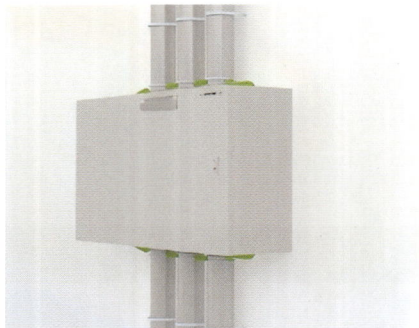

图11.20-3　配电箱明装（一）

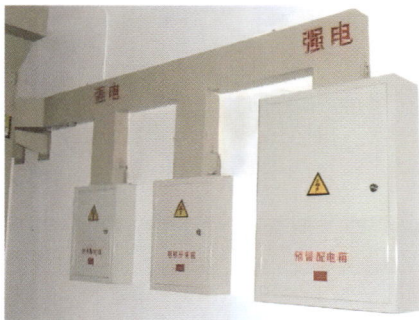

图11.20-4　配电箱明装（二）

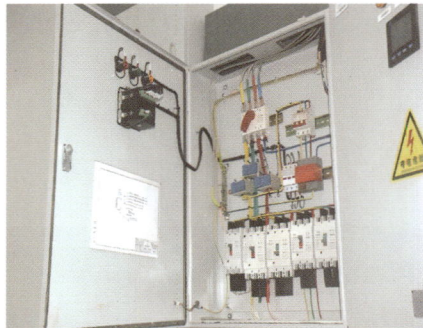

图11.20-5　配电箱明装（三）

11.20.3　做法说明

» 11.20.3.1　材料及机具

（1）配电箱体、元器件、电缆、穿线管、卡扣、适配螺栓、扎带、热缩管、绝缘胶带、胶垫、电缆牌、标识牌、接地线、防火堵料等。

（2）激光水平仪、记号笔、卷尺、水平尺、手电钻、热风枪、剥线钳、压接钳、螺丝刀、扳手、万用表等。

» 11.20.3.2　工艺流程

测量定位→箱体开孔→箱体安装→导管与箱体连接→接地连接。

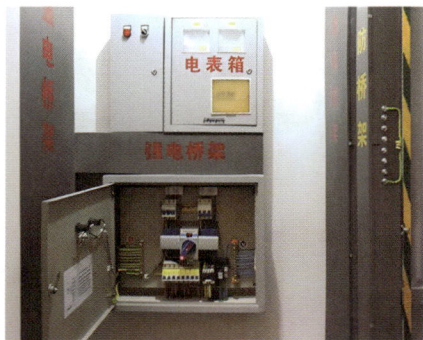

图11.20-6　配电箱明装（四）

» 11.20.3.3　主要工艺方法

（1）测量定位。根据图纸确定配电箱的位置，并按照箱体外形尺寸进行弹线定位。

（2）箱体开孔。根据进箱管路的管径及数量，采用开孔器开孔，不得采用电、气焊切割开孔，一管一孔，孔径与管径适宜，开孔间距均匀，边沿间距不小于20mm。

（3）配电箱安装

①箱体安装。采用金属膨胀螺栓在混凝土墙上固定，金属膨胀螺栓的大小根据箱体重量选择。砌体墙（空心砖或加气块）可采用穿墙螺杆件固定，如图11.20-1所示。箱体固定后用水平尺将箱体调整平直，再把螺栓逐个拧紧。配电箱并排明装时，应根据电源进出线方式选择合适的安装方式（上边沿对齐或下边沿对齐），如图11.20-4所示。

②导管与箱体连接、接线。电缆导管进入箱体，端部需套丝，采用锁母固定，距配电箱上下边缘300mm处固定，如图11.20-3所示；桥架引入的，接口处及孔洞、缝隙应采用防火堵料封堵；箱内接线应正确、可靠，无绞线现象，并配设对应的线牌标识、回路编号等。

③接地连接。导管与箱体、箱体与箱门采用截面积不小于4mm²的黄绿色铜芯软导线连接，并印有标识。

④配电箱的系统图贴在箱盖内侧，并标明各个开关用途及回路名称，如图11.20-5所示。

11.21　暗装配电箱

11.21.1　关键工艺

暗装配电箱的关键工艺包括箱体固定、箱盖安装、接地连接等。

11.21.2 工艺过程图示

工艺过程如图11.21-1～图11.21-6所示。

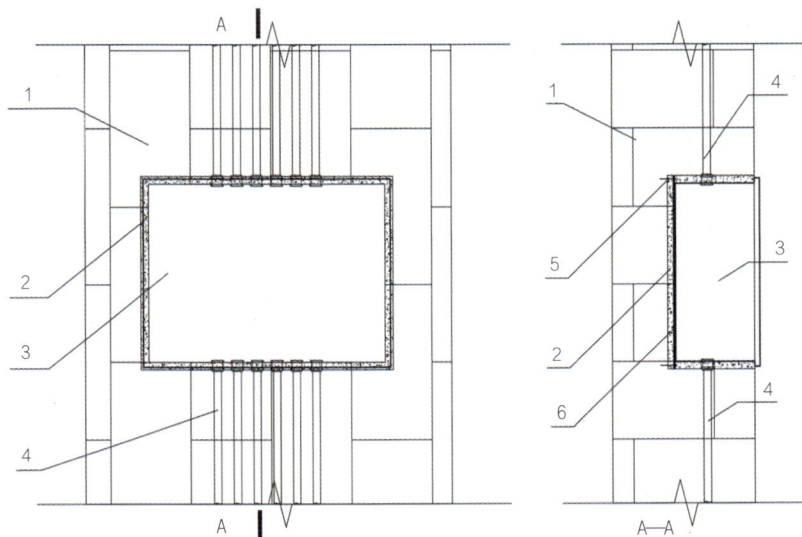

图11.21-1 配电箱在砌体墙内暗装

1—砌体墙；2—后补混凝土；3—箱体；4—预埋配管；5—钢钉；6—钢丝网

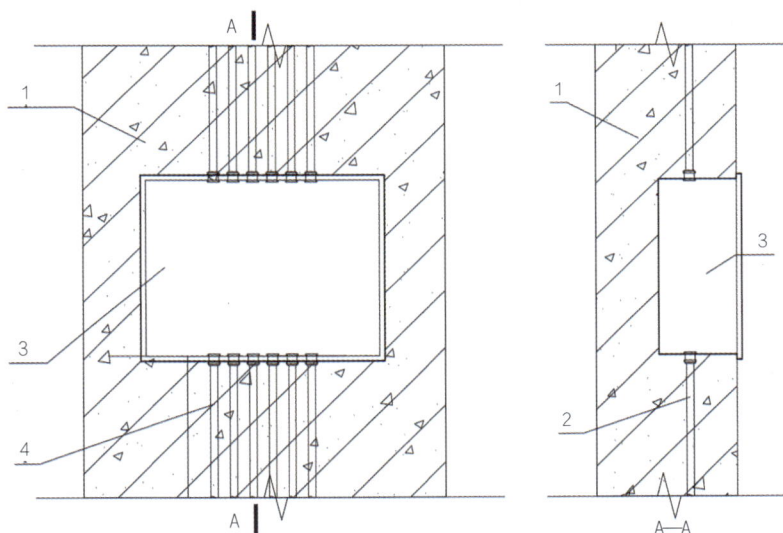

图11.21-2 配电箱在混凝土墙内暗装

1—混凝土墙；2—预埋配管；3—箱体

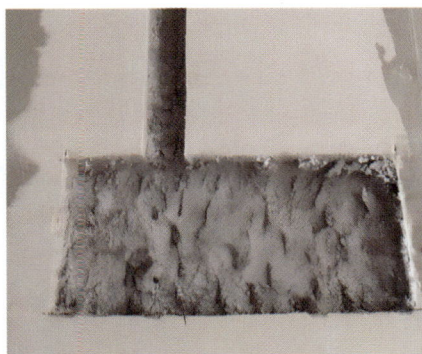

图11.21-3 砌体墙面开槽

图11.21-4 箱体预埋固定和包封

图11.21-5 开槽嵌入安装

11.21.3　做法说明

» 11.21.3.1　材料及机具

（1）配电箱体、元器件、适配螺栓、扎带、热缩管、绝缘胶带、胶垫、电缆牌、标识牌、接地线、防火泥等。

（2）激光水平仪、记号笔、手电钻、热风枪、剥线钳、压接钳、螺丝刀、万用表等。

图11.21-6　预埋安装

» 11.21.3.2　工艺流程

测量定位→墙体开洞→配电箱安装固定→成品保护。

» 11.21.3.3　主要工艺方法

（1）测量定位。根据施工图纸确定配电箱的安装位置，并按照箱体外形尺寸进行弹线定位。

（2）墙体开洞。对于没有预留洞的箱体安装，需根据画线位置，用专用切割机等工具在墙体上进行开洞，洞口尺寸比箱体稍大，如图11.21-1所示；在现浇混凝土墙内安装配电箱时，应设置配电箱预留洞，如图11.21-2所示；在剪力墙内预埋时，先将箱体放入预定安装位置，利用钢筋绑扎初步固定箱体，复核找正后，利用钢筋在外部做井字交叉绑扎固定，与剪力墙体钢筋形成一个整体，确保箱体没有偏移活动空隙。箱体内部做好支撑或填充，防止浇筑时出现箱体偏差跑位、变形等质量缺陷。箱体周围同时做好封堵，防止浇筑时内部漏浆，如图11.21-4所示。

（3）配电箱安装固定

①箱体固定。根据施工图要求的标高位置和预留洞位置，将箱体放入洞内找好标高和水平位置，并将箱体固定好。用水泥砂浆填实周边，并抹平。

②盘芯安装。先清理箱体内杂物，理顺导线，分清支路和相序，再把盘芯与箱体安装牢固，最后压接导线，同时将保护地线连接牢固。

③箱盖安装。安装箱盖时要求平整，箱盖应紧贴墙面，周边间隙均匀对称，螺栓垂直受力均匀。将配电箱的系统图贴在箱盖内侧，并标明各个开关的用途及回路名称。

④根据箱体的标高及水平尺寸核对进箱的导管长度是否合适，间距是否均匀，排列是否整齐等。若管路不合适，应及时按配管要求进行调整，根据各个管的位置用开孔器开孔。

⑤接地连接。导管与箱体、箱体与箱门采用截面积不小于$4mm^2$的黄绿色铜芯软导线连接，并印有标识。

（4）成品保护。配电箱安装过程中，临时放于现场的盘芯等设备应放在干燥场所，并采取防尘措施；配电箱安装后，应采取保护措施，避免碰坏、弄脏电器具及仪表。

11.22　高、低压配电柜

11.22.1　关键工艺

高、低压配电柜的关键工艺包括基础型钢制作和安装、柜体安装、柜内接线等。

11.22.2　工艺过程图示

工艺过程如图11.22-1～图11.22-6所示。

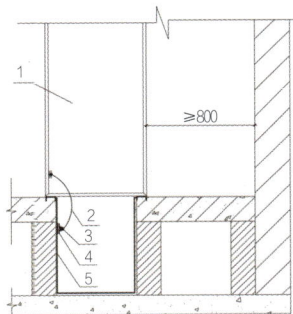

图11.22-1 配电柜安装示意

1—电气柜 2—10#槽钢（高出地面10mm）；3—跨接
地线；4—接地螺栓；5—基础沟通长接地扁铁；
6—接地扁铁

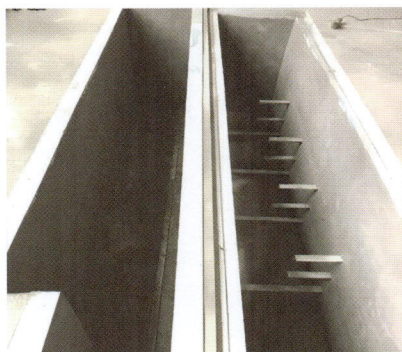

图11.22-2 配电柜基础（一）

图11.22-3 配电柜基础（二）

图11.22-4 配电柜（一）

图11.22-5 配电柜（二）

图11.22-6 柜内接线

11.22.3 做法说明

» 11.22.3.1 材料及机具

（1）柜体及元器件、母线、适配螺栓、接线端子、扎带、冷热缩电缆保护管、绝缘胶带、胶垫、电缆牌、标识牌、接地线、防火泥等。

（2）转运小车、激光水平仪、记号笔、卷尺、水平尺、手电钻、热风枪、剥线钳、压接钳、螺丝刀、扳手、检测试验仪器等。

» 11.22.3.2 工艺流程

设备检查→基础型钢制作和安装→柜体安装→柜内接线→接地连接。

» 11.22.3.3 主要工艺方法

（1）设备检查

①检查配电柜规格、型号、数量是否正确，CCC认证、合格证、检验报告及技术资料是否齐全；备品备件、专用工具及附件是否齐全。

②检查配电柜外观有无损伤及变形，油漆是否完整；配电柜内部电器装置、元件、绝缘瓷件是否齐全，有无损伤及裂纹等缺陷。

（2）基础型钢制作和安装

①根据配电柜基础的尺寸，确定基础型钢框架尺寸，基础型钢采用10#槽钢制作，高出抹平地面10mm，调平找正后焊接成框架，再根据配电柜固定螺栓间距钻出固定孔（焊接固定时不需要钻固定孔），如图11.22-1所示。

②基础型钢加工完成后，与土建单位配合，安装于电缆沟两侧，找平后与预埋件焊接固定，并与接地干线连接。

（3）柜体安装

①配电柜按图纸排列顺序逐一放置在基础型钢上，用薄垫铁将开关柜粗调水平，再以其中一台为基准，调整其他柜体，使全部柜体平齐，间隙均匀，如图11.22-4和图11.22-5所示。

②柜体与基础型钢通过焊接或螺栓固定，焊接固定后需做防腐处理；螺栓固定时，螺栓应完好、齐全，表面做防腐处理。

③柜体与柜体、柜体与侧挡板均采用镀锌螺栓连接。

（4）柜内接线。配电柜与母线进行连接时，采用母线配套扳手进行紧固，接触面涂中性凡士林，并确保连接相序正确；柜间母线排连接时，母线排距离其他器件或壳体的电气间隙应不小于20mm，当间距小于20mm时，可采用包扎绝缘方式处理。

（5）接地连接。配电柜金属框架及基础型钢必须接地（PE）或接零（PEN）可靠；装有电器的可开启门和金属框架的接地端子间应选用截面积不小于$4mm^2$的黄绿色铜芯软导线连接，并印有接地标识。

11.23　电缆铺设

11.23.1　关键工艺

电缆铺设的关键工艺包括电缆排布铺设、电缆固定、防火封堵等。

11.23.2　工艺过程图示

工艺过程如图11.23-1～图11.23-6所示。

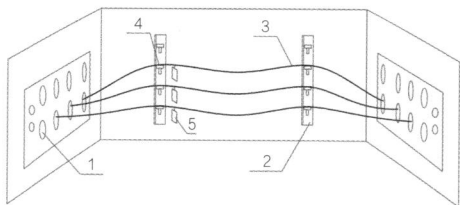

图11.23-1　电缆在电缆沟内铺设示意

1—管孔；2—电缆支架；3—电缆；4—绑扎位置；5—标牌

图11.23-2　电缆在电缆沟内铺设

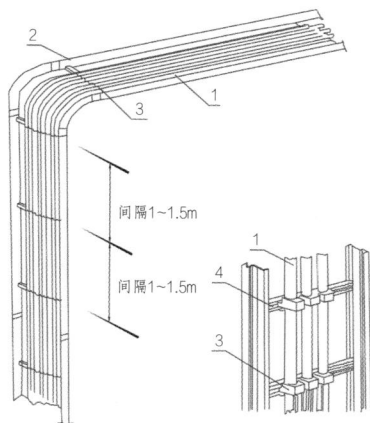

图11.22-3　电缆沿桥架（托盘）铺设示意

1—电缆；2—电缆桥架（托盘）；3—电缆固定夹；4—横担支架

图11.23-4　电缆沿桥架铺设

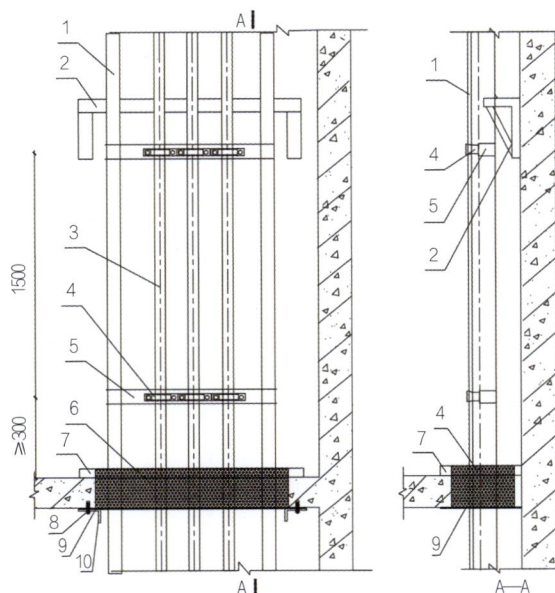

图11.23-5　电缆沿桥架穿越楼板铺设示意

1—桥架；2—桥架固定支架；3—电缆；4—电缆固定夹；5—横担支架；
6—防火封堵；7—止水台；8—膨胀螺栓；9—防火隔板；10—支撑角铁

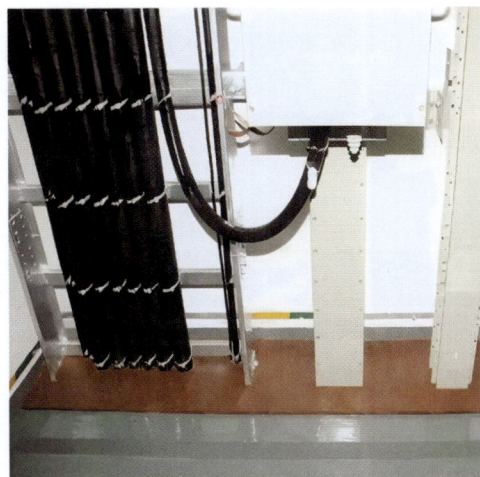

图11.23-6　电缆沿桥架穿越楼板铺设

11.23.3　做法说明

» 11.23.3.1　材料及机具

（1）电力电缆及附件、电缆标识牌、防火封堵材料等。

（2）电缆放线架、牵引端子、牵引网套、防捻器、放线滑轮组、转向导轮、管口保护喇叭口、布缆机、绞磨机、卷扬机、切割机、吊链、钢丝绳、麻绳、绝缘电阻测试仪、卷尺、钢锯、手锤、电钻、扳手、测电笔、兆欧表、万用表、对讲机等。

» 11.23.3.2　工艺流程

电缆检查→牵引机械安装→电缆排布铺设→电缆固定→防火封堵→绑扎标识牌。

» 11.23.3.3　主要工艺方法

（1）电缆检查。铺设前应检查电缆规格、型号、长度、截面积等是否符合设计要求，外观有无扭曲和破损，并进行绝缘电阻测试，低压电缆用兆欧表摇测绝缘电阻，电阻值不得低于10MΩ。

（2）牵引机械安装。采用机械展放电缆时，将机械安装在合适位置，并在合适位置设置滚轮（如井口、转角等位置），确保电缆牵引时能顺利通过。

（3）电缆排布铺设。电缆铺设时，电缆从盘的上端引出，不应使电缆在支架上及地面摩擦拖拉；电缆上不得有铠装压扁、电缆绞拧、护层折裂等未消除的机械损伤。

电缆铺设前，先绘制排列模拟图，以避免实际铺设中产生交叉。电缆沿桥架或托盘铺设时，应单层铺设、排列整齐，不得有交叉，如图11.23-3和图11.23-4所示，拐角处应以最大截面电缆允许弯曲半径为准。同等级电压的电缆沿支架铺设时，水平净距不得小于35mm，不同等级电压的电缆应分层铺设，高压电缆铺设在上层。

（4）电缆固定。在电缆沟或电气竖井内垂直铺设或大于45°倾斜铺设的电缆应在每个支架上固定；在桥架内大于45°倾斜铺设的电缆应每隔2m固定，水平铺设的电缆，首尾两端、转弯两侧及每隔5～10m处应设固定点。电缆出入桥架及配电柜、箱处应做固定。

（5）防火封堵。电缆在出入电缆沟、竖井、建筑物、盘（柜）以及穿入管子管口时，出入口应密封，采用防火堵料进行封堵，如图11.23-6所示。在防火墙隔离两侧的1～1.5m长区段涂刷防火涂料（对于密集的电缆，如在桥架或交汇处，涂刷的总长度应在2～3m以内）。电缆防火涂料施工前应将电缆表面的浮尘、油污、杂物等清洗、打磨干净，待表面干燥后方可进行防火涂料的施工。水平铺设的电缆沿电缆走向进行均匀涂刷，垂直铺设的电缆宜自上而下涂刷。涂刷的次数、厚度及间隔时间按实际防火要求及所选涂料说明而定。

（6）绑扎标识牌。电缆出线起终点、桥架、梯架起终点、拐弯处、交叉处应挂标识牌，直线段每隔50m处设标识牌，金属电缆支架与保护导体应可靠连接。

11.24　　电缆头制作

11.24.1　关键工艺

电缆头制作的关键工艺包括剥除护层、铠装接地、压接线端子等。

11.24.2　工艺过程图示

工艺过程如图11.24-1～图11.24-6所示。

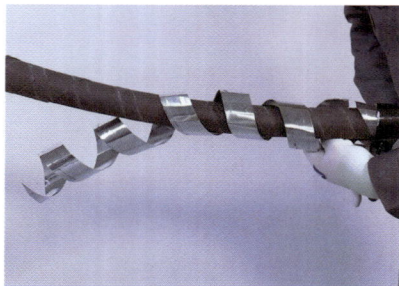

图11.24-1　量取并剥除护套和钢铠

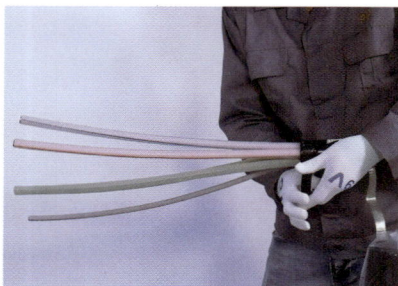

图11.24-2　铠装接地安装

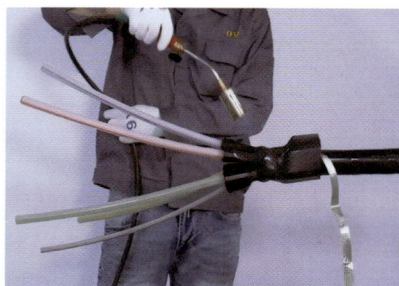

图11.24-3　热缩指套

图11.24-4　表面清理和端子压接

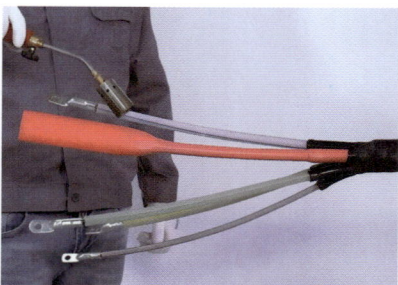

图11.24-5　热缩护套

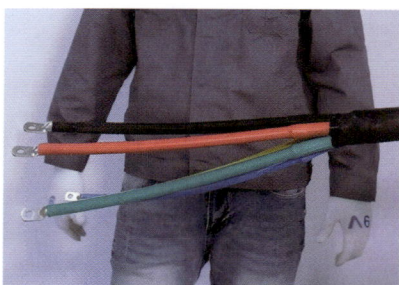

图11.24-6　制作完成

11.24.3　做法说明

» 11.24.3.1　材料及机具

（1）电缆终端头、热缩护套管、铜编织带、色相带、电缆标牌等。

（2）剖塑刀、削切刀、钢锯、锉刀、压接钳、扳手、电烙铁、热风枪、喷灯、万用表、兆欧表等。

» 11.24.3.2　工艺流程

准备工作→电缆绝缘测试→剥除电缆护层→铠装接地（如有）→套热缩指套（如有）→包绕电缆→套电缆终端头套→压接线端子→热缩电缆终端头套→电缆与设备连接。

» 11.24.3.3　主要工艺方法

（1）准备工作

①准备材料和工具，核对电缆型号、规格，检查电缆是否受潮。

②热缩施工优先使用热风枪，若使用喷灯明火作业，应满足区域安全防火规定。

（2）电缆绝缘测试。用兆欧表对低压电缆进行绝缘测试，并做好记录，绝缘电阻应大于 $10M\Omega$，如不符合要求，则检查电缆是否受潮或受损。经检查如断一段电缆后合格方可进行下一步工序，注意每遥测一次后要对线芯进行充分放电。

（3）剥除电缆护层。根据电缆与设备连接的具体尺寸，测量好电缆长度并做好标记，锯掉多余电缆，剥除外护套，用铜线按尺寸固定好铠装钢带和铜线。

（4）剥除铠钢带（如有）。根据电缆与设备连接的具体尺寸，用铜线固定后，剥除多余的铠装钢带，如图11.24-1所示。

（5）铠装接地（如有）。接地线采用适合电缆线芯截面要求规格的铜编织带，焊接于钢带上，焊接应牢固，不得有虚焊现象，如图11.24-2所示。

（6）套热缩指套（如有）。用填充胶封堵线芯根部的间缝，选用与电缆规格、型号相匹配的热缩电缆指套，套入线芯根部，均匀加热收缩指套，如图11.24-3所示。

（7）压接线端子。从线芯端头测量长度为接线端子的深度，按端子孔深另加5mm，剥除线芯绝缘，并在线芯和端子孔内涂凡士林油，将线芯插入端子内，调节接线端子的方向直到合适，用压接钳压紧接线端子直至压接钳到位，每个接线端子压两道，间隔适度，打磨压接后产生的毛刺和尖角，如图11.24-4所示。

（8）热缩电缆终端头套。用填充胶填满接线端子根部裸露的间隙和压坑，套入对应相色的热缩头套（如端子规格大于热缩头套，应先套入热缩头套，再压接线端子），调整至合适位置，使用喷灯或热风枪均匀加热收缩，收缩应紧包接头，无褶皱和裂缝，如图11.24-5所示。

（9）电缆与设备连接。将已制作好的电缆固定在电缆头支架式，并将芯线分开，选用适配螺栓将接线端子压接在设备上，螺栓应由内向外或由下向上穿，平垫和弹簧垫应安装齐全。

11.25　开关、插座

11.25.1　关键工艺

开关、插座的关键工艺包括接线、面板安装等。

11.25.2　工艺过程图示

工艺过程如图11.25-1～图11.25-4所示。

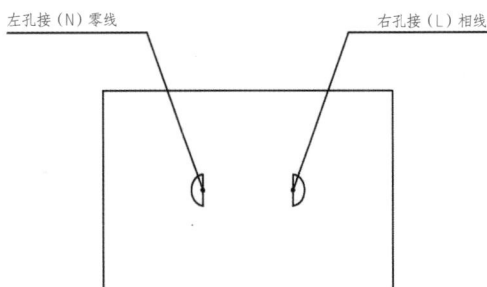

图11.25-1　单相两孔插座横装接线　　　　图11.25-2　单相两孔插座竖装接线

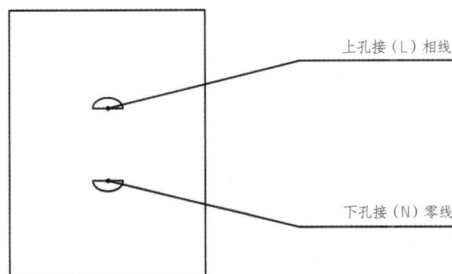

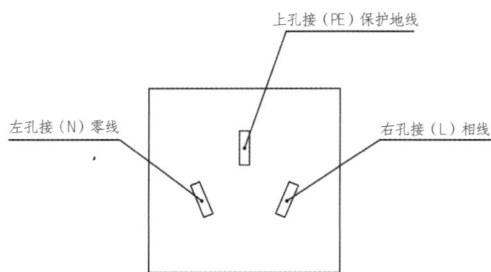

图11.25-3　单相三孔插座接线　　　　图11.25-4　三相四孔插座接线

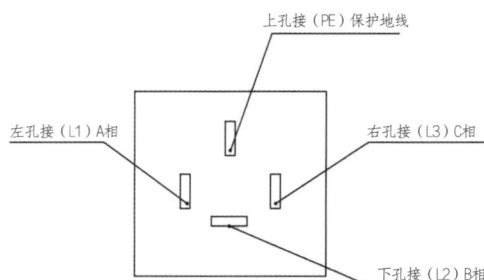

11.25.3　做法说明

» 11.25.3.1　材料及机具

（1）开关、插座、各种规格绝缘导线、压线帽、绝缘包扎带、各种螺钉、塑料胀塞、膨胀螺栓等。

（2）手锤、錾子、剥线钳、尖嘴钳、螺丝刀、专用压接钳、试电笔、卷尺、水平尺等。

» 11.25.3.2　工艺流程

校对预埋接线盒的位置→预埋接线盒检查清理修整→接线→面板安装→通电试验。

» 11.25.3.3　主要工艺方法

（1）将盒内甩出的导线留出维修长度后剪除余线，用剥线钳剥去导线端部的绝缘层，剥线长度以满足接线要求即可，剥线时注意不要碰伤线芯。

（2）电器、灯具的相线应接入开关，通过开关控制。

（3）建筑物同一场所的单控开关通断方向应一致，开关位置应与灯具位置相对应。

（4）插座接线

①单相两孔插座横装时，面对插座的右极接相线、左极接零线，如图11.25-1所示；竖装时，面对插座的上极接相线、下极接零线，如图11.25-2所示。

②单相三孔及三相四孔插座的接线，面对插座，接线分别如图11.25-3和图11.5-4所示。

（5）相线、零线、保护接地线不应利用插座的接线端子转接，插座的接线端子只能连接一根导线。

（6）压接端子接线时，导线应顺时针方向盘圈压紧在开关、插座的相应端子上；插接端子接线时，线芯直接插入接线孔内，孔径较大时将导线端部折回头后插入，线芯不得外露；多股铜芯线接线前，端部应拧紧搪锡后，再与开关、插座接线端子连接。

（7）板式开关距地面高度设计无要求时，应为1.3m，开关不得置于单扇门后。

（8）成排并列安装的开关，高度应一致；同一室内成排安装的插座高度应一致。

（9）儿童活动场所应采用安全插座。如采用普通插座，其安装高度不应低于1.8m。

（10）开关、插座盒内导线与开关、插座的面板连接好之后，将面板推入盒内，对正安装孔，用镀锌螺钉固定牢固。固定时，面板应端正，与墙面平齐。

11.26　防雷引下线

11.26.1　关键工艺

防雷引下线的关键工艺包括下端与接地体焊接、上部与避雷网焊接等。

11.26.2 工艺过程图示

工艺过程如图11.26-1～图11.26-6所示。

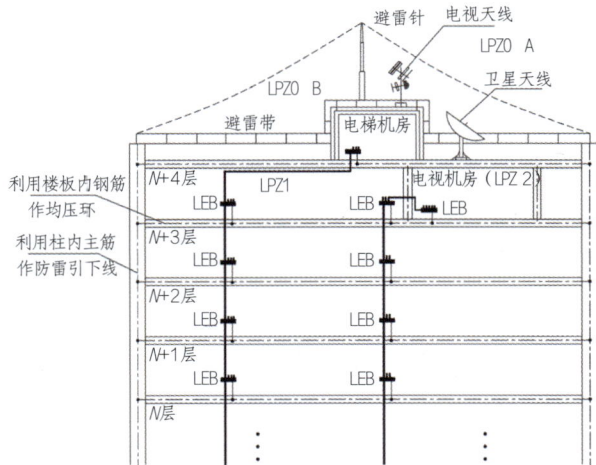

图11.26-1 防雷系统

图11.26-2 引下线搭接做法
d—跨接钢筋直径

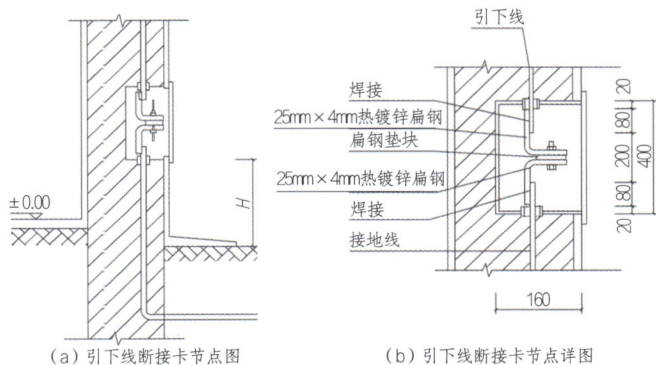

（a）引下线断接卡节点图　（b）引下线断接卡节点详图

图11.26-3 引下线断接卡做法
H—离室外地面高度

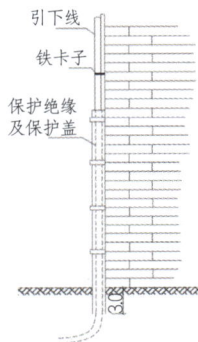

图11.26-4 明装引
下线保护做法

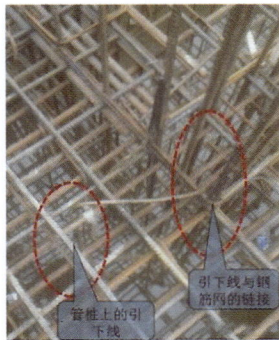

图11.26-5 管桩和钢筋
网引下线

11.26.3 做法说明

» 11.26.3.1 材料及机具

（1）扁钢、角钢、圆钢、钢管、紧固、螺栓、垫片、支架、电焊条、油性涂料等。

（2）手锤、电焊机、切割机、气焊工具、钢锯、台钻、冲击钻等。

» 11.26.3.2 工艺流程

调直扁钢或圆钢→搬运→下端与接地体焊接→随建筑物引上与避雷带焊接→隐检。

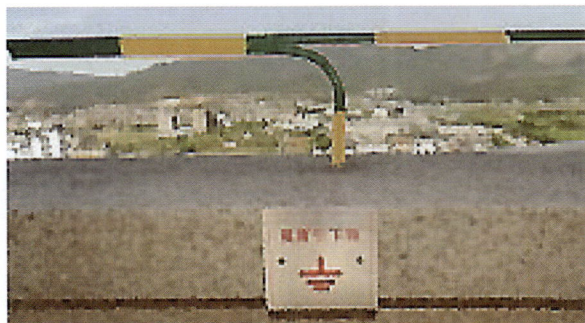

图11.26-6 防雷引下线

» 11.26.3.3 主要工艺方法

（1）利用主筋（直径不小于ϕ16mm）做引下线时，应按设计要求找出全部主筋位置，用油漆做好标记，如图11.26-2所示。设计无要求时应于距室外地面0.5m处焊好测试点，示例做法如图11.26-3所示。随钢筋逐层串联焊接至顶层，焊接出一定长度的引下线，搭接长度大于6d双面施焊。

（2）引下线沿墙或混凝土构造柱暗铺设；应使用不小于ϕ12mm镀锌圆钢或不小于25mm×4mm的镀锌扁钢。将钢筋（或扁钢）调直后与接地体（或断接卡子）连接好，由下到上展放钢筋（或扁钢）并加以固定，铺设路径应尽量短，可直接通过挑檐或女儿墙与避雷带连接，如图11.26-5所示。

（3）明铺引下线如为扁钢，可放在平板上用手锤调直，如为圆钢最好选用直条，如为盘条则需将圆钢放开，用倒链等进行冷拉直。

（4）明铺引下线从建筑物上方向下逐点固定，直至安装断接卡子处，如需接头或焊接断接卡子，则应进行焊接，焊好后清除药皮，局部调直并刷防锈漆。

（5）明铺引下线从地面上2m段套上保护管，卡接固定并刷红白油漆，如图11.26-4所示。

11.27　接闪器

11.27.1　关键工艺

接闪器的关键工艺包括支架安装、接闪器焊接安装等。

11.27.2　工艺过程图示

工艺过程如图11.27-1～图11.27-8所示。

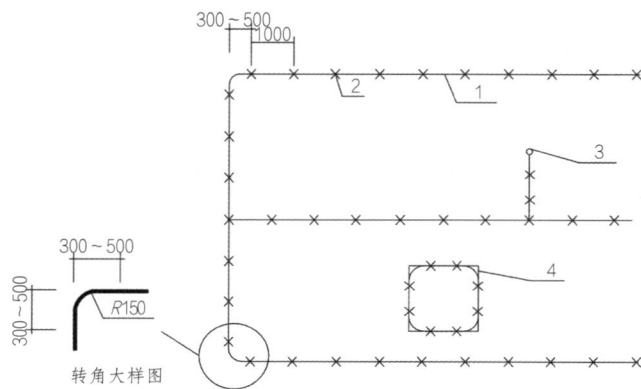

图11.27-1　屋面避雷网安装

1—避雷带；2—支持卡；3—金属管道；4—建筑凸出物

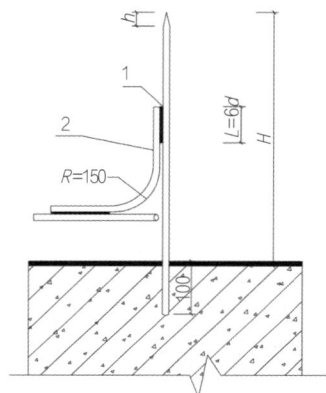

图11.27-2　屋面女儿墙避雷小针

1—避雷小针；2—跨接线
H—避雷小针高；h—避雷小针针头长；R—跨
接转角半径；L—焊接长度；d—跨接线直径

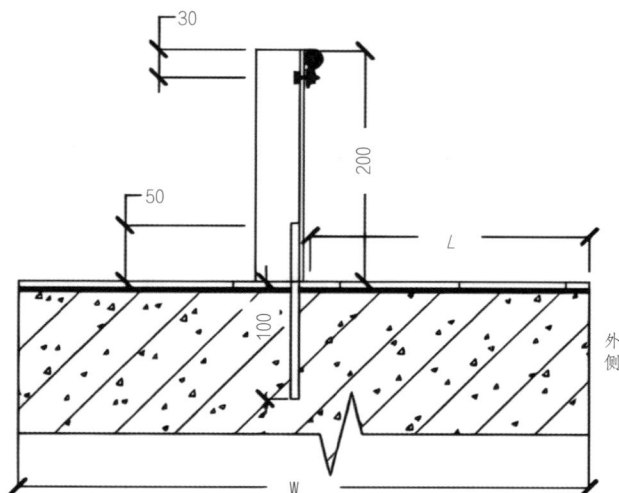

图11.27-3　支持卡做法

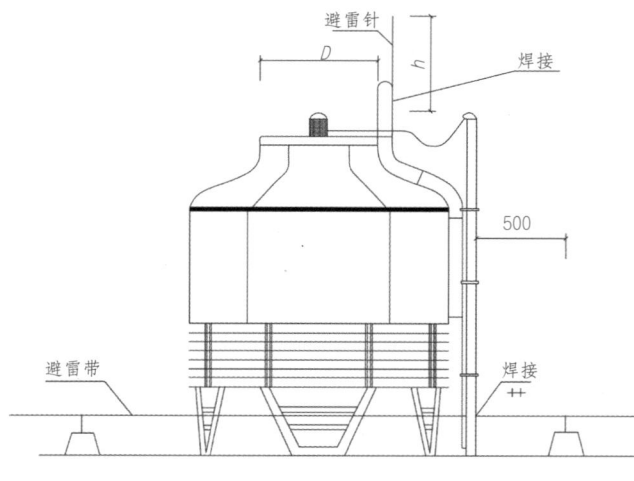

图11.27-4　屋面冷却塔吊避雷做法

D—冷却搭上口直径；h—避雷针高

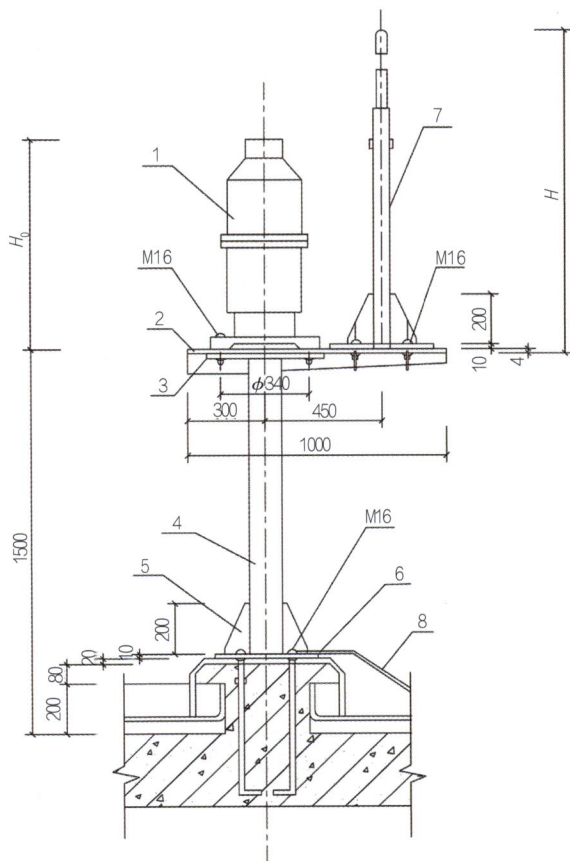

图11.27-5　航空障碍灯避雷小针
1—航空障碍灯；2—固定板；3—托盘；4—立柱；5—加劲肋；
6—底板；7—接闪杆；8—引下线；M16—16号螺栓
H—避雷针高；H₀—航空障碍灯高

H—避雷针高；H_0—航空障碍灯高

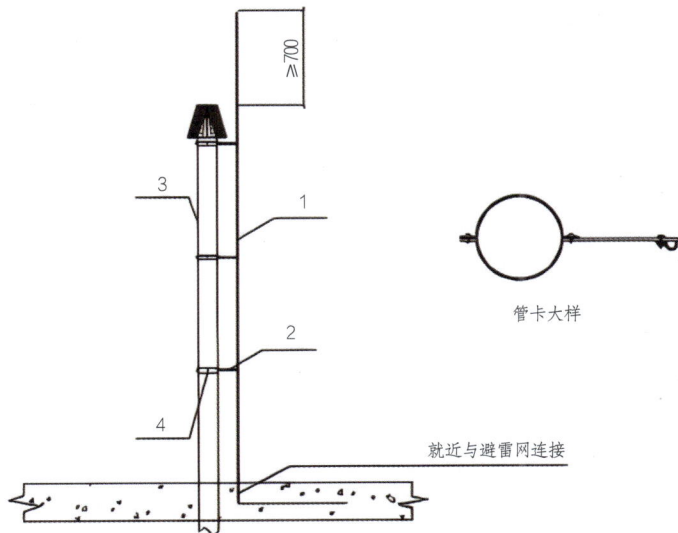

图11.27-6　屋面透气管避雷小针
1—避雷针；2—支架；3—透气管；4—抱箍

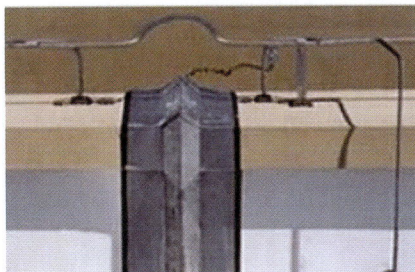

图11.27-7　避雷带过伸缩缝做法

图11.27-8　航空障碍灯
避雷小针

11.27.3　做法说明

» 11.27.3.1　材料及机具

（1）扁钢、角钢、圆钢、钢管、紧固、螺栓、垫片、支架、电焊条、油性涂料等。

（2）手锤、电焊机、切割机、气焊工具、钢锯、台钻、冲击钻等。

» 11.27.3.2　工艺流程

测量放线→支架安装→接闪器制作、固定→焊接引下线。

» 11.27.3.3　主要工艺方法

（1）避雷带安装

①应尽可能随结构施工预埋支架或铁件。

②根据设计要求进行弹线，并以转弯或交叉等处为起点（终点），在1.5m范围内均分档距。

③避雷带、卡子、扁钢应做镀锌处理，搭接处一端钢筋煨乙字弯，与另一端圆钢上下搭接，搭接长度为圆钢的6倍，搭接点宜设在离支架不小于200mm 的位置处，双面施焊；转弯处圆钢需煨弯，煨弯半径为宜为100～150mm，如图11.27-1所示。

④避雷带穿过沉降缝、伸缩缝时要预留出余量，圆钢煨成向上半圆形，半径宜为100～150mm，避免其变形时拉断避雷带或接地母线，如图11.27-7所示。

⑤避雷带过沉降缝、伸缩缝时要做成半圆形，既保证美观又符合防雷接地要求。

⑥避雷带支架在实际施工中用镀锌角钢（∟25×3）或镀锌扁钢（25mm×3mm）制作，可采用专用卡子或钢丝绳夹做卡箍安装。

⑦支架上的固定卡子上口不能与支架角钢封闭，如图11.27-4所示。

（2）避雷小针制作安装

①避雷针制作。避雷针一般用镀锌圆钢或镀锌钢管制作，针长在1m以下时，圆钢为ϕ12mm，钢管为DN20mm；针长为1～2m时，圆钢为ϕ16mm，钢管为DN25mm，如图11.27-2和图11.27-4所示。

②避雷针安装前，应在屋面施工时配合土建浇灌好混凝土支座，预留好地脚螺栓，地脚螺栓最少有2根与屋面、墙体或梁内钢筋焊接。待混凝土强度达到要求后，再安装避雷针，连接引下线。

③安装避雷针时，先组装避雷针，在底座板相应位置上焊一块肋板将避雷针立起，找直、找正后进行点焊，然后加以校正，焊上其他三块肋板。避雷针安装应牢固，并与引下线、避雷网焊接成一个电气通路。

④避雷短针应采用热浸镀锌材质，现场加工制作后，镀锌层破坏处应做防腐处理。

11.28　机柜、机架、配线架

11.28.1　关键工艺

机柜、机架、配线架的关键工艺包括底座设置、机柜找正、接地连接等。

11.28.2　工艺过程图示

工艺过程如图11.28-1～图11.28-6所示。

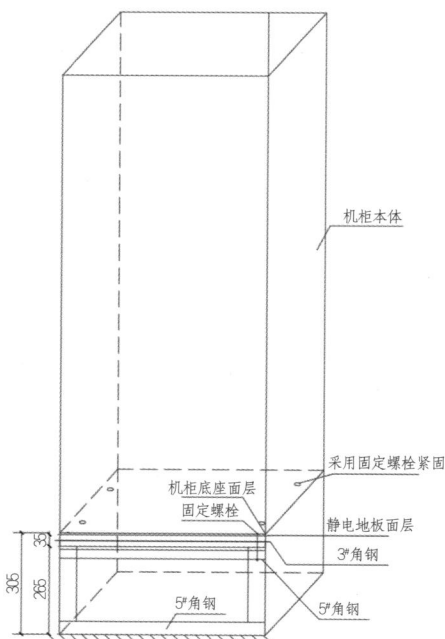
图11.28-1　机柜安装

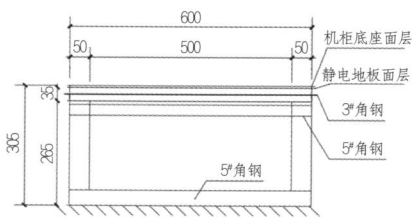
图11.28-2　机柜底座

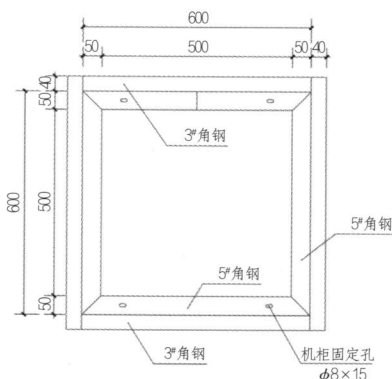
图11.28-3　机柜底座

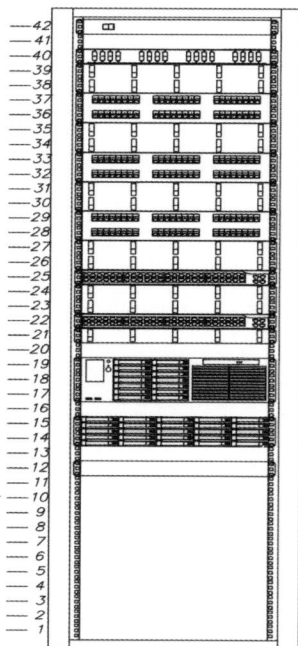
图11.28-4　配线架安装
注：1～42为配线编号。

11.28.3　做法说明

» **11.28.3.1　材料及机具**

（1）型钢、机柜、机架、配线架、线缆、跳线、理线架、标签纸等。

（2）皮尺、水平尺、线坠灰铲、手电钻、台钻、射钉枪、拉铆枪、剥线器、打线工具、钳子等。

（3）光纤熔接机、切割工具、网络分析仪、万用表、兆欧表等。

图11.28-5　成排机柜　　　图11.28-6　机柜接地与布线

» **11.28.3.2　工艺流程**

设备检查→底座安装→机柜安装→配线架安装→线缆端接→理线架安装→标识。

» **11.28.3.3　主要工艺方法**

（1）根据设计要求确定机柜位置，先做好承重底座布置，再将底座整齐地固定在地面上。

（2）将机柜安装在固定好的底座上，水平、垂直度应符合厂家的规定。如无规定，垂直偏差不应大于3mm。

（3）将配线架固定到机柜，各直列配线架垂直倾斜误差不应大于3mm。

（4）安装完成后，各部件应完整无损，安装就位、标识齐全。装螺钉时应拧牢固，面板应保持在一个水平面上。

（5）接地要求。机柜、机架、配线架、设备金属外壳等应进行等电位连接并接地。接地电阻应符合设计要求。

11.29　火灾自动报警系统探测器

11.29.1　关键工艺

火灾自动报警系统探测器的关键工艺包括探测器定位、探测器接线等。

11.29.2　工艺过程图示

工艺过程如图11.29-1～图11.29-5所示。

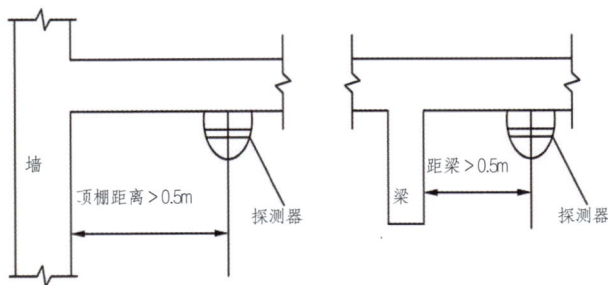

图11.29-1　探测器距墙、距梁

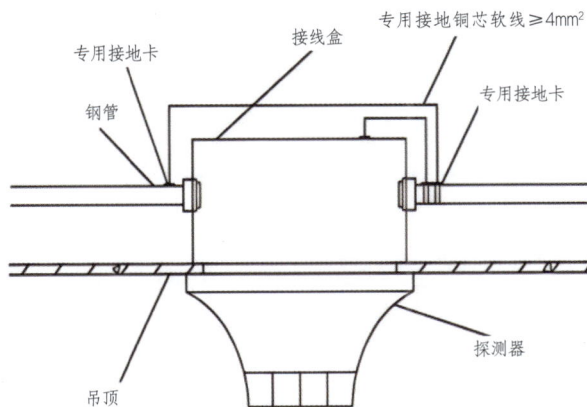

图11.29-2　探测器在吊顶上定位方法

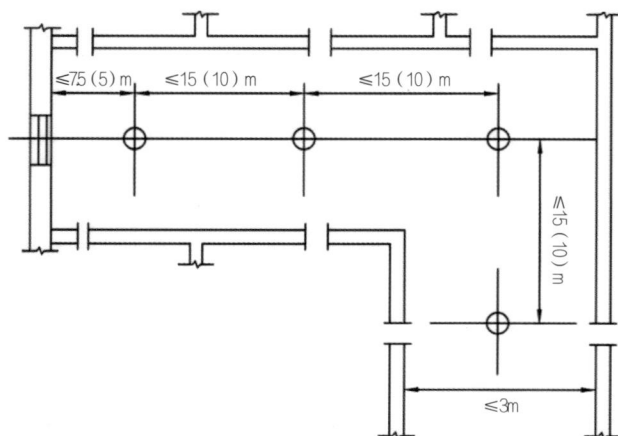

图11.29-3　探测器在宽度小于3m的走道

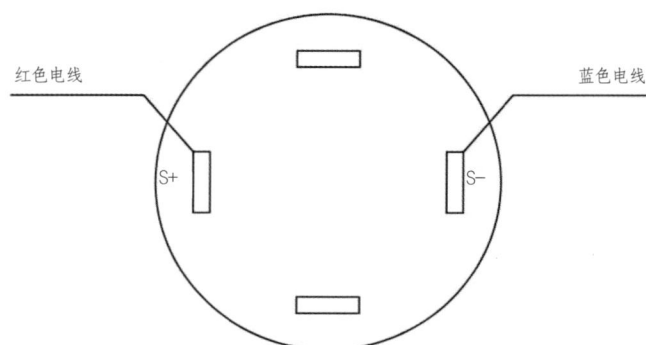

图11.29-4　探测器接线

11.29.3　做法说明

》11.29.3.1　材料及机具

（1）耐火电线、感烟、感温探测器等。

（2）专用压线钳、尖嘴钳、绝缘表、调试仪器等。

》11.29.3.2　工艺流程

金属导管及线缆铺设→感烟、感温探测器、火灾报警点位或模块安装→分线端子箱安装→控制主机安装→系统调试→系统试运行。

》11.29.3.3　主要工艺方法

（1）火灾探测器宜水平安装，当必须倾斜安装时，倾斜角不应大于45°。探测器的底座应牢固可靠，在吊顶内安装方式如图11.29-2所示。

（2）探测器的连接导线必须可靠压接或焊接，当采用焊接时不得使用带腐蚀性的助焊剂，外接导线应有150mm的余量，入端处应有明显标志。

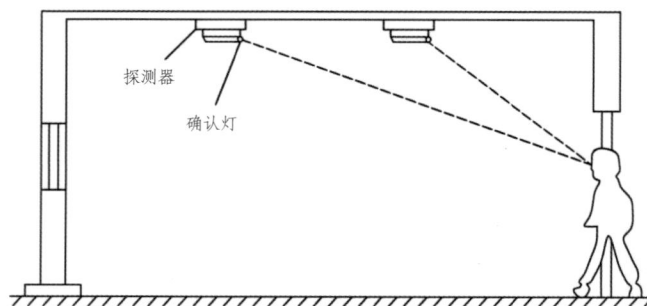

图11.29-5　探测器确认灯安装方向要求

（3）探测器至墙壁、梁边的水平距离，不应小于500mm，如图11.29-1所示，探测器确认灯应面向便于人员观察的主要入口方向，如图11.29-5所示。

（4）探测器至空调送风口边的水平距离不应小于1.5m，至多孔送风顶棚孔口的水平距离不应小于0.5m。

（5）在宽度小于3m的内走道顶棚上的探测器宜居中布置，感温探测器的安装间距不应超过10m，感烟（温）探测器的安装间距不应超过15m，探测器距端墙的距离不应大于探测器安装间距的一半，如图11.29-3所示。

（6）探测器传输线路应选择不同颜色的绝缘导线，探测器的"S+"为红色电线，"S−"为蓝色电线，同一工程相同用途的导线颜色应一致，接线端子应有标识，如图11.29-4所示。

（7）当探测的可燃气体比空气重时，探测器安装在下部，可燃气体探测器应安装在距燃气灶4m以内，距离地面应为300mm；当探测的可燃气体比空气轻时，探测器应安装在大于1/3楼层高度处；当梁高大于600mm时，探测器应安装在有燃气灶梁的一侧。

11.30　摄像机

11.30.1　关键工艺

摄像机的关键工艺包括位置就位、导线连接、接地连接等。

11.30.2　工艺过程图示

工艺过程如图11.30-1～图11.30-6所示。

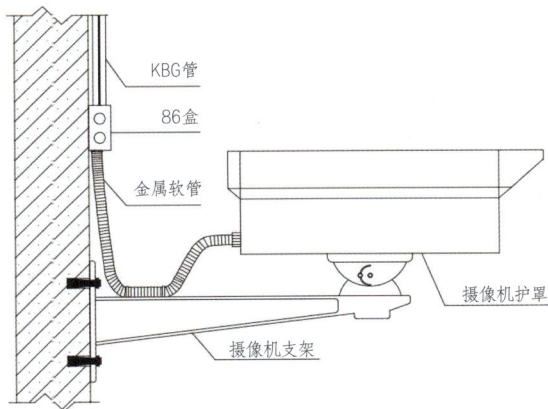

图11.30-1　枪式摄像机安装

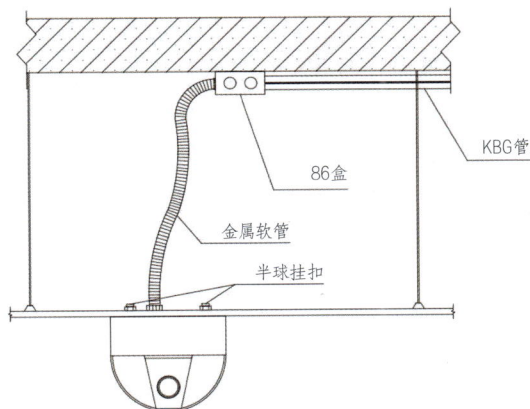

图11.30-2　半球摄像机安装

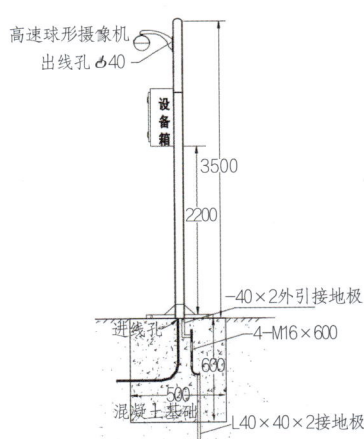

图11.30-3　室外金属立杆安装

图11.30-4　枪式摄像机壁装

图11.30-5　半球摄像机

图11.30-6　室外监控金属立杆

11.30.3　做法说明

» 11.30.3.1　材料及机具

（1）支架、鸭舌、摄像机、金属立杆、线缆、地龙、接地棒等。

（2）手电钻、冲击钻、克丝钳子、剥线钳、电工刀、电烙铁、一字改锥、十字改锥、尖嘴钳、偏口钳等。

（3）万用表、工具袋、测线仪、工程宝、笔记本、梯子、水平尺、拉线、500V摇表、线坠等。

» 11.30.3.2　工艺流程

设备检查→线缆铺设→支架安装（仅室内）→地龙安装（仅室外）→监控立杆安装（仅室外）→摄像机安装→接地安装。

» 11.30.3.3　主要工艺方法

（1）摄像机护罩及支架的安装应符合设计要求，固定可靠，角度应能在设计要求的范围内灵活调整。

（2）摄像机安装的位置不宜受外界影响，不应影响现场设备运行和人员正常活动。

（3）安装高度，室内离地宜不低于2.5m，室外离地宜不低于3.5m。

（4）电梯内摄像机应安装在电梯厢顶部、轿厢门上方的左侧或右侧，并能有效监视电梯内乘员的面部特征。

（5）室外摄像机应置于避雷针或其他接闪导体有效保护范围之内，其金属立杆应做好可靠接地，接地电阻应符合设计要求。

11.31　显示屏（电视墙）

11.31.1　关键工艺

显示屏（电视墙）的关键工艺包括基础设置、找正固定、平整度控制等。

11.31.2　工艺过程图示

工艺过程如图11.31-1～图11.31-3所示。

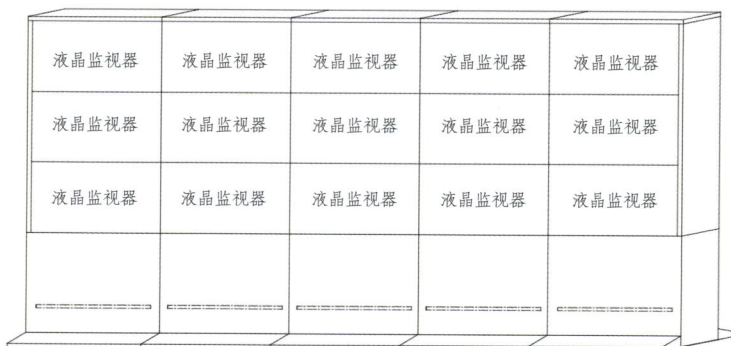

图11.31-1　电视墙正面安装示意

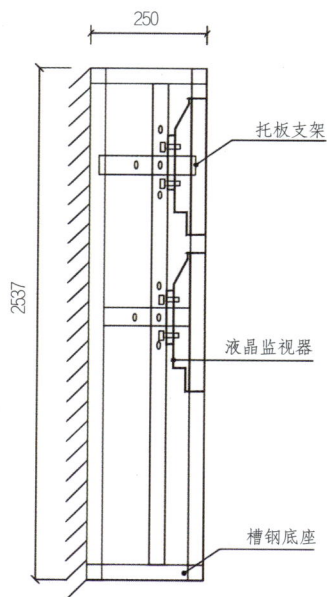

图11.31-2　电视墙侧面安装示意

图11.31-3　电视墙整体实物

11.31.3　做法说明

» 11.31.3.1　材料及机具

（1）型钢、电视墙、监视器、控制台、连接线等。

（2）手电钻、冲击钻、克丝钳子、剥线钳、电工刀、电烙铁、一字改锥、十字改锥、尖嘴钳、偏口钳等。

（3）万用表、工具袋、测线仪、工程宝、笔记本、梯子、水平尺、拉线、500V摇表、线坠等。

» 11.31.3.2　工艺流程

设备检查→基础设置→电视墙支架安装→监视器安装→线缆连接→矫正定位→通电测试。

» 11.31.3.3　主要工艺方法

（1）电视墙不应直接安装在活动地板上，应设置型钢底座与地面固定，安装在底座上。

（2）电视墙安装应竖直平稳，垂直偏差不得超过1%，多个电视墙并排在一起，面板应在同一平面上并与基准线平行，前后偏差不大于3mm，两个机架间缝隙不得大于3mm。

（3）安装在电视墙内的设备应牢固、端正；电视墙机架上的固定螺栓、垫片和弹簧垫圈均应紧固，不得遗漏，内部接线应符合设计要求，无扭曲脱落现象并标识清晰。

（4）设备的金属外壳、机柜、控制台、外露的金属管、槽、屏蔽线缆外层及浪涌保护接地端等均应以最短距离与等电位连接网络的接地端子连接，接地电阻应符合设计要求。

11.32　机房等电位连接

11.32.1　关键工艺

机房等电位连接的关键工艺包括等电位箱设置、干线铺设、跨接线连接等。

11.32.2　工艺过程图示

工艺过程如图11.32-1～图11.32-6所示。

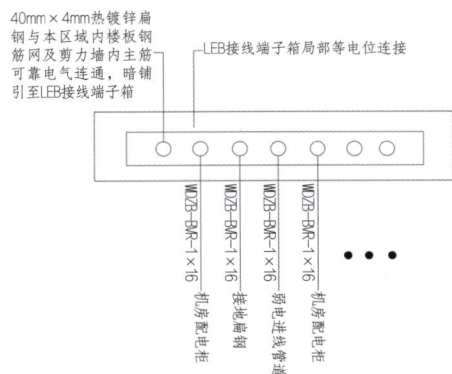

图11.32-1　等电位箱连接

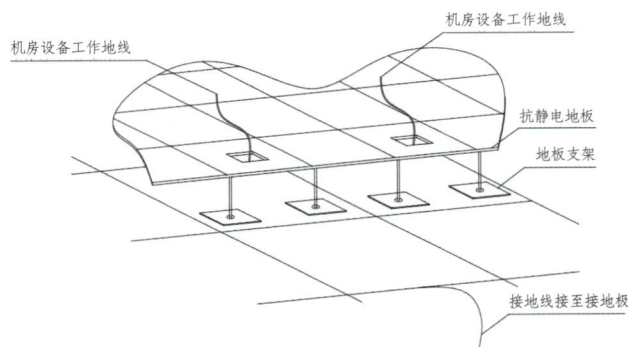

图11.32-2　扁钢接地网铺设

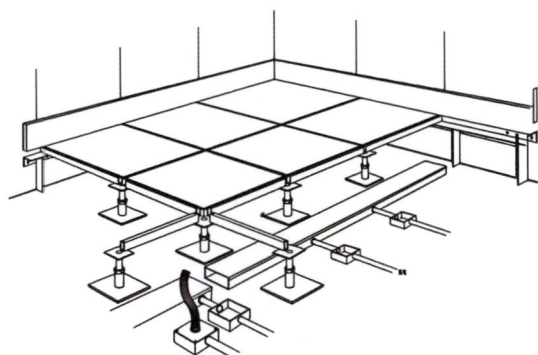

图11.32-3　防静电地板金属支撑接地跨接线连接

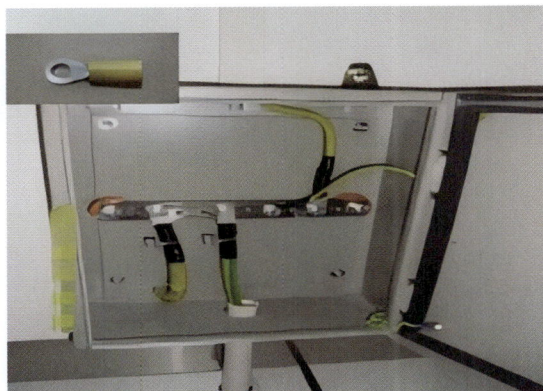

图11.32-4　等电位箱

图11.32-5　扁铜接地网

图11.32-6　防静电地板金属支撑接地跨接线连接

11.32.3　做法说明

» 11.32.3.1　材料及机具

（1）等电位箱、扁铜或接地铜箔、接地跨接线等。

（2）冲击钻、手电钻、克丝钳子、剥线钳、电工刀、电烙铁、一字改锥、十字改锥、尖嘴钳、偏口钳、万用表、工具袋、水平尺、拉线、接地电阻测量仪、线坠等。

» 11.32.3.2　工艺流程

地面找平→接地铜箔或接地铜排→金属支撑与铜排连接→等电位干线连接安装→设备接地→接地电阻测试。

» 11.32.3.3　主要工艺方法

（1）接地装置连接应可靠，连接处不应松动、脱焊、接触不良，焊接部位应做防腐处理。

（2）接地线在穿越墙壁、楼板和地坪时应套钢管或其他非金属的保护套管，钢管应与接地线做电气连通。接地线的铺设应平直、整齐。

（3）等电位连接网的连接宜采用焊接、熔接或压接。连接导体与等电位接地端子板之间应采用螺栓连接，连接处应进行热锡处理。

（4）设备加电前确保设备机柜、机壳、电源接地装置与地排的连接牢固有效。

（5）机房接地电阻需符合设计要求。

11.33　气体灭火系统

11.33.1　关键工艺

气体灭火系统的关键工艺包括灭火剂设施瓶架安装、储存装置安装、灭火器输送管道试验、吹扫等。

11.33.2　工艺过程图示

工艺过程如图11.33-1～图11.33-6所示。

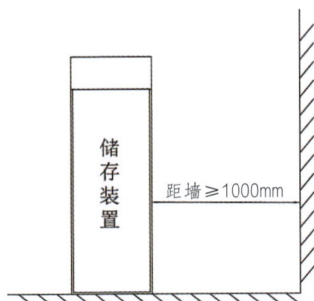

图11.33-1 储存装置安装

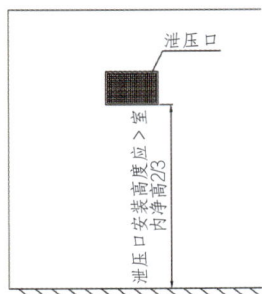

图11.33-2 泄压口安装

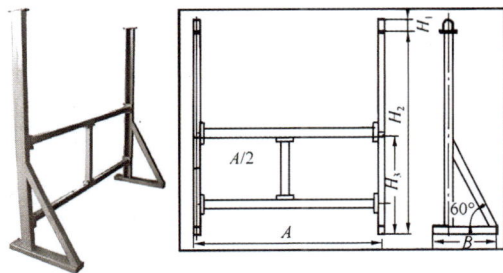

图11.33-3 灭火剂瓶架安装

A—灭火剂瓶架长；*B*—灭火剂瓶架宽；H_1—吊孔至顶距离；
H_2—吊孔到底端距离；H_3—分隔至底端距离

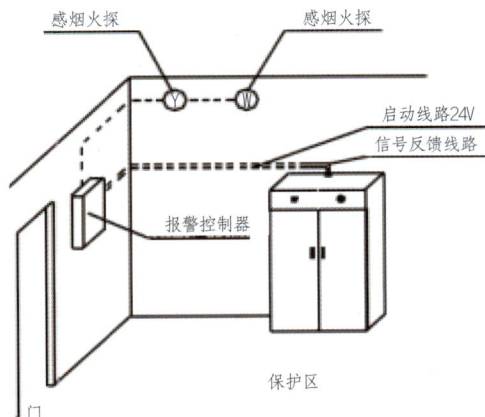

图11.33-4 柜式灭火装置双瓶组

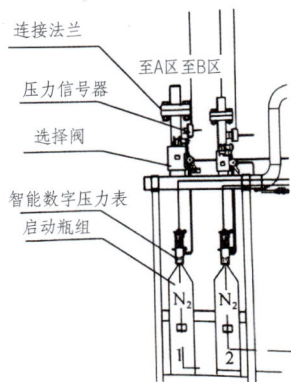

图11.33-5 选择阀及信号反馈
装置安装

图11.33-6 柜式气体灭火装置

11.33.3 做法说明

» 11.33.3.1 材料及机具

（1）成套组件、管材及其他设备、报警设备、钢瓶组、药剂等。

（2）套丝机、割管机、电焊机、红外线水平仪、钢卷尺等。

» 11.33.3.2 工艺流程

系统组件检查→灭火剂储存装置安装→集流管制作安装→选择阀及信号反馈装置安装→阀驱动装置安装→灭火剂输送管道安装→灭火剂输送管道试验、吹扫和喷漆→喷嘴安装→预制灭火系统安装→控制组件安装→系统试调试→系统验收。

» 11.33.3.3 主要工艺方法

（1）选择阀、液体单向阀、高压软管和阀驱动装置中的气体单向阀按规范应进行水压强度试验和气压严密性试验。

（2）灭火剂储存装置容器规格应一致，高差小于20mm，阀驱动装置气瓶规格应一致，高差不应超过10mm。

（3）储存装置的操作面距墙或操作面之间的距离不宜小于1.0m，如图11.33-1所示。

（4）灭火剂瓶、集流管、灭火剂储存装置等设施应固定在支架框架上，框架应固定牢固，如图11.33-3所示，气体管外表面涂红色油漆。

（5）储存容器宜涂红色油漆，正面应标明设计规定的灭火剂名称和储存容器的编号，如图11.33-4所示。

（6）装有泄压装置的集流管，泄压方向不应朝向操作面。

（7）气体灭火防护区应设置泄压口，泄压口安装位置宜设在外墙上，安装高度应高于防护区净高的2/3（泄压口下口），如图11.33-2所示。

（8）安装过程中，灭火剂储存容器、启动气体容器的保险装置应完好、可靠，防止造成误喷射伤人，如图11.33-5所示。

（9）选择阀上应设置标明防护区域或保护对象名称或编号的永久性标志牌，阀上操作手柄的开关方向也应标明，如图11.33-6所示。

（10）调试时，应采取可靠的安全措施，避免灭火剂误喷射，防护区的门窗应全部打开，以便在误喷射发生时，灭火气体能尽快扩散，人员能及时撤离。

11.34　管道、风管、桥架等固定支吊架

11.34.1　关键工艺

管道、风管、桥架等固定支吊架的关键工艺包括切割下料、焊接、除锈防腐等。

11.34.2　工艺过程图示

工艺过程如图11.34-1～图11.34-12所示。

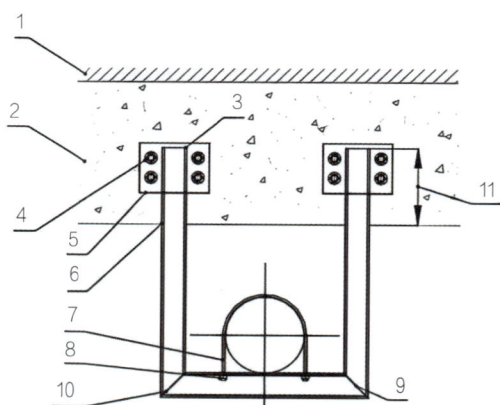

图11.34-1　槽钢挂梁支吊架节点示意
1—结构板；2—结构梁；3—满焊连接；4—锚栓；5—固定板；6—槽钢；7—管卡；8—螺母；9—45°拼角；10—双面满焊连接；11—2/3梁高

图11.34-2　水管挂梁支吊架

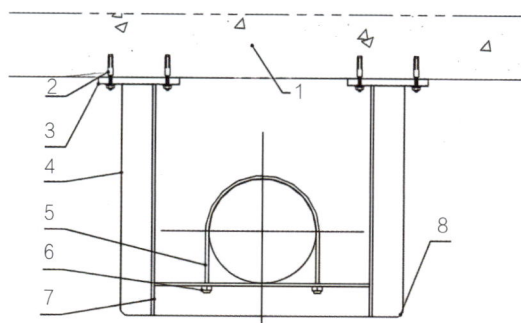

图11.34-3　角钢吸顶支吊架节点示意
1—结构板；2—锚栓；3—固定板；4—角钢；5—管卡；6—螺母；7—双面满焊连接；8—倒角

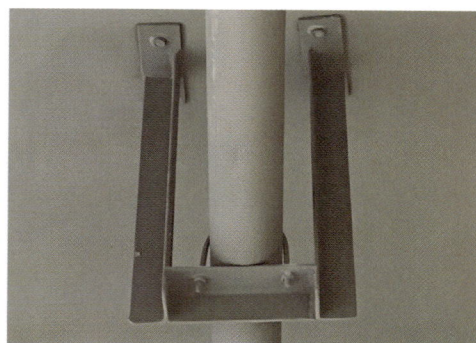

图11.34-4　水管吸顶支吊架

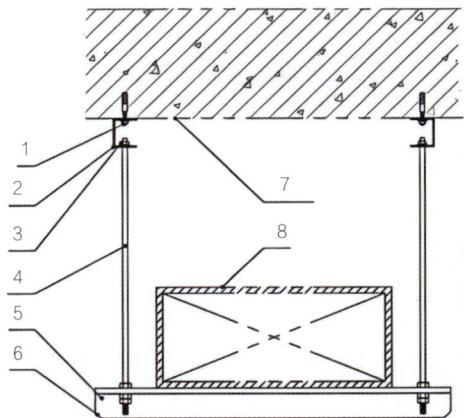

图11.34-5 角钢支吊架节点示意

1—膨胀螺栓；2—槽钢；3—螺母；4—吊杆；5—角钢；
6—倒角；7—楼板；8—风管

图11.34-6 风管角钢支吊架

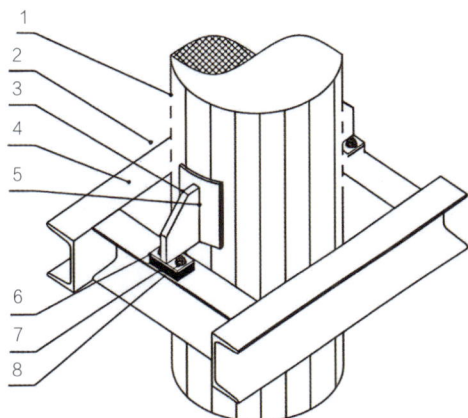

图11.34-7 立管支架节点示意

1—管道；2—补强衬板；3—肋板；4—槽钢；5—满焊连接；
6—支撑板；7—橡胶垫；8—螺杆

图11.34-8 水管立管支架

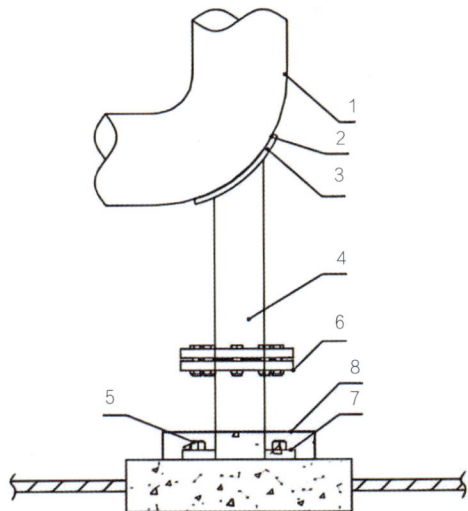

图11.34-9 弯管支座节点示意

1—管道；2—焊接连接；3—补强衬板；4—管柱；5—地脚螺栓；
6—法兰；7—柱角板；8—混凝土外包

图11.34-10 泵房弯管支座

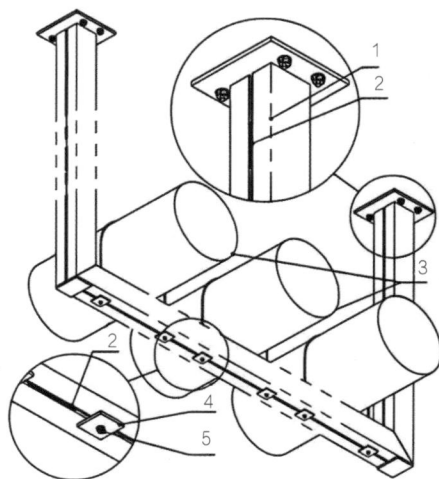

图11.34-11　双拼槽钢支吊架节点示意
1—槽钢；2—钢板；3—管道；4—固定板；5—螺母

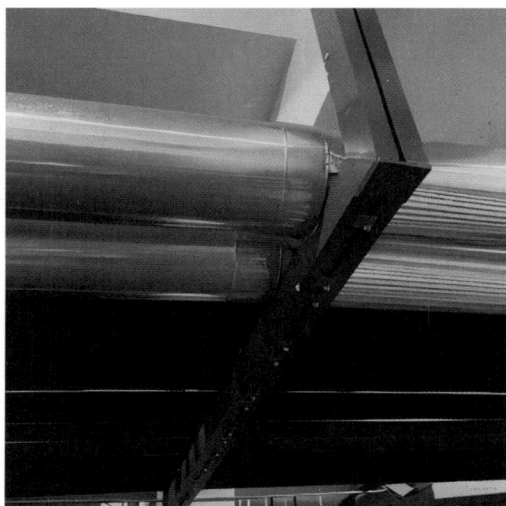

图11.34-12　水管双拼槽钢支吊架

11.34.3　做法说明

» 11.34.3.1　材料及机具

（1）槽钢、圆钢、膨胀螺栓、螺栓、螺母、垫圈等。

（2）切割机、电钻、磨光机、水准仪、钢卷尺、电焊机、活动扳手、线坠等。

» 11.34.3.2　工艺流程

支吊架选型→型钢矫正及切割下料→钻孔处理→焊接成型→防腐除锈处理→支吊架放线定位→固定件安装→质量检查→支吊架安装→成果检查及调整。

» 11.34.3.3　主要工艺方法

（1）管线支吊架加工制作前应根据管线的材质、管径大小及承重情况等，按标准图集进行选型。

（2）支吊架制作前，应对进场的钢材进行调直和校正。对于型钢，宜采用机械切割，即使用砂轮切割机或液压切割机，不得采用气割切断。切段时要注意刀具的一侧靠线，使下料长度一致。下料完成后，支架端部打磨光滑、倒圆弧角。

（3）钻孔前应在材料光滑的一面上画出十字中心线，用样冲冲出中心线孔。钻孔时采用台钻或手钻加工，加工时将钻头中心对准钻孔中心，将工件放平，选用的钻头大小要合适，孔径为螺栓直径±2mm。钻孔后用锉刀将毛边锉平。

（4）支架焊接时先画定位线，组对后点焊，经复查合格后再进行焊接，焊接质量必须符合焊接标准要求，焊缝高度必须达到要求，不得有夹渣、气孔、凹坑、裂纹、未焊透等现象。支架焊缝必须双面满焊，不得漏焊、单面焊。

（5）制作好的支架应经过自检、互检和专业检查，及时涂刷两道防锈漆、一道面漆。管道支架安装完毕后，清理表面，及时涂刷一道面漆。

（6）支吊架定位放线时，应按施工图中管道、设备等的安装位置，弹出支吊架的中心线，确定支吊架安装位置。管道在距转弯处200~300mm，距三通、四通分支处200~300mm应设置支吊架。

（7）支架优先采用预埋钢板作为支吊架的受力点，再与支吊架焊接固定。预埋钢板应位置正确，与墙面、楼板面平整，焊接应牢固。

（8）采用膨胀螺栓加钢板作为受力点时，选择的膨胀螺栓规格、型号、抗拉、抗剪强度应满足管道、设备负荷要求。

（9）支吊架送往安装时，应进行质量检查，检查内容包括：材料的规格、成型支架总尺寸、焊接部位外观质量、油漆质量等，质量不合格不得安装。

（10）支吊架的安装应平整牢固、与管道接触紧密，支吊架与管道焊缝距离应大于100mm。

（11）双拼槽钢支吊架制作时，槽钢之间采用钢板焊接固定。该类槽钢固定管道时，无须钻孔处理，因槽钢之间有缝隙，管道管卡伸进后穿至槽钢外表面连接固定板固定，如图11.34-11所示。

（12）在管线支吊架选型时，选用槽钢支吊架因承重问题等导致选型尺寸过大，此时可采用双拼槽钢支吊架。因双拼槽钢性能参数为单拼槽钢的两倍，且在布设时能减少对净高等方面影响。

（13）安装后的支架不得用于吊拉负荷或脚手支撑。支吊架应与抗振支架各自成独立体系，不可混用。

用词说明

1.为便于在执行本书时区别对待，对要求严格程度不同的用词说明如下。

（1）表示很严格，非这样做不可的：正面词采用"必须"，反面词采用"严禁"。

（2）表示严格，在正常情况下均应这样做的：正面词采用"应"，反面词采用"不应"或"不得"。

（3）表示允许稍有选择，在条件许可时首先应这样做的：正面词采用"宜"，反面词采用"不宜"。

（4）表示有选择，在一定条件下可以这样做的，采用"可"。

2.条文中指明应按其他有关标准执行的写法为："应符合……规定"或"应按……执行"。

参考文献

[1] 建筑工程施工质量验收统一标准. GB 50300—2013[S]. 北京：中国建筑工业出版社，2014.

[2] 建筑桩基技术规范. JGJ 94—2008[S]. 北京：中国建筑工业出版社，2008.

[3] 建筑地基基础工程施工规范. GB 51004—2015[S]. 北京：中国计划出版社，2015.

[4] 混凝土结构设计规范. GB 50010—2021[S]. 北京：中国建筑工业出版社，2014.

[5] 混凝土结构工程施工规范. GB 50666—2011[S]. 北京：中国建筑工业出版社，2012.

[6] 混凝土结构工程施工质量验收规范. GB 50204—2015[S]. 北京：中国建筑工业出版社，2015.

[7] 钢筋焊接及验收规程. JGJ 18—2012[S]. 北京：中国建筑工业出版社，2012.

[8] 装配式混凝土建筑技术标准. GB/T 51231—2016 [S]. 北京：中国建筑工业出版社，2016.

[9] 钢筋套筒灌浆连接应用技术规程. JGJ 355—2015（2023版）[S]. 北京：中国建筑工业出版社，2023.

[10] 砌体结构工程施工规范. GB 50924—2014[S]. 北京：中国建筑工业出版社，2014.

[11] 屋面工程质量验收规范. GB 50207—2012 [S]. 北京：中国建筑工业出版社，2012.

[12] 屋面工程技术规范. GB 50345—2012[S]. 北京：中国建筑工业出版社，2012.

[13] 屋面防水工程施工及验收规范. GB 50207—2012[S]. 北京：中国建筑工业出版社，2012.

[14] 种植屋面工程技术规程. JGJ 155—2013[S]. 北京：中国建筑工业出版社，2013.

[15] 坡屋面工程技术规范. GB 50693—2011[S]. 北京：中国建筑工业出版社，2011.

[16] 建筑装饰装修工程质量验收标准. GB 50210—2018 [S]. 北京：中国建筑工业出版社，2018.

[17] 建筑幕墙工程技术规范. JGJ 102—2003[S]. 北京：中国建筑工业出版社，2003.

[18] 铝合金结构工程施工规程. JGJ/T 216—2010[S]. 北京：中国建筑工业出版社，2010.

[19] 电气工程施工质量验收规范. GB 50303—2015[S]. 北京：中国计划出版社，2015.

[20] 建筑给水排水及采暖工程施工质量验收规范. GB 50242—2016[S]. 北京：中国建筑工业出版社，2016.

[21] 中国建筑标准设计研究所. 室内管道支架及吊架03S401[M]. 北京：中国标准出版社，2022.

[22] 机械工业第一设计研究院. 消防专用水泵选用及安装04S204[M]. 北京：中国标准出版社，2022.

[23] 中国航空工业规划设计研究院. 防排烟系统设备及附件选用安装07K103-2[M]. 北京：中国标准出版社，2007.

[24] 中国建筑标准设计研究院. 建筑物防雷设施安装15D501[M]. 北京：中国标准出版社，2015.

[25] 中国建筑标准设计研究院. 平面整体表示方法制图规则和构造详图22G101-1[M]. 北京：中国标准出版社，2022.

[26] 中国建筑标准设计研究院. 混凝土结构施工钢筋排布规则与构造详图18G901-1 [M]. 北京：中国计划出版社，2018.

[27] 陈杭旭，彭根堂. 建筑施工技术[M]. 北京：中国电力出版社，2016.

[28] 姚谨英. 建筑施工技术[M]. 7版. 北京：中国建筑工业出版社，2022.